大数据技术精品系列教材

"1+X"职业技能等级证书配套系列教材

大数据应用开发（Python）

U0265058

# Python

# 数据分析与应用

## 第 2 版｜微课版

### Data Analysis and Application with Python

曾文权 张良均◉主编

黄红梅 施兴 黄添喜◉副主编

人民邮电出版社

北 京

图书在版编目（ＣＩＰ）数据

Python数据分析与应用：微课版 / 曾文权，张良均
主编. -- 2版. -- 北京：人民邮电出版社，2021.11
大数据技术精品系列教材
ISBN 978-7-115-57558-6

Ⅰ．①P… Ⅱ．①曾… ②张… Ⅲ．①软件工具－程序
设计－教材 Ⅳ．①TP311.561

中国版本图书馆CIP数据核字(2021)第265197号

## 内 容 提 要

本书以任务为导向，全面地介绍数据分析的流程和 Python 数据分析库的应用，详细讲解利用 Python 解决企业实际问题的方法。全书共 10 章，第 1 章介绍数据分析的概念等相关知识；第 2～6 章介绍 Python 数据分析的常用库及其应用，涵盖 NumPy 数组计算，pandas 统计分析，使用 pandas 进行数据预处理，Matplotlib、seaborn 与 pyecharts 数据可视化，以及使用 scikit-learn 构建模型，较为全面地阐述 Python 数据分析方法；第 7～9 章结合之前所学的数据分析技术，进行企业综合案例数据分析；第 10 章基于去编程化的 TipDM 大数据挖掘建模平台实现客户流失预测。除第 1 章外，本书各章都包含实训与课后习题，通过练习和操作实践，帮助读者巩固所学的内容。

本书可以用于"1+X"证书制度试点工作中的大数据应用开发（Python）职业技能等级（中级）证书相关知识的教学和培训，也可以作为高校大数据技术相关专业的教材和大数据技术爱好者的自学用书。

◆ 主　　编　曾文权　张良均
　　副 主 编　黄红梅　施　兴　黄添喜
　　责任编辑　初美呈
　　责任印制　王　郁　焦志炜

◆ 人民邮电出版社出版发行　　北京市丰台区成寿寺路 11 号
　　邮编　100164　电子邮件　315@ptpress.com.cn
　　网址　https://www.ptpress.com.cn
　　涿州市京南印刷厂印刷

◆ 开本：787×1092　1/16
　　印张：18　　　　　　　　　　　　2021 年 11 月第 2 版
　　字数：434 千字　　　　　　　　2024 年 12 月河北第 15 次印刷

定价：59.80 元

读者服务热线：(010)81055256　印装质量热线：(010)81055316
反盗版热线：(010)81055315
广告经营许可证：京东市监广登字 20170147 号

# 大数据技术精品系列教材
# 专家委员会

**专家委员会主任：** 郝志峰（汕头大学）

**专家委员会副主任**（按姓氏笔画排列）：

王其如（中山大学）

余明辉（广州番禺职业技术学院）

张良均（广东泰迪智能科技股份有限公司）

聂　哲（深圳职业技术大学）

曾　斌（人民邮电出版社有限公司）

蔡志杰（复旦大学）

**专家委员会成员**（按姓氏笔画排列）：

| | |
|---|---|
| 王爱红（贵州交通职业技术学院） | 韦才敏（汕头大学） |
| 方海涛（中国科学院） | 孔　原（江苏信息职业技术学院） |
| 邓明华（北京大学） | 史小英（西安航空职业技术学院） |
| 冯国灿（中山大学） | 边馥萍（天津大学） |
| 吕跃进（广西大学） | 朱元国（南京理工大学） |
| 朱文明（深圳信息职业技术学院） | 任传贤（中山大学） |
| 刘保东（山东大学） | 刘彦姝（湖南大众传媒职业技术学院） |
| 刘深泉（华南理工大学） | 孙云龙（西南财经大学） |
| 阳永生（长沙民政职业技术学院） | 花　强（河北大学） |
| 杜　恒（河南工业职业技术学院） | 李明革（长春职业技术大学） |
| 李美满（广东理工职业学院） | 杨　坦（华南师范大学） |
| 杨　虎（重庆大学） | 杨志坚（武汉大学） |
| 杨治辉（安徽财经大学） | 杨爱民（华北理工大学） |

肖　刚（韩山师范学院）　　　　　吴阔华（江西理工大学）

邱炳城（广东理工学院）　　　　　何小苑（广东水利电力职业技术学院）

余爱民（广东科学技术职业学院）　沈　洋（大连职业技术学院）

沈凤池（浙江商业职业技术学院）　宋眉眉（天津理工大学）

张　敏（广东泰迪智能科技股份有限公司）

张兴发（广州大学）

张尚佳（广东泰迪智能科技股份有限公司）

张治斌（北京信息职业技术学院）　张积林（福建理工大学）

张雅珍（陕西工商职业学院）　　　陈　永（江苏海事职业技术学院）

武春岭（重庆电子科技职业大学）　周胜安（广东行政职业学院）

赵　强（山东师范大学）　　　　　赵　静（广东机电职业技术学院）

胡支军（贵州大学）　　　　　　　胡国胜（上海电子信息职业技术学院）

施　兴（广东泰迪智能科技股份有限公司）

韩宝国（广东轻工职业技术大学）　曾文权（广东科学技术职业学院）

蒙　飚（柳州职业技术大学）　　　谭　旭（深圳信息职业技术学院）

谭　忠（厦门大学）　　　　　　　薛　云（华南师范大学）

薛　毅（北京工业大学）

序 PREFACE

随着"大数据时代"的到来，电子商务、云计算、互联网金融、物联网、虚拟现实、人工智能等不断渗透并重塑传统产业，大数据当之无愧地成为新的产业革命核心，产业的迅速发展使教育系统面临新的要求与考验。

职业院校作为人才培养的重要载体，肩负着为社会培育人才的重要使命。职业院校做好大数据人才的培养工作，对职业教育向类型教育发展具有重要的意义。2016年，中华人民共和国教育部（以下简称"教育部"）批准职业院校设立大数据技术与应用专业，各职业院校随即做出响应，目前已经有超过600所学校开设了大数据相关专业。2019年1月24日，中华人民共和国国务院印发《国家职业教育改革实施方案》，明确提出"经过5～10年时间，职业教育基本完成由政府举办为主向政府统筹管理、社会多元办学的格局转变"。从2019年开始，教育部等四部门在职业院校、应用型本科高校启动"学历证书+若干职业技能等级证书"制度试点（以下简称"1+X"证书制度试点）工作。希望通过试点，深化教师、教材、教法"三教"改革，加快推进职业教育国家"学分银行"和资历框架建设，探索实现"书证融通"。

为响应"1+X"证书制度试点工作，广东泰迪智能科技股份有限公司联合业内知名企业及高校相关专家，共同制定《大数据应用开发（Python）职业技能等级标准》，并于2020年9月正式获批。大数据应用开发（Python）职业技能等级证书是以Python技术为主线，结合企业大数据应用开发场景制定的人才培养等级评价标准。证书主要面向中等职业院校、高等职业院校和应用型本科院校的大数据、商务数据分析、信息统计、人工智能、软件工程和计算机科学等相关专业，考核企业大数据应用中各个环节的关键技术，如数据采集、数据处理、数据分析与挖掘、数据可视化、文本挖掘、深度学习等。

目前，大数据技术相关专业的高校教学体系配置过多地偏向理论教学，课程设置与企业实际应用契合度不高，学生很难把理论转化为实践应用技能。为此，广东泰迪智能科技股份有限公司针对大数据应用开发（Python）职业技能等级证书编写了相关配套教材，希望能有效解决大数据相关专业实践型教材紧缺的问题。

本系列教材的第一大特点是注重学生的实践能力培养，针对高校在实践教学中的痛点，首次提出"鱼骨教学法"的概念，携手"泰迪杯"竞赛，以企业真实需求为导向，使学生能紧紧围绕企业实际应用需求来学习技能，将学生需掌握的理论知识通过企业案例的形式与实际应用进行衔接，从而达到知行合一、以用促学的目的。这恰与大数据应用开发（Python）职业技能等级证书对人才的考核要求完全契合，可达到"书证融通""赛证融通"的目的。第二大特点是以大数据技术应用为核心，紧紧围绕大数据技术应用闭环的流程进行教学。本系列教材涵盖企业大数据应用中的各个环节，符合企业大数据应用的真实场景，可使学生从宏观上理解大数据技术在企业中的具体应用场景和应用方法。

在深化教师、教材、教法"三教"改革和"书证融通""赛证融通"的人才培养实践过程中，本系列教材将根据读者的反馈意见和建议及时改进、完善，努力成为大数据时代的新型"编写、使用、反馈"螺旋式上升的系列教材建设样板。

全国工业和信息化职业教育教学指导委员会委员
计算机类专业教学指导委员会副主任委员
"泰迪杯"数据分析职业技能大赛组委会副主任

2020 年 11 月于粤港澳大湾区

前 言 FOREWORD

由于大数据时代的来临，数据分析技术将帮助企业用户在合理时间内获取、管理、处理以及整理海量数据，为企业经营决策提供积极的帮助。数据分析作为一门前沿技术，广泛应用于物联网、云计算、移动互联网等战略性新兴领域。虽然大数据技术目前在国内还处于发展的初级阶段，但是其商业价值已经显现出来，有实践经验的数据分析人才更是各企业争夺的热门。为了满足日益增长的数据分析人才需求，很多高校开始尝试开设不同难度的数据分析课程。"数据分析"作为大数据时代的核心技术，有望成为高校大数据相关专业的重要课程之一。

本书以社会主义核心价值观为引领，全面贯彻党的二十大精神，通过"健康中国""环境保护""优化税制"等相关系列案例，体现时代性、把握规律性、富于创造性，即有深度又有温度，为建成教育强国、科技强国、人才强国、文化强国添砖加瓦。

## 第2版与第1版的区别

结合近几年 Python 语言的发展情况和广大读者的反馈意见，本书在保留第1版特色的基础上，进行全面的升级。第2版修订的主要内容如下。

- 将 Python 由 Python 3.6.0 升级为 Python 3.8.5；将 Anaconda 由 Anaconda3 4.4.0 升级为 Anaconda3 2020.11。
- 在每一章中新增了思维导图。
- 第1章新增了 seaborn、pyecharts 库的概念介绍。
- 将第1版的第4章与第3章更换了位置。
- 第3章新增了 pandas 库的介绍。
- 第5章新增了 seaborn、pyecharts 数据可视化库的绘图基础介绍，以及相应基础图形的绘制方法。
- 第7章的案例更换为"竞赛网站用户行为分析"。
- 第8章的案例更换为"企业所得税预测分析"。
- 第9章的案例更换为"餐饮企业客户流失预测"。
- 新增了"第10章 基于 TipDM 大数据挖掘建模平台实现客户流失预测"一章内容。
- 更新了正文中的示例，以及实训和课后习题。
- 删除了第1版中的"任务实现"。
- 删除了第1版中的"附录 A"和"附录 B"。

## 本书特色

本书内容契合"1+X"证书制度试点工作中的大数据应用开发（Python）职业技能等级（中级）证书考核要求，全书以任务为导向，结合大量数据分析工程案例及教学经验，以 Python 数据分析常用技术和真实案例相结合的方式，深入浅出地介绍使用Python 进行数据分析及应用的重要内容。除第 1 章外，本书各章都由任务描述、任务分析、实训和课后习题等部分组成。全书设计思路以应用为导向，让读者明确如何利用所学知识来解决问题，通过实训和课后习题巩固所学知识，读者能够真正理解并应用所学知识。全书大部分章节紧扣任务需求展开，不堆积知识点，着重于思路的启发与解决方案的实施。通过从任务需求到实现这一完整工作流程的体验，读者将真正理解与掌握 Python 数据分析与应用技术。

## 本书适用对象

- 开设有数据分析相关课程的高校的教师和学生。
- 需求分析及系统设计人员。
- 数据分析应用的开发人员。
- 进行数据分析应用研究的科研人员。
- "1+X"证书制度试点工作中的大数据应用开发（Python）职业技能等级（中级）证书考生。

## 代码下载及问题反馈

为了帮助读者更好地使用本书，本书配套原始数据文件、Python 程序代码，以及PPT 课件、教学大纲、教学进度表和教案等教学资源，读者可以从泰迪云教材网站免费下载，也可登录人民邮电出版社教育社区（www.ryjiaoyu.com）下载。同时欢迎教师加入 QQ 交流群"人邮大数据教师服务群"（669819871）进行交流探讨。

由于编者水平有限，书中难免会出现一些疏漏和不足之处。如果读者有更多的宝贵意见，欢迎在泰迪学社微信公众号（TipDataMining）回复"图书反馈"进行反馈。更多本系列图书的信息可以在泰迪云教材网站查阅。

泰迪云教材

编 者

2023 年 5 月

# 目录 CONTENTS

# 第①章 Python 数据分析概述

当今社会，数据分析技术已覆盖教育、医疗、物流、金融、农牧等行业，应用于人们日常生活的方方面面，作为数字化转型的重要工具，在数字中国建设中展现出巨大发展潜力，其产生的数据量也呈现指数型增长的态势。现有数据的量级已经远远超越了目前人力所能处理的范畴。如何管理和使用这些数据，逐渐成为数据科学领域中一个全新的研究课题。Python语言发展迅猛，数据科学领域的大量从业者使用 Python 完成数据科学相关的工作，如数据分析师。本章将介绍数据分析的概念、流程、应用场景和常用工具，使用 Python 进行数据分析的优势和常用库，同时还将介绍 Anaconda 的安装步骤以及 Jupyter Notebook 的常用功能。

## 学习目标

（1）掌握数据分析的概念与流程。
（2）了解数据分析的应用场景。
（3）了解数据分析的常用工具。
（4）了解 Python 在数据分析领域的优势。
（5）了解 Python 数据分析的常用库。
（6）掌握在 Windows/Linux 系统中安装 Anaconda 的方法。
（7）掌握 Jupyter Notebook 的常用功能。

## 思维导图

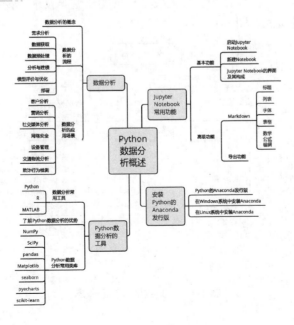

## 任务 1.1 认识数据分析

### 任务描述

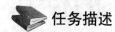

认识数据分析

数据分析是大数据技术的重要组成部分。近年来，随着大数据技术的逐渐发展，数据分析技能被认为是数据科学领域中数据从业人员需要具备的技能之一。与此同时，数据分析师也成了时下最热门的职业之一。掌握数据分析技能是一个循序渐进的过程，明确数据分析概念、流程和应用场景等相关知识是掌握数据分析的第一步。

### 任务分析

（1）掌握数据分析的概念。
（2）掌握数据分析的流程。
（3）了解 7 类常见的数据分析的应用场景。

### 1.1.1 掌握数据分析的概念

数据分析通常是指用适当的分析方法对收集来的大量数据进行分析，提取有用信息并形成结论，对数据加以详细研究和概括总结的过程。随着计算机技术的全面发展，企业生产、收集、存储和处理数据的能力大大提高，数据量与日俱增。而在现实生活中，需要对这些繁多、复杂的数据通过统计分析进行提炼，以此研究出数据的发展规律，进而帮助企业管理层做出决策。

广义数据分析是指依据一定的目标，通过统计分析、聚类、分类等方法发现大量数据中的目标所隐含信息的过程。广义数据分析包括狭义数据分析和数据挖掘。狭义数据分析是指根据分析目的，采用对比分析、分组分析、交叉分析和回归分析等分析方法，对收集的数据进行处理与分析，提取有价值的信息，发挥数据的作用，得到一个特征统计量结果的过程。数据挖掘则是指从大量的、不完全的、有噪声的、模糊的、随机的实际应用数据中，通过应用智能推荐、关联规则、分类模型和聚类模型等技术，挖掘信息潜在价值的过程。广义数据分析的概念如图 1-1 所示。

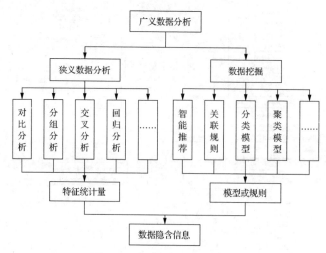

图 1-1　广义数据分析的概念

### 1.1.2　掌握数据分析的流程

数据分析已经逐渐演化为一种解决问题的过程，甚至是一种方法论。虽然每个公司都会根据自身需求和目标创建最适合的数据分析流程，但是数据分析的核心步骤是一致的。图 1-2 是一个典型的数据分析流程。

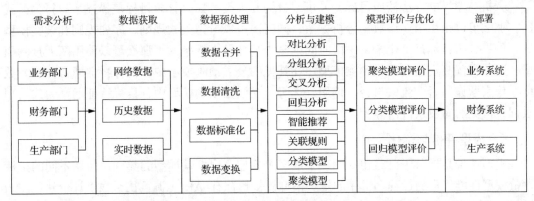

图 1-2　典型的数据分析流程

#### 1．需求分析

需求分析一词来源于产品设计，主要是指从用户提出的需求出发，挖掘用户内心的真实意图，并转化为产品需求的过程。产品设计的第一步就是需求分析，也是非常关键的一步，因为需求分析决定了产品方向。错误的需求分析可能导致产品在实现过程中走向错误方向，甚至对企业造成损失。

需求分析是数据分析的第一步，也是非常重要的一步，决定了后续的分析方向和方法。需求分析的主要内容是根据业务、财务和生产等部门的需要，结合现有的数据情况，提出数据分析需求的整体方向、内容，最终和需求方达成一致。

#### 2．数据获取

数据获取是数据分析工作的基础，是指根据需求分析的结果提取、收集数据。获取的数据主要有两种：网络数据与本地数据。网络数据是指存储在互联网中的各类视频、图片、语音和文字等信息；本地数据则是指存储在本地数据库中的生产、营销和财务等系统的数据。本地数据按照数据产生的时间又可以划分为两部分，分别是历史数据与实时数据。历史数据是指系统在运行过程中遗存下来的数据，其数据量随系统运行时间的增加而增大；实时数据是指最近一个时间周期（如月、周、日、小时等）内产生的数据。

在数据分析过程中，具体使用哪种数据，需要依据需求分析的结果而定。

#### 3．数据预处理

数据预处理是指对数据进行数据合并、数据清洗、数据标准化和数据变换等操作，并将数据用于分析与建模的过程。其中，数据合并可以将多张互相关联的表格合并为一张；数据清洗可以去除重复、缺失、异常、不一致的数据；数据标准化可以去除特征间的量纲差异；数据变换则可以通过离散化、哑变量处理等技术使数据满足后期分析与建模的要求。在数据分析的过程中，数据预处理的各个过程互相交叉，并没有明确的先后顺序。

### 4. 分析与建模

分析与建模是指通过对比分析、分组分析、交叉分析、回归分析等分析方法，以及智能推荐、关联规则、分类模型、聚类模型等模型与算法，发现数据中有价值的信息，并得出结论的过程。

分析与建模的方法按照目标不同可以分为几大类。如果分析目标是描述客户行为模式的，那么可以采用描述型数据分析方法，同时还可以考虑关联规则、序列规则和聚类模型等。如果分析目标是量化未来一段时间内某个事件发生概率的，那么可以使用两大预测模型，即分类预测模型和回归预测模型。在常见的分类预测模型中，目标特征通常为二元数据，代表欺诈与否、流失与否、信用好坏等。在回归预测模型中，目标特征通常为连续型数据，常见的有股票价格等。

### 5. 模型评价与优化

模型评价是指对于已经建立的一个或多个模型，根据其模型的类别，使用不同的指标评价模型性能优劣的过程。常用的聚类模型评价指标有 ARI（调兰德系数）评价法、AMI（调整互信息）评价法、V-measure 评分、FMI 评价法和轮廓系数评价法等。常用的分类模型评价指标有准确率（Accuracy）、精确率（Precision）、召回率（Recall）、F1 值（F1 Value）、接受者操作特性（Receiver Operating Characteristic，ROC）曲线和 ROC 曲线下方的面积（Area Under Curve，AUC）等。常用的回归模型评价指标有平均绝对误差、均方误差、中值绝对误差和可解释方差等。

模型优化则是指模型性能在经过模型评价后已经达到了要求，但在实际生产环境应用过程中，发现模型的性能并不理想，继而对模型进行重构与优化的过程。在多数情况下，模型优化的过程和分析与建模的过程基本一致。

### 6. 部署

部署是指将数据分析结果与结论应用至实际生产系统的过程。根据需求的不同，部署阶段可以提供一份包含现状具体整改措施的数据分析报告，也可以提供将模型部署在整个生产系统上的解决方案。在多数项目中，数据分析师提供的是一份数据分析报告或一套解决方案，实际执行与部署的是需求方。

## 1.1.3 了解数据分析的应用场景

企业使用数据分析解决不同的问题，实际的数据分析的应用场景主要分为客户分析、营销分析、社交媒体分析、网络安全、设备管理、交通物流分析和欺诈行为检测 7 类。

### 1. 客户分析

客户分析（Customer Analytics）主要根据客户的基本信息进行商业行为分析。首先界定目标客户，根据目标客户的需求、性质、所处行业的特征、经济状况等基本信息，使用统计分析方法和预测验证法分析目标客户，提高销售效率。其次了解客户的采购过程，根据客户采购类型、采购性质进行分类分析，制定不同的营销策略。最后可以根据已有的客户特征进行客户特征分析、客户忠诚度分析、客户注意力分析、客户营销分析和客户收益分析。通过有效的客户分析能够掌握客户的具体行为特征，将客户细分，使得运营策略达到最优，提升企业整体效益。

### 2.　营销分析

营销分析（Marketing Analytics）囊括产品分析、价格分析、渠道分析、广告与促销分析这 4 类分析。产品分析主要是竞争产品分析，通过对竞争产品的分析制定自身产品策略。价格分析可以分为成本分析和售价分析。成本分析的目的是降低成本；售价分析的目的是制定符合市场需求的价格。渠道分析是指对产品的销售渠道进行分析，确定最优的渠道配比。广告与促销分析则能够结合客户分析，实现销量的提升、利润的增加。

### 3.　社交媒体分析

社交媒体分析（Social Media Analytics）是指以不同的社交媒体渠道生成的内容为基础，实现不同社交媒体的用户分析、访问分析和互动分析等。用户分析主要根据用户注册信息、用户登录平台的时间点和用户平时发表的内容等用户数据，分析用户个人画像和行为特征；访问分析则通过用户平时访问的内容分析用户的兴趣爱好，进而分析潜在的商业价值；互动分析根据互相关注对象的行为预测该对象未来的某些行为特征。同时，社交媒体分析还能为情感和舆情监督提供丰富的资料。

### 4.　网络安全

大规模网络安全（Cyber Security）事件的发生，例如，2017 年 5 月席卷全球的 WannaCry 病毒，让企业再一次意识到网络攻击发生时预先快速识别的重要性。传统的网络安全防护主要依靠静态防御，处理病毒的主要流程是发现威胁、分析威胁和处理威胁，这种情况下，往往在威胁发生以后系统才能做出反应。新型的病毒防御系统可使用数据分析技术，建立潜在攻击识别分析模型，监测大量网络活动数据和相应的访问行为，识别可能进行入侵的可疑行为，做到未雨绸缪。

### 5.　设备管理

设备管理（Facility Management）同样是企业关注的重点。设备维修一般采用标准修理法和检查后修理法等方法。其中，标准修理法可能会造成设备过剩修理，修理费用高；虽然检查后修理法解决了修理成本过高问题，但是修理前的准备工作繁多，设备的停歇时间过长。目前企业能够通过物联网技术收集和分析设备上的数据流，包括连续用电、零部件温度、环境湿度和污染物颗粒等多种潜在特征，建立设备管理模型，从而预测设备故障，合理安排预防性的维护，以确保设备正常工作，降低因设备故障带来的安全风险。

### 6.　交通物流分析

物流是物品从供应地到接收地的实体流动过程，是将运输、储存、装卸、包装、加工、配送和信息处理等功能有机结合起来从而满足用户要求的过程。对于交通物流分析（Transport and Logistics Analytics），用户可以通过业务系统和定位系统获得数据，使用数据构建交通状况预测模型，有效预测实时路况、物流状况、车流量、客流量和货物吞吐量，进而提前补货，制定库存管理策略。

#### 7. 欺诈行为检测

身份信息泄露及盗用事件的数量逐年增长，随之而来的是欺诈行为和交易的增多。对于欺诈行为检测（Fraud Detection），公安机关、金融机构、电信部门可利用用户基本信息、交易信息和用户通话、短信信息等数据，识别潜在欺诈交易，做到未雨绸缪。以金融机构为例，通过分类模型分析方法对非法集资和"洗钱"的逻辑路径进行分析，找到其行为特征。聚类模型分析方法可以分析相似价格的变动模式。例如，对股票相关数据进行聚类，可能会发现关联交易及内幕交易等可疑行为。关联规则分析方法可以监控多个用户的关联交易行为，为发现跨账号协同的金融诈骗行为提供依据。

 **任务 1.2** 熟悉 Python 数据分析的工具

 **任务描述**

Python 已经有约三十年的历史。在过去三十年中，Python 在运维工程师群体中受到广泛欢迎。随着云计算、大数据和人工智能技术的快速发展，Python 及其开发生态环境正在受到越来越多的关注。2011年 1 月，在 TIOBE 编程语言排行榜中，它被评为 2010 年年度语言。在 2017 年 5 月的编程语言排行榜中，Python 首次超越 C#，跃居第 4。Python 已经成为整个计算机世界最重要的语言之一，也是数据分析的常用语言。

熟悉 Python 数据
分析的工具

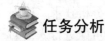 **任务分析**

（1）了解数据分析常用的 Python、R 和 MATLAB 工具。
（2）了解使用 Python 进行数据分析的优势。
（3）了解 7 个 Python 数据分析常用库。

### 1.2.1 了解数据分析常用工具

目前常用的数据分析工具主要有 Python、R、MATLAB 这 3 种。其中，Python 具有丰富且强大的库，同时常被称为胶水语言，能够将使用其他语言（尤其是 C/C++）制作的各种模块轻松地连接在一起，是一门较易学的程序设计语言。R 语言通常用于统计分析、绘图。R 是属于 GNU 系统的一个自由、源代码开放的软件。MATLAB 的作用是进行矩阵运算、绘制函数与数据图形、实现算法、创建用户界面和连接其他编程语言的程序等，MATLAB主要应用于工程计算、控制设计、信号处理与通信、图像处理、信号检测、金融建模设计与分析等领域。

Python、R、MATLAB 这 3 种工具均可以进行数据分析。表 1-1 从学习难易程度、使用场景、第三方支持、流行领域和软件成本 5 方面比较了 Python、R、MATLAB 这 3 种数据分析工具。

表 1-1　Python、R、MATLAB 这 3 种数据分析工具对比

| 比较项目 | Python | R | MATLAB |
|---|---|---|---|
| 学习难易程度 | 接口统一，学习曲线平缓 | 接口众多,学习曲线陡峭 | 自由度大，学习曲线较为平缓 |
| 使用场景 | 数据分析、机器学习、矩阵运算、科学数据可视化、数字图像处理、Web 应用、网络爬虫、系统运维等 | 统计分析、机器学习、科学数据可视化等 | 矩阵运算、数值分析、科学数据可视化、机器学习、符号计算、数字图像处理、数字信号处理、仿真模拟等 |
| 第三方支持 | 拥有大量的第三方库，能够简便地调用 C、C++、Fortran、Java 等其他语言的程序 | 拥有大量的包,能够调用 C、C++、Fortran、Java 等其他语言的程序 | 拥有大量专业的工具箱，在新版本中加入了对 C、C++、Java 的支持 |
| 流行领域 | 工业界 | 工业界与学术界 | 学术界 |
| 软件成本 | 免费 | 免费 | 收费 |

## 1.2.2　了解 Python 数据分析的优势

结合 1.2.1 小节的不同数据分析工具的对比可以发现,Python 是一门应用十分广泛的计算机语言，在数据科学领域具有天然的优势。Python 是数据科学领域的主流语言。Python 数据分析主要包含以下 5 个方面的优势。

（1）语法简单精练。对于初学者来说，比起其他编程语言，Python 更容易上手。

（2）含有大量功能强大的库。结合其编程方面的强大实力，可以只使用 Python 这一门语言去构建以数据为中心的应用程序。

（3）功能强大。从特性角度来看，Python 是一个混合体。丰富的工具集使 Python 介于传统的脚本语言和系统语言之间。Python 不仅具备脚本语言简单和易用的特点，而且提供编译语言所具有的高级软件工程工具。

（4）Python 不仅适用于研究和原型构建，而且适用于构建生产系统。研究人员和工程技术人员使用同一种编程工具，会给企业带来非常显著的组织效益，并降低企业的运营成本。

（5）Python 是一门胶水语言。Python 程序能够以多种方式轻易地与其他语言的组件"粘连"在一起。例如，Python 的 C 语言 API 可以帮助 Python 程序灵活地调用 C 程序，这意味着用户可以根据需要给 Python 程序添加功能，或在其他环境中使用 Python。

## 1.2.3　了解 Python 数据分析常用库

使用 Python 进行数据分析时常用的库主要有 NumPy、SciPy、pandas、Matplotlib、seaborn、pyecharts、scikit-learn 等。

### 1. NumPy

NumPy 是 Numerical Python 的缩写，是一个 Python 科学计算的基础库。NumPy 主要提供了以下内容。

（1）快速高效的多维数组对象 ndarray。

（2）对数组进行元素级计算和直接对数组进行数学运算的函数。

（3）读/写硬盘上基于数组的数据集的工具。

（4）线性代数运算、傅里叶变换和随机数生成等功能。

（5）将 C、C++、Fortran 代码集成到 Python 项目的工具。

除了为 Python 提供快速的数组处理能力外，NumPy 在数据分析方面还有一个主要作用，即作为算法之间传递数据的容器。对于数值型数据，使用 NumPy 数组存储和处理数据要比使用内置的 Python 数据结构高效得多。此外，由低级语言（如 C 和 Fortran）编写的库可以直接操作 NumPy 数组中的数据，无须进行任何数据复制工作。

## 2．SciPy

SciPy 是基于 Python 的开源库，是一组专门解决科学计算中各种标准问题的模块的集合，常与 NumPy、Matplotlib 和 pandas 这些核心库一起使用。SciPy 主要包含 8 个模块，不同的模块有不同的应用场景，如用于插值、积分、优化、处理图像和特殊函数等。SciPy 的模块及其简介如表 1-2 所示。

表 1-2　SciPy 的模块及其简介

| 模块名称 | 简介 |
| --- | --- |
| scipy.integrate | 数值积分和微分方程求解器 |
| scipy.linalg | 扩展了由 numpy.linalg 提供的线性代数求解和矩阵分解功能 |
| scipy.optimize | 函数优化器（最小化器）以及根查找算法 |
| scipy.signal | 信号处理工具 |
| scipy.sparse | 稀疏矩阵和稀疏线性系统求解器 |
| scipy.special | SPECFUN［这是一个实现了许多常用数学函数（如伽马函数）的 Fortran 库］的包装器 |
| scipy.stats | 包含检验连续和离散概率分布（如密度函数、采样器、连续分布函数等）的函数与方法、各种统计检验的函数与方法，以及各类描述性统计的函数与方法 |

## 3．pandas

pandas 是 Python 的数据分析核心库，最初作为金融数据分析工具而被开发出来。pandas 为时间序列分析提供了很好的支持，它提供了一系列能够快速、便捷地处理结构化数据的数据结构和函数。Python 之所以成为强大而高效的数据分析环境，与它息息相关。

pandas 兼具 NumPy 高性能的数组计算功能以及电子表格和关系型数据库（如 MySQL）灵活的数据处理功能。它提供了复杂精细的索引功能，以便完成重塑、切片与切块、聚合和选取数据子集等操作。pandas 是本书中使用的主要工具。

## 4．Matplotlib

Matplotlib 是较为流行的用于绘制数据图表的 Python 库，主要用于绘制 2D 图形。Matplotlib 最初由约翰·亨特（John Hunter）创建，目前由一个庞大的开发团队维护。Matplotlib 的操作比较容易，用户只需用几行代码即可生成直方图、功率谱图、条形图、柱形图和散点图等图形。Matplotlib 提供了 pylab 模块，其中包括 NumPy 和 pyplot 中许多常用的函数，方便用户快速进行计算和绘图。Matplotlib 与 IPython 的结合，提供了一种非常好用的交互式数据绘图环境。绘制的图表也是交互式的，读者可以利用绘图窗口中工具栏里的相应工具放大图表中的某个区域，或对整个图形进行平移浏览。

### 5. seaborn

seaborn 是基于 Matplotlib 的数据可视化 Python 库，它提供了一种高度交互的界面，便于用户制作出各种有吸引力的统计图表。

seaborn 在 Matplotlib 的基础上进行了更高级的 API 封装，使得作图更加容易。seaborn 使用户不需要了解大量的底层代码，即可使图形变得精致。在大多数情况下，使用 seaborn 能制作出具有吸引力的图，而使用 Matplotlib 能制作具有更多特色的图。因此，可将 seaborn 视为 Matplotlib 的补充，而不是替代物。同时，seaborn 能高度兼容 NumPy 与 pandas 的数据结构以及 SciPy 与 statsmodels 等的统计模式，可以在很大程度上帮助用户实现数据可视化。

### 6. pyecharts

Echarts 是一个由百度开源的数据可视化工具，凭借着良好的交互性、精巧的图表设计，得到了众多开发者的认可。而 Python 是一门富有表达力的语言，很适合用于数据处理。pyecharts 是 Python 与 Echarts 的结合。

pyecharts 可以展示动态交互图，对于展示数据更方便，当鼠标指针悬停在图上时，即可显示数值、标签等。pyecharts 支持主流 Notebook 环境，如 Jupyter Notebook、JupyterLab 等；可轻松集成至 Flask、Django 等主流 Web 框架；具有高度灵活的配置项，可轻松搭配出精美的图表；囊括 30 多种常见图表，如 Bar（柱形图/条形图）、Boxplot（箱形图）、Funnel（漏斗图）、Gauge（仪表盘）、Graph（关系图）、HeatMap（热力图）、Radar（雷达图）、Sankey（桑基图）、Scatter（散点图）、WordCloud（词云图）等。

### 7. scikit-learn

scikit-learn 是一个简单有效的数据挖掘和数据分析工具，可以供用户在各种环境下重复使用。而且 scikit-learn 建立在 NumPy、SciPy 和 Matplotlib 的基础之上，对一些常用的算法进行了封装。目前，scikit-learn 的基本模块主要涉及数据预处理、模型选择、分类、聚类、数据降维和回归 6 个方面。在数据量不大的情况下，scikit-learn 可以解决大部分问题。用户在执行建模任务时，并不需要自行编写所有的算法，只需要简单地调用 scikit-learn 库里的模块即可。

## 任务1.3　安装 Python 的 Anaconda 发行版

### 📖 任务描述

Python 拥有 NumPy、SciPy、pandas、Matplotlib、seaborn、pyecharts 和 scikit-learn 等功能齐全、接口统一的库，能为数据分析工作提供极大的便利。不过库的管理和版本问题，使得数据分析人员并不能够专注于数据分析，而要将大量的时间花费在与环境配置相关的问题上。基于这个情况，Anaconda 发行版应运而生。

**任务分析**

（1）了解 Python 的 Anaconda 发行版。

（2）在 Windows 和 Linux 系统中安装 Anaconda。

### 1.3.1 了解 Python 的 Anaconda 发行版

Python 的 Anaconda 发行版预装了 150 个以上的常用 Python 库，囊括数据分析常用的 NumPy、SciPy、pandas、Matplotlib、seaborn、pyecharts、scikit-learn 库，使得数据分析人员能够更加顺畅、专注地使用 Python 解决数据分析相关问题。

Python 的 Anaconda 发行版主要有以下几个特点。

（1）包含众多流行的用于科学、数学、工程和数据分析的 Python 库。

（2）完全开源。

（3）免费使用，但额外的加速和优化是收费的。对于学术用途，可以申请免费的许可证（License）。

（4）支持 Linux、Windows、macOS；支持 Python 的 2.6、2.7、3.4、3.5、3.6 和 3.8 等版本，可自由切换。

因此，推荐数据分析初学者（尤其是 Windows 系统用户）安装 Anaconda 发行版。读者可以访问 Anaconda 官方网站下载适合自身的安装包。

在 Windows 系统中安装 Anaconda

### 1.3.2 在 Windows 系统中安装 Anaconda 发行版

进入 Anaconda 官方网站，下载适合 Windows 系统的 Anaconda 安装包，选择 Python 3.8。安装 Anaconda 的具体步骤如下。

（1）双击下载好的 Anaconda 安装包，再单击图 1-3 所示的 "Next"（下一步）按钮进入下一步。

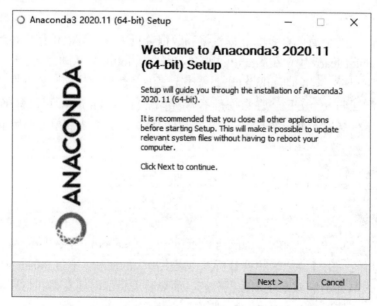

图 1-3  在 Windows 系统中安装 Anaconda 步骤 1

（2）单击图 1-4 所示的"I Agree"（我同意）按钮，同意相关协议并进入下一步。

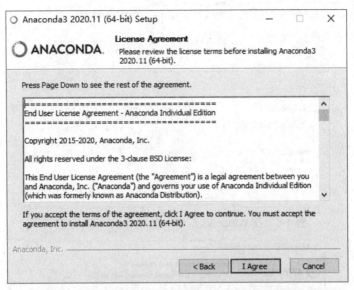

图 1-4　在 Windows 系统中安装 Anaconda 步骤 2

（3）选择图 1-5 所示的"All Users（requires admin privileges）"[所有用户（需要管理员权限）]单选按钮，单击"Next"按钮进入下一步。

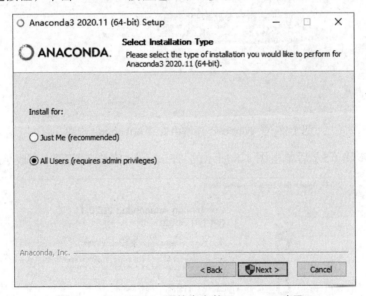

图 1-5　在 Windows 系统中安装 Anaconda 步骤 3

（4）单击"Browse"（浏览）按钮，选择合适的路径安装 Anaconda，如图 1-6 所示，选择完成后单击"Next"按钮，进入下一步。

（5）图 1-7 所示的两个复选框分别代表允许将 Anaconda 添加到系统路径（PATH）环境变量中、Anaconda 使用的 Python 版本为 3.8。全部勾选后，单击"Install"（安装）按钮，开始安装。

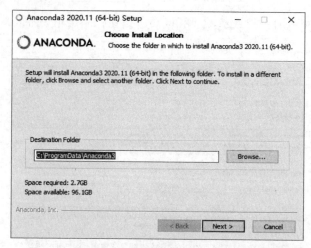

图 1-6　在 Windows 系统中安装 Anaconda 步骤 4

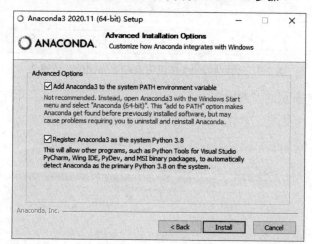

图 1-7　在 Windows 系统中安装 Anaconda 步骤 5

（6）完成步骤（5）后单击图 1-8 所示的"Finish"（完成）按钮，完成 Anaconda 安装。

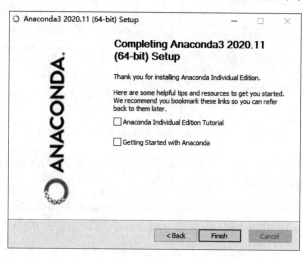

图 1-8　在 Windows 系统中安装 Anaconda 步骤 6

### 1.3.3　在 Linux 系统中安装 Anaconda 发行版

从 Anaconda 官方网站下载适合 Linux 系统的 Anaconda 安装包,选择 Python 3.8。在 Linux 系统中安装 Anaconda 的具体步骤如下。

(1)打开一个用户终端(Terminal)。使用 cd 命令将当前路径切换至 Anaconda 安装包所在的文件路径,如图 1-9 所示。

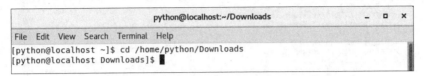

图 1-9　在 Linux 系统中安装 Anaconda 步骤 1

(2)输入命令"bash Anaconda3-2020.11-Linux-x86_64.sh",进行安装,如图 1-10 所示。

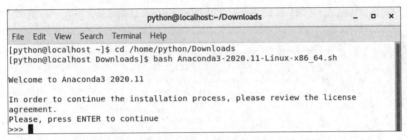

图 1-10　在 Linux 系统中安装 Anaconda 步骤 2

(3)按"Enter"键后,出现软件协议相关内容,在阅读时连续按"Enter"键读取全文,在协议末尾会让用户确认是否同意以上协议,输入"yes",如图 1-11 所示,并按"Enter"键确认同意。

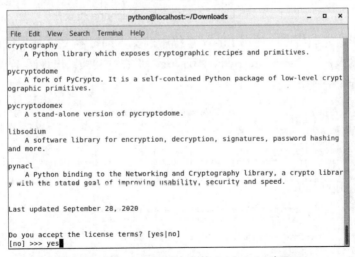

图 1-11　在 Linux 系统中安装 Anaconda 步骤 3

(4)同意协议后,默认安装路径在用户 home 目录下(/home/python/anaconda3),按"Enter"键确认选择默认安装路径。安装路径设置完成后,软件即可开始安装,如图 1-12 所示。

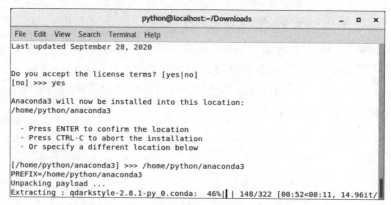

图 1-12　在 Linux 系统中安装 Anaconda 步骤 4

（5）在安装过程快结束时，将询问用户安装程序是否通过运行 conda init 来初始化 Anaconda3，输入 "yes"，如图 1-13 所示，并按 "Enter" 键确认同意，等待软件安装完成。

```
                        python@localhost:~/Downloads         _  □  ×
File  Edit  View  Search  Terminal  Help
yapf                    pkgs/main/noarch::yapf-0.30.0-py_0
zeromq                  pkgs/main/linux-64::zeromq-4.3.3-he6710b0_3
zict                    pkgs/main/noarch::zict-2.0.0-py_0
zipp                    pkgs/main/noarch::zipp-3.4.0-pyhd3eb1b0_0
zlib                    pkgs/main/linux-64::zlib-1.2.11-h7b6447c_3
zope                    pkgs/main/linux-64::zope-1.0-py38_1
zope.event              pkgs/main/linux-64::zope.event-4.5.0-py38_0
zope.interface          pkgs/main/linux-64::zope.interface-5.1.2-py38h7b6447c_0
zstd                    pkgs/main/linux-64::zstd-1.4.5-h9ceee32_0


Preparing transaction: done
Executing transaction: done
installation finished.
Do you wish the installer to initialize Anaconda3
by running conda init? [yes|no]
[no] >>> yes
```

图 1-13　在 Linux 系统中安装 Anaconda 步骤 5

（6）软件安装完成后可以使用 Linux 系统中的文本编辑器 Vim 或 gedit 查看当前用户的环境变量。输入命令 "vi /home/python/.bashrc" 来查看文档，出现图 1-14 所示的界面，表示环境变量配置完成。

```
                        python@localhost:~/Downloads         _  □  ×
File  Edit  View  Search  Terminal  Help
# >>> conda initialize >>>
# !! Contents within this block are managed by 'conda init' !!
__conda_setup="$('/home/python/anaconda3/bin/conda' 'shell.bash' 'hook' 2> /dev/
null)"
if [ $? -eq 0 ]; then
    eval "$__conda_setup"
else
    if [ -f "/home/python/anaconda3/etc/profile.d/conda.sh" ]; then
        . "/home/python/anaconda3/etc/profile.d/conda.sh"
    else
        export PATH="/home/python/anaconda3/bin:$PATH"
    fi
fi
unset __conda_setup
# <<< conda initialize <<<

                                                27,0-1        Bot
```

图 1-14　在 Linux 系统中安装 Anaconda 步骤 6

（7）如果环境变量未配置完成，那么需要在.bashrc 文档末尾添加 Anaconda 安装路径的环境变量。

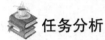 **掌握 Jupyter Notebook 常用功能**

掌握 Jupyter
Notebook 常用
功能

### 任务描述

Jupyter Notebook（此前被称为 IPython Notebook）是一个交互式笔记本，支持运行 40 多种编程语言，本质上是一个支持实时代码、数学方程、可视化和 Markdown 的 Web 应用程序。对于数据分析，Jupyter Notebook 的优点是可以重现整个分析过程，并将说明文字、代码、图表、公式和结论都整合在一个文档中。用户可以通过电子邮件、Dropbox、GitHub 和 Jupyter Notebook Viewer 将分析结果分享给其他人。

### 任务分析

（1）掌握 Jupyter Notebook 的基本功能。
（2）掌握 Jupyter Notebook 的高级功能。

### 1.4.1　掌握 Jupyter Notebook 的基本功能

使用 Jupyter Notebook 进行编程前需要对其进行启动并创建一个新 Notebook，同时，也要对 Jupyter Notebook 的界面和构成有基本的认识。

#### 1．启动 Jupyter Notebook

在 Anaconda 安装完成、配置好环境变量并安装 Jupyter Notebook 后，在 Windows 系统下的命令行提示符窗口中或在 Linux 系统下的终端中输入命令 "jupyter notebook"，即可启动 Jupyter Notebook。在 Windows 系统下启动 Jupyter Notebook，如图 1-15 所示。

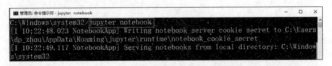

图 1-15　在 Windows 系统下启动 Jupyter Notebook

#### 2．新建 Notebook

打开 Jupyter Notebook 以后会在系统默认的浏览器中出现图 1-16 所示的主界面。单击右上方的 "New" 下拉按钮，出现 "New" 下拉列表，如图 1-17 所示。

图 1-16　Jupyter Notebook 主界面

15

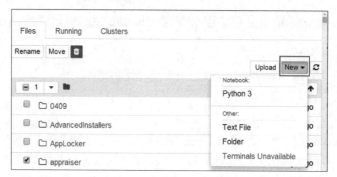

图 1-17 "New"下拉列表

在"New"下拉列表中选择需要创建的 Notebook 类型。其中，"Text File"表示纯文本文件，"Folder"表示文件夹，"Python 3"表示 Python 脚本，灰色字体选项表示不可用项目。选择"Python 3"选项，进入 Python 脚本编辑界面，如图 1-18 所示。

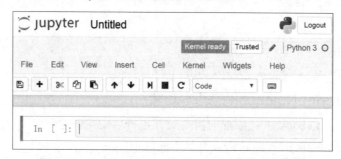

图 1-18 Jupyter Notebook 的 Python 脚本编辑界面

### 3．Jupyter Notebook 的界面及其构成

Jupyter Notebook 中的 Notebook 由一系列单元（Cell）构成，主要有两种形式的单元，如图 1-19 所示。

图 1-19 Jupyter Notebook 的两种单元

（1）代码单元。代码单元是用户编写代码的地方，通过按"Shift+Enter"组合键运行代码，其结果显示在代码单元下方。代码单元左边有"In [ ]:"编号，方便用户查看代码的执行次序。

（2）Markdown 单元。Markdown 单元可对文本进行编辑，采用 Markdown 的语法规范，可以设置文本格式，插入链接、图片甚至数学公式。同样，按"Shift+Enter"组合键可运行 Markdown 单元，显示格式化的文本。

Jupyter Notebook 编辑界面类似于 Linux 的 Vim 编辑器界面，在 Notebook 中也有两种模式，编辑模式和命令模式，具体说明如下。

（1）编辑模式。用于编辑文本和代码。选中单元并按"Enter"键进入编辑模式，此时单元左侧显示绿色竖线，如图 1-20 所示。

图 1-20　编辑模式

（2）命令模式。用于执行键盘输入的快捷命令。选中单元并按"Esc"键进入命令模式，此时单元左侧显示蓝色竖线，如图 1-21 所示。

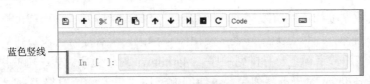

图 1-21　命令模式

如果要使用快捷命令，那么首先按"Esc"键进入命令模式，然后按相应的键实现对文档的操作。例如，切换到代码单元可按"Y"键，切换到 Markdown 单元可按"M"键，在本单元的下方增加一个单元可按"B"键，查看所有快捷命令可按"H"键。

### 1.4.2　掌握 Jupyter Notebook 的高级功能

在 Jupyter Notebook 中，可以使用 Markdown 进行文本标记，以便用户查看。Jupyter Notebook 还可以将 Notebook 导出为 HTML、PDF 等多种格式的文件。

#### 1．Markdown

Markdown 是一门可以使用普通文本编辑器编写的标记语言，简单的标记语法可以使普通文本内容具有一定的格式。Jupyter Notebook 的 Markdown 单元功能较多，下面将从标题、列表、字体、表格和数学公式编辑 5 个方面进行介绍。

（1）标题

标题是标明文章和作品等内容的简短语句。读者写报告或论文时，标题是不可或缺的，尤其是论文的章、节等，需要使用不同级别的标题。一般使用 Markdown 中的类 Atx 形式进行标题的排版，在文本首行前加一个"#"字符与一个空格代表一级标题，加两个"#"字符与一个空格代表二级标题，以此类推。图 1-22 和图 1-23 分别为 Markdown 的代码和展示效果。

图 1-22　Jupyter Notebook 中 Markdown 的标题代码

图 1-23　Jupyter Notebook 中 Markdown 的标题展示效果

（2）列表

列表是一种由数据项构成的有限序列，即按照一定的线性顺序排列而成的数据项的集合。列表一般分为两种：一种是无序列表，使用图标标记，没有序号，没有排列顺序；另一种是有序列表，使用数字标记，有排列顺序。Markdown 对于无序列表，可使用星号、加号或减号表示；Markdown 对于有序列表，可使用数字加 "." 和一个空格表示。图 1-24 和图 1-25 分别为列表的代码和展示效果。

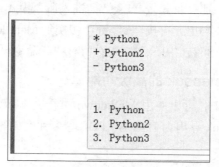

图 1-24　Jupyter Notebook 中 Markdown 的列表代码

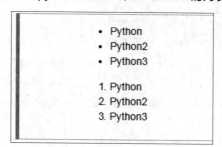

图 1-25　Jupyter Notebook 中 Markdown 的列表展示效果

（3）字体

文档中为了突显部分内容，一般对文字使用加粗或斜体格式，使得该部分内容变得更加醒目。对于 Markdown 排版工具而言，通常使用星号 "*" 和下画线 "_" 作为标记字词的符号。前后有两个星号或下画线表示加粗，前后有 3 个星号或下画线表示斜体。图 1-26 和图 1-27 分别为加粗、斜体的代码和展示效果。

图 1-26　Jupyter Notebook 中 Markdown 的加粗、斜体代码

图 1-27　Jupyter Notebook 中 Markdown 的加粗、斜体展示效果

（4）表格

使用 Markdown 同样可以绘制表格。代码的第一行表示表头，第二行分隔表头和主体部分，从第三行开始，每一行代表一个表格行。列与列之间用符号"｜"隔开，表格每一行的末尾也要有符号"｜"。图 1-28 和图 1-29 分别为表格的代码和展示效果。

图 1-28　Jupyter Notebook 中 Markdown 的表格代码

| Python | R | MATLAB |
| --- | --- | --- |
| 接口统一，学习曲线平缓 | 接口众多，学习曲线陡峭 | 自由度大，学习曲线较为平缓 |
| 开源免费 | 开源免费 | 商业收费 |

图 1-29　Jupyter Notebook 中 Markdown 的表格展示效果

（5）数学公式编辑

LaTeX 是写科研论文的必备工具之一，不但能实现严格的文档排版，而且能编辑复杂的数学公式。在 Jupyter Notebook 的 Markdown 单元中可以使用 LaTeX 来插入数学公式。在文本行中插入数学公式时，应使用两个"$"符号，如表示质能方程的 LaTeX 表达式为"$E = mc^2$"。如果要插入一个数学区块，那么使用两个"$$"符号，如使用 LaTeX 表达式"$$ z = \frac{x}{y} $$"表示式（1-1）。

$$z = \frac{x}{y}$$

（1-1）

在输入上述 LaTeX 表达式后，运行结果如图 1-30 所示。

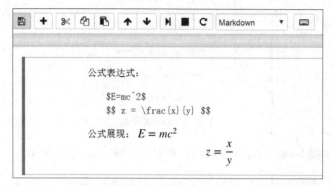

图 1-30　Jupyter Notebook 中 Markdown 的 LaTeX 语法示例

**2. 导出功能**

Jupyter Notebook 还有一个强大的特性，就是有导出功能，可以将 Notebook 导出为多种格式的文件，如 HTML、Markdown、reST、PDF（通过 LaTeX）等格式。其中，导出为 PDF 格式的文件，可以让读者不用写 LaTeX 表达式即可创建漂亮的 PDF 文档。读者还可以将 Notebook 作为网页发布在自己的网站上。甚至，可以导出为 reST 格式的文件，作为软件库的文档。导出功能可以依次选择"File"→"Download as"菜单中的命令实现，如图 1-31 所示。

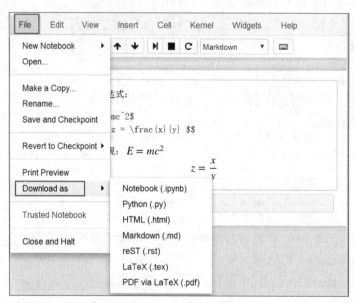

图 1-31　导出功能的菜单

## 小结

本章先介绍了数据分析的概念、流程、应用场景和常用工具，阐述了使用 Python 进行数据分析的优势，列举说明了 Python 数据分析常用库的功能。紧接着阐述了 Anaconda 的特点，实现了在 Windows 和 Linux 两个系统中安装 Anaconda。最后介绍了 Python 数据分析工具 Jupyter Notebook 的常用功能。

## 课后习题

### 1．选择题

（1）下面关于数据分析说法正确的是（　　　）。

　　A．数据分析是数学、统计学理论结合科学的统计分析方法

　　B．数据分析是一种数学分析方法

　　C．数据分析是统计学分析方法

　　D．数据分析是大数据分析方法

（2）下列关于数据分析的描述，说法错误的是（　　　）。

　　A．模型优化步骤可以与分析和建模步骤同步进行

　　B．数据分析过程中最核心的步骤是分析与建模

　　C．数据分析时只能够使用数值型数据

　　D．广义的数据分析包括狭义数据分析和数据挖掘

（3）下列关于 NumPy 的说法错误的是（　　　）。

　　A．NumPy 可快速高效处理多维数组

　　B．NumPy 可提供在算法之间传递数据的容器

　　C．NumPy 可实现线性代数运算、傅里叶变换和随机数生成

　　D．NumPy 不具备将 C++代码继承到 Python 的功能

（4）下列关于 pandas 说法错误的是（　　　）。

　　A．pandas 是 Python 的数据分析核心库

　　B．pandas 能够快捷处理结构化数据

　　C．pandas 没有 NumPy 的高性能数字计算功能

　　D．pandas 提供复杂精细的索引功能

（5）下列不属于数据分析的应用场景的是（　　　）。

　　A．一周天气预测　　　　　　　　　B．合理预测航班座位需求数量

　　C．为用户提供个性化服务　　　　　D．某人一生的命运预测

（6）下列不属于 Python 优势的是（　　　）。

　　A．语法简洁，程序开发速度快

　　B．入门简单，功能强大

　　C．程序的运行速度在所有计算机语言的程序中最快

　　D．开源，可以自由阅读源代码并对其进行改动

（7）下列关于 Jupyter Notebook 界面构成说法错误的是（　　　）。

　　A．Notebook 主要由两种形式的单元构成

　　B．Jupyter Notebook 中的代码单元是读者编写代码的地方

　　C．Jupyter Notebook 编辑界面有两种编辑模式

　　D．Jupyter Notebook 可以将文件分享给他人

（8）下列关于 Python 数据分析常用库的描述错误的是（　　　）。

　　A．NumPy 不能使用线上安装的方式进行安装

  B.　SciPy 主要用于解决科学计算中的各种标准问题

  C.　pandas 能够实现对数据的整理工作

  D.　scikit-learn 是复杂有效的数据分析工具

（9）以下选项中关于 Anaconda 描述错误的是（　　　）。

  A.　Anaconda 支持 Linux、Windows 系统

  B.　Anaconda 支持并集成了 800 多个第三方库

  C.　Anaconda 不是一个集成开发环境

  D.　Anaconda 是免费的，适合数据分析相关工作人员安装使用

## 2. 操作题

（1）在自用计算机上完成 Anaconda 发行版的安装。

（2）使用 Jupyter Notebook 创建名为 Welcome to Python 的 Notebook，并导出为 .py 文件。

# 第❷章 NumPy 数组计算基础

　　NumPy 是用于数据科学计算的基础模块，不但能够完成科学计算的任务，而且能够用作高效的多维数据容器，可用于存储和处理大型矩阵。NumPy 本身并没有提供很多高级的数据分析功能。理解 NumPy 数组及数组计算有助于更加高效地使用诸如 pandas 等数据处理工具。本章将介绍 NumPy 数组对象 ndarray 的创建、随机数的生成和数组的访问与变换；此外，将介绍 NumPy 矩阵的创建和 ufunc 函数，利用 NumPy 读/写文件并使用函数进行统计分析。

## 学习目标

（1）掌握 NumPy 创建多维数组与生成随机数的方法。
（2）掌握数组的索引与变换方法。
（3）掌握 NumPy 矩阵的创建和运算方法以及通用函数的基本使用方法。
（4）掌握 NumPy 读/写文件的方法和常用于统计分析的函数。

## 思维导图

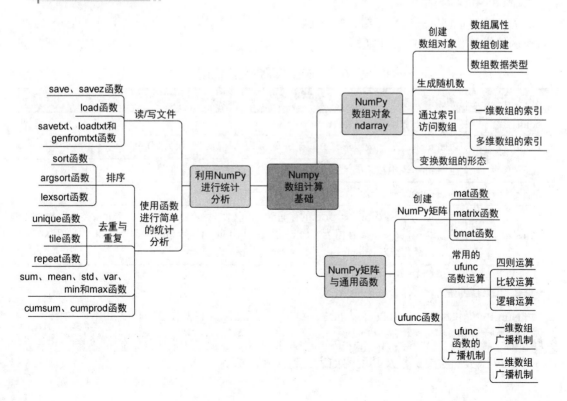

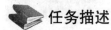

## 任务 2.1　掌握 NumPy 数组对象 ndarray

### 任务描述

NumPy 数组对象

Python 提供了一个 array 模块。array 和 list 不同，array 直接保存数值，和 C 语言的一维数组比较类似。但是由于 Python 的 array 模块不支持多维，也没有各种运算函数，因此不适合做数值运算。NumPy 弥补了 Python 不支持多维等不足之处，它提供了一种存储单一数据类型的多维数组——ndarray。本节实现 ndarray 多维数组的创建、生成随机数、通过索引访问一维或多维数组并变换其形态。

### 任务分析

（1）掌握 NumPy 的 ndarray 对象的属性及创建方法。

（2）使用 random 模块生成随机数数组。

（3）通过索引访问一维或多维数组，并变换数组的形态。

### 2.1.1　创建数组对象

NumPy 提供了两种基本的对象：ndarray（N-dimensional Array）和 ufunc（Universal Function）。ndarray 是存储单一数据类型的多维数组，而 ufunc 则是能够对数组进行处理的函数。在 NumPy 中，维度称为轴。本小节将重点介绍数组对象，ufunc 函数将在 2.2.2 小节进行介绍。

#### 1. 数组属性

为了更好地理解和使用数组，在创建数组之前，了解数组的基本属性是十分有必要的。数组的属性及其说明如表 2-1 所示。

表 2-1　数组的属性及其说明

| 属性名称 | 属性说明 |
| --- | --- |
| ndim | 返回 int。表示数组的维数 |
| shape | 返回 tuple。表示数组形状，对于 $n$ 行 $m$ 列的矩阵，形状为 $(n,m)$ |
| size | 返回 int。表示数组的元素总数，等于数组形状中各元素的积 |
| dtype | 返回 data-type。表示数组中元素的数据类型 |
| itemsize | 返回 int。表示数组的每个元素的存储空间（以 B 为单位）。例如，一个元素类型为 float64 的数组的 itemsize 属性值为 8（float64 占用 64bit，1B 为 8bit，所以 float64，占用 8B）。一个元素类型为 complex32 的数组的 itemsize 属性值为 4 |

#### 2. 数组创建

NumPy 提供的 array 函数可以创建一维或多维数组，其基本使用格式如下。

```
numpy.array(object, dtype=None, *, copy=True, order='K', subok=False, ndmin=0,
like=None)
```

array 函数的主要参数及其说明如表 2-2 所示。

表 2-2　array 函数的主要参数及其说明

| 参数名称 | 参数说明 |
| --- | --- |
| object | 接收 array_like。表示所需创建的数组对象。无默认值 |
| dtype | 接收 data-type。表示数组所需的数据类型，如果未给定，那么选择保存对象所需的最小的数据类型。默认为 None |
| ndmin | 接收 int。用于指定生成数组应该具有的最小维数。默认为 0 |

创建一维数组与多维数组并查看数组属性的过程，如代码 2-1 所示。

代码 2-1　创建数组并查看数组属性

```
In[1]:   import numpy as np  # 导入 NumPy 库
         arr1 = np.array([1, 2, 3, 4]) # 创建一维数组
         print('创建的数组为: ', arr1)

Out[1]:  创建的数组为: [1 2 3 4]

In[2]:   # 创建二维数组
         arr2 = np.array([[1, 2, 3, 4], [4, 5, 6, 7], [7, 8, 9, 10]])
         print('创建的数组为: \n', arr2)

Out[2]:  创建的数组为:
          [[ 1  2  3  4]
          [ 4  5  6  7]
          [ 7  8  9 10]]

In[3]:   print('数组形状为: ', arr2.shape)  # 查看数组形状

Out[3]:  数组形状为: (3, 4)

In[4]:   print('数组元素类型为: ', arr2.dtype)   # 查看数组元素类型

Out[4]:  数组元素类型为: int32

In[5]:   print('数组元素个数为: ', arr2.size)  # 查看数组元素个数

Out[5]:  数组元素个数为: 12

In[6]:   print('数组每个元素存储空间为: ', arr2.itemsize)  # 查看数组每个元素存储空间

Out[6]:  数组每个元素存储空间为: 4B
```

在代码 2-1 中，数组 arr1 只有一行元素，因此它是一维数组。而数组 arr2 有 3 行 4 列元素，因此它是二维数组，第 0 轴的长度为 3（即行数），第 1 轴的长度为 4（即列数）。其中，第 0 轴也称横轴，第 1 轴也称纵轴。还可以通过修改数组的 shape 属性，在保持数组元素个数不变的情况下改变数组每个轴的长度。代码 2-2 将数组 arr2 的 shape 改为(4, 3)。注意，从(3, 4)改为(4, 3)并不是对数组进行转置，而是改变每个轴的长度，数组元素的顺序并没有改变。

代码 2-2　重新设置数组的 shape 属性

```
In[7]:   arr2.shape = 4, 3 # 重新设置 shape
         print('重新设置 shape 后的 arr2 为: \n', arr2)
```

```
Out[7]:    重新设置 shape 后的 arr2 为:
           [[ 1  2  3]
            [ 4  4  5]
            [ 6  7  7]
            [ 8  9 10]]
```

代码 2-1 中的例子先创建一个 Python 序列，然后通过 array 函数将其转换为数组，通过此方法创建数组显然效率不高。因此 NumPy 提供了很多专门用于创建数组的函数。

除了使用 array 函数创建数组之外，还可以使用 arange 函数创建数组。arange 函数类似于 Python 自带的函数 range，通过指定开始值、终值和步长来创建一维数组，创建的数组不含终值。arange 函数的基本使用格式如下。

```
numpy.arange([start, ]stop, [step, ]dtype=None, *, like=None)
```

arange 函数的常用参数及其说明如表 2-3 所示。

表 2-3    arange 函数的常用参数及其说明

| 参数名称 | 参数说明 |
| --- | --- |
| start | 接收 int 或实数。表示数组的开始值，生成的数组包括该值。默认为 0 |
| stop | 接收 int 或实数。表示数组的终值，生成的数组不包括该值。无默认值 |
| step | 接收 int 或实数。表示在数组中，值之间的步长。默认为 1 |
| dtype | 接收数据类型。表示输出数组的类型。默认为 None |

使用 arange 函数创建数组如代码 2-3 所示。

代码 2-3    使用 arange 函数创建数组

```
In[8]:     print('使用 arange 函数创建的数组为: \n', np.arange(0, 1, 0.1))
```

```
Out[8]:    使用 arange 函数创建的数组为:
           [ 0.   0.1  0.2  0.3  0.4  0.5  0.6  0.7  0.8  0.9]
```

linspace 函数通过指定开始值、终值和元素个数来创建一维数组，默认包括终值，这一点需要和 arange 函数区分。linspace 函数的基本使用格式如下。

```
numpy.linspace(start, stop, num=50, endpoint=True, retstep=False, dtype=None,
axis=0)
```

linspace 函数的常用参数及其说明如表 2-4 所示。

表 2-4    linspace 函数的常用参数及其说明

| 参数名称 | 参数说明 |
| --- | --- |
| start | 接收 array_like。表示起始值。无默认值 |
| stop | 接收 array_like。表示终值。无默认值 |
| num | 接收 int。表示生成的样本数。默认为 50 |
| dtype | 接收数据类型。表示输出数组的类型。默认为 None |

使用 linspace 函数创建数组如代码 2-4 所示。

**代码 2-4 使用 linspace 函数创建数组**

```
In[9]:    print('使用 linspace 函数创建的数组为: \n', np.linspace(0, 1, 12))
Out[9]:   使用 linspace 函数创建的数组为:
          [ 0.          0.09090909 …  1.          ]
```

注: 此处部分结果已省略。

logspace 函数和 linspace 函数类似, 但它创建的数组是等比数列。logspace 函数的基本使用格式如下。

```
numpy.logspace(start, stop, num=50, endpoint=True, base=10.0, dtype=None, axis=0)
```

在 logspace 函数的参数中, 除了 base 参数和 linspace 函数的 retstep 参数不同之外, 其余均相同。base 参数可用于设置日志空间的底数, 在不设置的情况下, 默认以 10 为底。

使用 logspace 函数生成 1 ($10^0$) ~ 100 ($10^2$) 的 20 个元素的等比数列, 如代码 2-5 所示。

**代码 2-5 使用 logspace 函数创建等比数列**

```
In[10]:   print('使用 logspace 函数创建的等比数列为: \n', np.logspace(0, 2, 20))
Out[10]:  使用 logspace 函数创建的等比数列为:
          [  1.              1.27427499       1.62377674  …   61.58482111
          78.47599704   100.         ]
```

注: 此处部分结果已省略。

NumPy 还提供了其他函数, 用于创建特殊数组, 如 zeros、eye、diag 和 ones 函数等。

其中, zeros 函数用于创建元素全部为 0 的数组, 即将创建的数组的元素全部填充为 0, 如代码 2-6 所示。

**代码 2-6 使用 zeros 函数创建数组**

```
In[11]:   print('使用 zeros 函数创建的数组为: \n', np.zeros((2, 3)))
Out[11]:  使用 zeros 函数创建的数组为:
          [[ 0.  0.  0.]
          [ 0.  0.  0.]]
```

eye 函数用于生成主对角线上的元素为 1、其他元素为 0 的二维数组, 类似单位矩阵, 如代码 2-7 所示。

**代码 2-7 使用 eye 函数创建数组**

```
In[12]:   print('使用 eye 函数创建的数组为: \n', np.eye(3))
Out[12]:  使用 eye 函数创建的数组为:
          [[1. 0. 0.]
          [0. 1. 0.]
          [0. 0. 1.]]
```

diag 函数创建类似对角矩阵的数组, 即除对角线上的元素以外的其他元素都为 0, 对角线上的元素可以是 0 或其他值, 如代码 2-8 所示。

代码 2-8　使用 diag 函数创建数组

```
In[13]:   print('使用 diag 函数创建的数组为：\n', np.diag([1, 2, 3, 4]))

Out[13]:  使用 diag 函数创建的数组为：
          [[1 0 0 0]
           [0 2 0 0]
           [0 0 3 0]
           [0 0 0 4]]
```

ones 函数用于创建元素全部为 1 的数组，即将创建的数组的元素全部填充为 1，如代码 2-9 所示。

代码 2-9　使用 ones 函数创建数组

```
In[14]:   print('使用 ones 函数创建的数组为：\n', np.ones((5, 3)))

Out[14]:  使用 ones 函数创建的数组为：
          [[1. 1. 1.]
           [1. 1. 1.]
           [1. 1. 1.]
           [1. 1. 1.]
           [1. 1. 1.]]
```

### 3. 数组数据类型

在实际的业务数据处理中，为了更准确地计算结果，需要使用不同精度的数据类型。NumPy 极大程度地扩充了原生 Python 的数据类型。同时需要强调一点，在 NumPy 中，数组的数据类型是同质的，即数组中所有元素的数据类型必须是一致的。将元素数据类型保持一致可以更容易确定数组所需要的存储空间。NumPy 的基本数据类型及其取值范围，如表 2-5 所示。

表 2-5　NumPy 的基本数据类型及其取值范围

| 类型 | 描述 |
| --- | --- |
| bool | 用 1 位存储的布尔值（值为 True 或 False） |
| inti | 表示由所在平台决定其精度的整数（一般为 int32 或 int64） |
| int8 | 表示整数，范围为-128～127 |
| int16 | 表示整数，范围为-32768～32767 |
| int32 | 表示整数，范围为$-2^{31}$～$2^{31}-1$ |
| int64 | 表示整数，范围为$-2^{63}$～$2^{63}-1$ |
| uint8 | 表示无符号整数，范围为 0～255 |
| uint16 | 表示无符号整数，范围为 0～65535 |
| uint32 | 表示无符号整数，范围为 0～$2^{32}-1$ |
| uint64 | 表示无符号整数，范围为 0～$2^{64}-1$ |
| float16 | 表示半精度浮点数（16 位），其中用 1 位表示正负，用 5 位表示整数，用 10 位表示尾数 |
| float32 | 表示单精度浮点数（32 位），其中用 1 位表示正负，用 8 位表示整数，用 23 位表示尾数 |
| float64 或 float | 表示双精度浮点数（64 位），其中用 1 位表示正负，用 11 位表示整数，用 52 位表示尾数 |
| complex64 | 表示复数，分别用两个 32 位浮点数表示实部和虚部 |
| complex128 或 complex | 表示复数，分别用两个 64 位浮点数表示实部和虚部 |

NumPy 数组中的每一种数据类型均有其对应的转换函数，如代码 2-10 所示。

**代码 2-10  数组的数据类型转换**

```
In[15]:    print('转换结果为: ', np.float64(42))    # 整数转换为浮点数
Out[15]:   转换结果为:  42.0
In[16]:    print('转换结果为: ', np.int8(42.0))    # 浮点数转换为整数
Out[16]:   转换结果为:  42
In[17]:    print('转换结果为: ', np.bool(42))    # 整数转换为布尔值
Out[17]:   转换结果为:  True
In[18]:    print('转换结果为: ', np.bool(0))    # 整数转换为布尔值
Out[18]:   转换结果为:  False
In[19]:    print('转换结果为: ', np.float(True))    # 布尔值转换为浮点数
Out19]:    转换结果为:  1.0
In[20]:    print('转换结果为: ', np.float(False))    # 布尔值转换为浮点数
Out[20]:   转换结果为:  0.0
```

为了更好地帮助读者理解数据类型，下面将创建一个用于存储餐饮企业库存信息的数据类型。其中，用一个能存储 40 个字符的字符串来记录商品的名称，用一个 64 位的整数来记录商品的库存数量，最后用一个 64 位的单精度浮点数来记录商品的价格，具体步骤如下。

（1）创建数据类型，如代码 2-11 所示。

**代码 2-11  创建数据类型**

```
In[21]:    df = np.dtype([('name', np.str_, 40), ('numitems', np.int64),
                   ('price', np.float64)])
           print('数据类型为: \n', df)
Out[21]:   数据类型为:  [('name', '<U40'), ('numitems', '<i8'), ('price', '<f8')]
```

（2）查看数据类型，可以直接查看或使用 NumPy 中的 dtype 属性进行查看，如代码 2-12 所示。

**代码 2-12  查看数据类型**

```
In[22]:    print('数据类型为: ', df['name'])
Out[22]:   数据类型为:  <U40
In[23]:    print('数据类型为: ', np.dtype(df['name']))
Out[23]:   数据类型为:  <U40
```

（3）在使用 array 函数创建数组时，数组的数据类型默认是浮点型。若需要自定义数组数据，则可以预先指定数据类型，如代码 2-13 所示。

**代码 2-13  自定义数组数据**

```
In[24]:    itemz = np.array([('tomatoes', 42, 4.14), ('cabbages', 13, 1.72)],
           dtype=df)
           print('自定义数据为: ', itemz)
```

```
Out[24]:    自定义数据为: [('tomatoes', 42,  4.14) ('cabbages', 13,  1.72)]
```

### 2.1.2  生成随机数

NumPy 提供了强大的生成随机数的功能。然而，真正的随机数很难获得，在实际中使用的都是伪随机数。在大部分情况下，伪随机数就能满足使用需求。当然，某些特殊情况除外，如进行高精度的模拟实验。对于 NumPy，与随机数相关的函数都在 random 模块中，其中包括可以生成服从多种概率分布的随机数的函数。以下是一些常用的随机数生成方法。

使用 random 函数是非常常见的生成随机数的方法，random 函数的基本使用格式如下。

```
numpy.random.random(size=None)
```

参数 size 接收 int，表示返回的随机浮点数个数，默认为 None。

使用 random 函数生成随机数，如代码 2-14 所示。

代码 2-14　使用 random 函数生成随机数

```
In[25]:     print('生成的随机数为: \n', np.random.random(100))
Out[25]:    生成的随机数为:
            [ 0.15343184  0.51581585
            0.07228451   0.24418316
            ...
            0.92510545  0.57507965]
```

注：每次运行代码后生成的随机数都不一样，此处部分结果已经省略。

rand 函数可以生成服从均匀分布的随机数，其基本使用格式如下。

```
numpy.random.rand(d0, d1, ..., dn)
```

参数 d0, d1, ..., dn 接收 int，表示返回数组的维度，必须是非负数。如果没有给出参数，那么返回单个 Python 浮点数，无默认值。

使用 rand 函数生成服从均匀分布的随机数，如代码 2-15 所示。

代码 2-15　使用 rand 函数生成服从均匀分布的随机数

```
In[26]:     print('生成的随机数为: \n', np.random.rand(10, 5))
Out[27]:    生成的随机数为:
            [[ 0.39830491  0.94011394  0.59974923  0.44453894  0.65451838]
             [ 0.72715001  0.07239451  0.03326018  0.13753806  0.44939676]
             ...
             [ 0.75647074  0.03379595  0.39187843  0.58779075  0.91797808]
             [ 0.1468544   0.82972989  0.58011115  0.45157667  0.32422895]]
```

注：每次运行代码后生成的随机数都不一样，此处部分结果已经省略。

randn 函数可以生成服从正态分布的随机数，其基本使用格式和参数说明与 rand 函数类似。使用 randn 函数生成服从正态分布的随机数，如代码 2-16 所示。

代码 2-16　使用 randn 函数生成服从正态分布的随机数

```
In[27]:     print('生成的随机数为: \n', np.random.randn(10, 5))
Out[27]:    生成的随机数为:
```

```
[[-0.60571968  0.39034908 -1.63315513  0.02783885 -1.84139301]
 [-0.38700901  0.10433949 -2.62719644 -0.97863269 -1.18774802]
 ...
 [-1.88050937 -0.97885403 -0.51844771 -0.79439271 -0.83690031]
 [-0.27500487  1.41711262  0.6635967   0.35486644 -0.26700703]]
```

注：每次运行代码后生成的随机数都不一样，此处部分结果已经省略。

randint 函数可以生成给定范围的随机数，其基本使用格式如下。

```
numpy.random.randint(low, high=None, size=None, dtype=int)
```

randint 函数的常用参数及其说明如表 2-6 所示。

表 2-6　randint 函数的常用参数及其说明

| 参数名称 | 参数说明 |
| --- | --- |
| low | 接收 int 或类似数组的整数。表示数组最小值。无默认值 |
| high | 接收 int 或类似数组的整数。表示数组最大值。默认为 None |
| size | 接收 int 或整数元组。表示输出数组的形状。默认为 None |
| dtype | 接收数据类型。表示输出数组的类型。默认为 int |

使用 randint 函数生成给定范围的随机数，如代码 2-17 所示。

代码 2-17　使用 randint 函数生成给定范围的随机数

| In[28]: | `print('生成的随机数为：\n', np.random.randint(2, 10, size=[2, 5]))` |
| --- | --- |
| Out[28]: | 生成的随机数为：<br>[[2 4 6 4 6]<br> [4 2 7 5 8]] |

在代码 2-17 中，返回值为最小值不低于 2、最大值不高于 10 的 2 行 5 列数组。

在 random 模块中，其他常用随机数生成函数如表 2-7 所示。

表 2-7　random 模块中其他常用随机数生成函数

| 函数 | 说明 |
| --- | --- |
| seed | 确定随机数生成器的种子 |
| permutation | 返回一个序列的随机排列或返回一个随机排列的范围 |
| shuffle | 对一个序列进行随机排序 |
| binomial | 产生服从二项分布的随机数 |
| normal | 产生服从正态（高斯）分布的随机数 |
| beta | 产生服从 beta 分布的随机数 |
| chisquare | 产生服从卡方分布的随机数 |
| gamma | 产生服从 gamma 分布的随机数 |
| uniform | 产生在[0.0, 1.0)中均匀分布的随机数 |

## 2.1.3　通过索引访问数组

NumPy 通常以提供高效率的数组著称，这主要归功于索引的易用性。

## 1. 一维数组的索引

一维数组的索引方法很简单，与 Python 中的 list 的索引方法一致，如代码 2-18 所示。

**代码 2-18　使用索引访问一维数组**

```
In[29]:   arr = np.arange(10)
          print('索引结果为：', arr[5])   # 用整数作为索引可以获取数组中的某个元素

Out[29]:  索引结果为：5

In[30]:   # 用范围作为索引获取数组的一个切片，包括 arr[3]，不包括 arr[5]
          print('索引结果为：', arr[3:5])

Out[30]:  索引结果为：[3 4]

In[31]:   print('索引结果为：',arr[:5])   # 省略开始索引，表示从 arr[0]开始,不包括 arr[5]

Out[31]:  索引结果为：[0 1 2 3 4]

In[32]:   # 索引可以使用负数，-1 表示从数组最后往前数的第 1 个元素
          print('索引结果为：', arr[-1])

Out[32]:  索引结果为：9

In[33]:   arr[2:4] = 100, 101
          print('索引结果为：', arr)   # 索引还可以用于修改元素的值

Out[33]:  索引结果为：[  0   1 100 101   4   5   6   7   8   9]

In[34]:   # 范围中的第 3 个参数表示步长，2 表示隔一个元素取一个元素
          print('索引结果为：', arr[1:-1:2])

Out[34]:  索引结果为：[  1 101   5   7]

In[35]:   # 步长为负数时，开始索引必须大于结束索引
          print('索引结果为：', arr[5:1:-2])

Out[35]:  索引结果为：[  5 101]
```

## 2. 多维数组的索引

多维数组的每一个轴都有一个索引，各个轴的索引之间用逗号隔开，如代码 2-19 所示。

**代码 2-19　使用索引访问多维数组**

```
In[36]:   arr = np.array([[1, 2, 3, 4, 5], [4, 5, 6, 7, 8], [7, 8, 9, 10, 11]])
          print('创建的二维数组为：\n', arr)

Out[36]:  创建的二维数组为：
          [[ 1  2  3  4  5]
           [ 4  5  6  7  8]
           [ 7  8  9 10 11]]

In[37]:   print('索引结果为：', arr[0, 3:5])   # 索引第 0 行中第 3、4 列的元素

Out[37]:  索引结果为：[4 5]

In[38]:   # 索引第 1、2 行中第 2~4 列的元素
          print('索引结果为：\n', arr[1:, 2:])
```

```
Out[38]: 索引结果为:
         [[ 6  7  8]
          [ 9 10 11]]
```

```
In[39]:  print('索引结果为: ', arr[:, 2]) # 索引第 2 列的元素
```

```
Out[39]: 索引结果为: [3 6 9]
```

多维数组也可以使用整数序列索引和布尔值索引进行访问，如代码 2-20 所示。

**代码 2-20　使用整数序列索引和布尔值索引访问多维数组**

```
In[40]:  # 从两个序列的对应位置取出两个整数来组成索引: arr[0,1], arr[1, 2], arr[2, 3]
         print('索引结果为: ', arr[[(0, 1, 2), (1, 2, 3)]])
```

```
Out[40]: 索引结果为: [ 2  6 10]
```

```
In[41]:  # 索引第 1、2 行中第 0、2、3 列的元素
         print('索引结果为: ', arr[1:, (0, 2, 3)])
```

```
Out[41]: 索引结果为:
         [[ 4  6  7]
          [ 7  9 10]]
```

```
In[42]:  mask = np.array([1, 0, 1], dtype=np.bool)
         # mask 是一个布尔数组，用它索引第 0、2 行中第 2 列的元素
         print('索引结果为: ', arr[mask, 2])
```

```
Out[42]: 索引结果为: [3 9]
```

## 2.1.4　变换数组的形状

在对数组进行操作时，经常要改变数组的形状。在 NumPy 中，常用 reshape 函数改变数组的形状，同时，在改变数组的形状中，将改变数组的轴。reshape 函数的基本使用格式如下。

```
numpy.reshape(a, newshape, order='C')
```

reshape 函数的常用参数及其说明如表 2-8 所示。

**表 2-8　reshape 函数的常用参数及其说明**

| 参数名称 | 参数说明 |
| --- | --- |
| a | 接收 array_like。表示需要变换形状的数组。无默认值 |
| newshape | 接收 int 或 int 型元组。表示变化后的形状。无默认值 |

reshape 函数在改变原始数据的形状的同时不改变原始数据的值。如果指定的形状和数组的元素数目不匹配，那么函数将抛出异常。改变数组形状如代码 2-21 所示。

**代码 2-21　改变数组形状**

```
In[43]:  arr = np.arange(12) # 创建一维数组
         print('创建的一维数组为: ', arr)
```

```
Out[43]: 创建的一维数组为: [ 0  1  2  3  4  5  6  7  8  9 10 11]
```

```
In[44]:  print('新的数组形状为: \n', arr.reshape(3, 4)) # 设置数组的形状
```

**Python 数据分析与应用（第 2 版）（微课版）**

| Out[44]: | 新的数组形状为：<br>[[ 0  1  2  3]<br> [ 4  5  6  7]<br> [ 8  9 10 11]] |
| --- | --- |
| In[45]: | ```print('数组维度为: ', arr.reshape(3, 4).ndim)  # 查看数组轴``` |
| Out[45]: | 数组维度为： 2 |

在 NumPy 中，可以使用 ravel 函数完成数组展平工作，如代码 2-22 所示。

代码 2-22　使用 ravel 函数展平数组

| In[46]: | ```arr = np.arange(12).reshape(3, 4)```<br>```print('创建的二维数组为: \n', arr)``` |
| --- | --- |
| Out[46]: | 创建的二维数组为：<br>[[ 0  1  2  3]<br> [ 4  5  6  7]<br> [ 8  9 10 11]] |
| In[47]: | ```print('数组展平为: ', arr.ravel())``` |
| Out[47]: | 数组展平为： [ 0  1  2  3  4  5  6  7  8  9 10 11] |

flatten 函数也可以完成数组展平工作。与 ravel 函数的区别在于，flatten 函数可以选择横向或纵向展平，如代码 2-23 所示。

代码 2-23　使用 flatten 函数展平数组

| In[48]: | ```print('数组展平为: ', arr.flatten())  # 横向展平``` |
| --- | --- |
| Out[48]: | 数组展平为： [ 0  1  2  3  4  5  6  7  8  9 10 11] |
| In[49]: | ```print('数组展平为: ', arr.flatten('F'))  # 纵向展平``` |
| Out[49]: | 数组展平为： [ 0  4  8  1  5  9  2  6 10  3  7 11] |

除了可以改变数组形状外，NumPy 也可以对数组进行组合。组合主要有横向组合与纵向组合。读者可使用 hstack 函数、vstack 函数和 concatenate 函数完成数组的组合。

横向组合是将由 ndarray 对象构成的元组作为参数，传给 hstack 函数，如代码 2-24 所示。

代码 2-24　使用 hstack 函数实现数组横向组合

| In[50]: | ```arr1 = np.arange(12).reshape(3, 4)```<br>```print('创建的数组 arr1 为: \n', arr1)``` |
| --- | --- |
| Out[50]: | 创建的数组 arr1 为：<br>[[ 0  1  2  3]<br> [ 4  5  6  7]<br> [ 8  9 10 11]] |
| In[51]: | ```arr2 = arr1 * 3```<br>```print('创建的数组 arr2 为: \n', arr2)``` |
| Out[51]: | 创建的数组 arr2 为：<br>[[ 0  3  6  9] |

```
       [12 15 18 21]
       [24 27 30 33]]
```

In[52]:
```
# 使用 hstack 函数横向组合数组
print('横向组合后的数组为: \n', np.hstack((arr1, arr2)))
```

Out[52]: 横向组合后的数组为:
```
[[ 0  1  2  3  0  3  6  9]
 [ 4  5  6  7 12 15 18 21]
 [ 8  9 10 11 24 27 30 33]]
```

纵向组合是将由 ndarray 对象构成的元组作为参数，传给 vstack 函数，如代码 2-25 所示。

**代码 2-25　使用 vstack 函数实现数组纵向组合**

In[53]:
```
# 使用 vstack 函数纵向组合数组
print('纵向组合后的数组为: \n', np.vstack((arr1, arr2)))
```

Out[53]: 纵向组合后的数组为:
```
[[ 0  1  2  3]
 [ 4  5  6  7]
 [ 8  9 10 11]
 [ 0  3  6  9]
 [12 15 18 21]
 [24 27 30 33]]
```

concatenate 函数也可以实现数组的横向组合和纵向组合，当参数 axis=1 时，横向组合数组；当参数 axis=0 时，纵向组合数组，如代码 2-26 所示。

**代码 2-26　使用 concatenate 函数组合数组**

In[54]:
```
# 使用 concatenate 函数横向组合数组
print('横向组合后的数组为: \n', np.concatenate((arr1, arr2), axis=1))
```

Out[54]: 横向组合后的数组为:
```
[[ 0  1  2  3  0  3  6  9]
 [ 4  5  6  7 12 15 18 21]
 [ 8  9 10 11 24 27 30 33]]
```

In[55]:
```
# 使用 concatenate 函数纵向组合数组
print('纵向组合后的数组为: \n', np.concatenate((arr1, arr2), axis=0))
```

Out[55]: 纵向组合后的数组为:
```
[[ 0  1  2  3]
 [ 4  5  6  7]
 [ 8  9 10 11]
 [ 0  3  6  9]
 [12 15 18 21]
 [24 27 30 33]]
```

除了对数组进行横向和纵向的组合之外，还可以对数组进行分割。NumPy 提供了 hsplit、vsplit、split 函数，这些函数可以将数组分割成相同大小的子数组，可以指定原数组中需要分割的位置。

使用 hsplit 函数可以对数组进行横向分割，以由 ndarray 对象构成的元组作为参数，如代码 2-27 所示。

代码 2-27　使用 hsplit 函数实现数组横向分割

```
In[56]:     arr = np.arange(16).reshape(4, 4)
            print('创建的二维数组为：\n', arr)
```

```
Out[56]:    创建的二维数组为：
            [[ 0  1  2  3]
             [ 4  5  6  7]
             [ 8  9 10 11]
             [12 13 14 15]]
```

```
In[57]:     # 使用 hsplit 函数横向分割数组
            print('横向分割后的数组为：\n', np.hsplit(arr, 2))
```

```
Out[57]:    横向分割后的数组为：
            [array([[ 0,  1],
                    [ 4,  5],
                    [ 8,  9],
                    [12, 13]]), array([[ 2,  3],
                    [ 6,  7],
                    [10, 11],
                    [14, 15]])]
```

使用 vsplit 函数可以对数组进行纵向分割，以由 ndarray 对象构成的元组作为参数，如代码 2-28 所示。

代码 2-28　使用 vsplit 函数实现数组纵向分割

```
In[58]:     # 使用 vsplit 函数纵向分割数组
            print('纵向分割后的数组为：\n', np.vsplit(arr, 2))
```

```
Out[58]:    纵向分割后的数组为：
            [array([[0, 1, 2, 3],
                    [4, 5, 6, 7]]), array([[ 8,  9, 10, 11],
                    [12, 13, 14, 15]])]
```

split 函数同样可以实现数组分割。当参数 axis=1 时，可以对数组进行横向分割；当参数 axis=0 时，可以对数组进行纵向分割，如代码 2-29 所示。

代码 2-29　使用 split 函数分割数组

```
In[59]:     # 使用 split 函数横向分割数组
            print('横向分割后的数组为：\n', np.split(arr, 2, axis=1))
```

```
Out[59]:    横向分割后的数组为：
            [array([[ 0,  1],
                    [ 4,  5],
                    [ 8,  9],
                    [12, 13]]), array([[ 2,  3],
                    [ 6,  7],
                    [10, 11],
                    [14, 15]])]
```

```
In[60]:     # 使用 split 函数纵向分割数组
            print('纵向分割后的数组为：\n', np.split(arr, 2, axis=0))
```

```
Out[60]:    纵向分割后的数组为：
            [array([[0, 1, 2, 3],
                    [4, 5, 6, 7]]), array([[ 8,  9, 10, 11],
                    [12, 13, 14, 15]])]
```

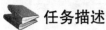 掌握 NumPy 矩阵与通用函数

掌握 NumPy 矩阵与
通用函数

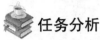 任务描述

　　NumPy 对于多维数组，默认情况下并不进行矩阵运算。如果需要对数组进行矩阵运算，那么可以调用相应的函数。通过 mat、matrix 或 bmat 函数创建矩阵，对创建后的矩阵进行运算；使用通用函数对数组进行矩阵运算并对数组应用广播机制。

### 任务分析

　　（1）创建 NumPy 矩阵并对矩阵进行运算。
　　（2）使用 ufunc 函数对数组进行矩阵运算及应用广播机制。

### 2.2.1　创建 NumPy 矩阵

　　在 NumPy 中，矩阵是 ndarray 的子类，且数组和矩阵有着重要的区别。NumPy 提供了两个基本的对象，分别是 *N* 维数组对象和通用函数对象，其他对象都是在它们的基础上继承的。矩阵继承自 NumPy 数组对象的二维数组对象。与数学概念中的矩阵一样，NumPy 中的矩阵也是二维的。读者可使用 mat、matrix 和 bmat 函数来创建矩阵。

　　当使用 mat 函数创建矩阵时，如果输入 matrix 或 ndarray 对象，那么不会创建相应副本。因此，调用 mat 函数和调用 matrix 函数等价，如代码 2-30 所示。

代码 2-30　使用 mat 函数与 matrix 函数创建矩阵

```
In[1]:   import numpy as np  # 导入 NumPy 库
         matr1 = np.mat('1 2 3; 4 5 6; 7 8 9')  # 使用分号隔开数据
         print('创建的矩阵为: \n', matr1)

Out[1]:  创建的矩阵为:
         [[1 2 3]
          [4 5 6]
          [7 8 9]]

In[2]:   matr2 = np.matrix([[1, 2, 3], [4, 5, 6], [7, 8, 9]])
         print('创建的矩阵为: \n', matr2)

Out[2]:  创建的矩阵为:
         [[1 2 3]
          [4 5 6]
          [7 8 9]]
```

　　在大多数情况下，用户会根据小的矩阵来创建大的矩阵，即将小矩阵组合成大矩阵。在 NumPy 中，可以使用 bmat 分块矩阵（Block Matrix）函数实现，如代码 2-31 所示。

代码 2-31　使用 bmat 函数创建矩阵

```
In[3]:   arr1 = np.eye(3)
         print('创建的数组 arr1 为: \n', arr1)

Out[3]:  创建的数组 arr1 为:
         [[ 1.  0.  0.]
          [ 0.  1.  0.]
          [ 0.  0.  1.]]
```

```
In[4]:     arr2 = 3 * arr1
           print('创建的数组 arr2 为: \n', arr2)
```

```
Out[4]:    创建的数组 arr2 为:
           [[ 3.  0.  0.]
            [ 0.  3.  0.]
            [ 0.  0.  3.]]
```

```
In[5]:     print('创建的矩阵为: \n', np.bmat('arr1 arr2; arr1 arr2'))
```

```
Out[5]:    创建的矩阵为:
           [[ 1.  0.  0.  3.  0.  0.]
            [ 0.  1.  0.  0.  3.  0.]
            [ 0.  0.  1.  0.  0.  3.]
            [ 1.  0.  0.  3.  0.  0.]
            [ 0.  1.  0.  0.  3.  0.]
            [ 0.  0.  1.  0.  0.  3.]]
```

在 NumPy 中，矩阵运算是针对整个矩阵中的每个元素进行的。与使用 for 循环相比，其在运算速度上更快，如代码 2-32 所示。

**代码 2-32　矩阵运算**

```
In[6]:     matr1 = np.mat('1 2 3; 4 5 6; 7 8 9')  # 创建矩阵
           print('创建的矩阵为: \n', matr1)
```

```
Out[6]:    创建的矩阵为:
           [[1 2 3]
            [4 5 6]
            [7 8 9]]
```

```
In[7]:     matr2 = matr1 * 3  # 矩阵与数相乘
           print('矩阵与数相乘结果为: \n', matr2)
```

```
Out[7]:    矩阵与数相乘结果为:
           [[ 3  6  9]
            [12 15 18]
            [21 24 27]]
```

```
In[8]:     print('矩阵相加结果为: \n', matr1 + matr2)  # 矩阵相加
```

```
Out[8]:    矩阵相加结果为:
           [[ 4  8 12]
            [16 20 24]
            [28 32 36]]
```

```
In[9]:     print('矩阵相减结果为: \n', matr1 - matr2)  # 矩阵相减
```

```
Out[9]:    矩阵相减结果为:
           [[ -2  -4  -6]
            [ -8 -10 -12]
            [-14 -16 -18]]
```

```
In[10]:    print('矩阵相乘结果为: \n', matr1 * matr2)  # 矩阵相乘
```

```
Out[10]:   矩阵相乘结果为:
           [[ 90 108 126]
            [198 243 288]
            [306 378 450]]
```

除了能够实现各类运算外，矩阵还有其特有的属性，如表 2-9 所示。

表 2-9　矩阵特有属性及其说明

| 属性名称 | 属性说明 |
| --- | --- |
| T | 返回自身的转置矩阵 |
| H | 返回自身的共轭转置矩阵 |
| I | 返回自身的逆矩阵 |
| A | 返回自身数据的二维数组 |

矩阵属性的具体查看方法如代码 2-33 所示。

代码 2-33　查看矩阵属性

```
In[11]:   matr3 = np.mat([[6, 2, 1], [1, 5, 2], [3, 4, 8]])
          print('矩阵转置结果为：\n', matr3.T)  # 转置矩阵

Out[11]:  矩阵转置结果为：
          [[6 1 3]
           [2 5 4]
           [1 2 8]]

In[12]:   # 共轭转置矩阵（实数矩阵的共轭转置就是其本身）
          print('矩阵共轭转置结果为：\n', matr3.H)

Out[12]:  矩阵共轭转置结果为：
          [[6 1 3]
           [2 5 4]
           [1 2 8]]

In[13]:   print('矩阵的逆矩阵结果为：\n', matr3.I)  # 逆矩阵

Out[13]:  矩阵的逆矩阵结果为：
          [[ 0.18079096 -0.06779661 -0.00564972]
           [-0.01129944  0.25423729 -0.06214689]
           [-0.06214689 -0.10169492  0.158192091]]

In[14]:   print('矩阵的二维数组结果为：\n', matr3.A)  # 返回二维数组的视图

Out[14]:  矩阵的二维数组结果为：
          [[6 2 1]
           [1 5 2]
           [3 4 8]]
```

## 2.2.2　掌握 ufunc 函数

ufunc 函数又称为通用函数，是一种能够对数组中的所有元素进行操作的函数。ufunc 函数是针对数组进行操作的，并且以 NumPy 数组作为输出。当对一个数组进行重复运算时，使用 ufunc 函数比使用 math 库中的函数的效率要高很多。

### 1. 常用的 ufunc 函数运算

常用的 ufunc 函数运算有四则运算、比较运算和逻辑运算等。

ufunc 函数支持四则运算，并且保留运算符。unfunc 函数运算和数值运算的使用方式一样。但是需要注意的是，ufunc 函数操作的对象是数组。数组间的四则运算表示对数组中的

每个元素分别进行四则运算，因此进行四则运算的两个数组的形状必须相同，如代码 2-34 所示。

代码 2-34　数组的四则运算

```
In[15]:    x = np.array([1, 2, 3])
           y = np.array([4, 5, 6])
           print('数组相加结果为: ', x + y)  # 数组相加

Out[15]:   数组相加结果为: [5 7 9]

In[16]:    print('数组相减结果为: ', x - y)  # 数组相减

Out[16]:   数组相减结果为: [-3 -3 -3]

In[17]:    print('数组相乘结果为: ', x * y)  # 数组相乘

Out[17]:   数组相乘结果为: [ 4 10 18]

In[18]:    print('数组相除结果为: ', x / y)  # 数组相除

Out[18]:   数组相除结果为: [ 0.25 0.4  0.5 ]

In[19]:    print('数组幂运算结果为: ', x ** y)  # 数组幂运算

Out[19]:   数组幂运算结果为: [  1  32 729]
```

在 ufunc 函数中也支持完整的比较运算：>、<、==、>=、<=、!=。比较运算返回的结果是一个布尔型数组，其每个元素为数组对应元素的比较结果，如代码 2-35 所示。

代码 2-35　数组的比较运算

```
In[20]:    x = np.array([1, 3, 5])
           y = np.array([2, 3, 4])
           print('数组比较结果为: ', x < y)

Out[20]:   数组比较结果为: [ True False False]

In[21]:    print('数组比较结果为: ', x > y)

Out[21]:   数组比较结果为: [False False True]

In[22]:    print('数组比较结果为: ', x == y)

Out[22]:   数组比较结果为: [False True False]

In[23]:    print('数组比较结果为: ', x >= y)

Out[23]:   数组比较结果为: [False True True]

In[24]:    print('数组比较结果为: ', x <= y)

Out[24]:   数组比较结果为: [ True True False]

In[25]:    print('数组比较结果为: ', x != y)

Out[25]:   数组比较结果为: [ True False True]
```

在 NumPy 逻辑运算中，numpy.all 函数用于测试所有数组元素的计算结果为 True，numpy.any 函数用于测试任何数组元素的计算结果是否为 True，如代码 2-36 所示。

**代码 2-36　数组的逻辑运算**

| | |
|---|---|
| In[26]: | `print('数组逻辑运算结果为: ', np.all(x == y))` |
| Out[26]: | 数组逻辑运算结果为: False |
| In[27]: | `print('数组逻辑运算结果为: ', np.any(x == y))` |
| Out[27]: | 数组逻辑运算结果为: True |

#### 2. ufunc 函数的广播机制

广播（Broadcasting）机制是指不同形状的数组之间执行算术运算的方式。当使用 ufunc 函数进行数组计算时，ufunc 函数会对两个数组的对应元素进行计算。进行这种计算的前提是两个数组的形状一致。如果两个数组的形状不一致，那么 NumPy 会实行广播机制。NumPy 中的广播机制并不容易理解，特别是在进行高维数组计算的时候。为了更好地使用广播机制，需要遵循以下 4 个原则。

（1）让所有的输入数组向其中 shape 最长的数组看齐，如果数组中 shape 不足，那么通过在前面加 1 补齐。

（2）输出数组的 shape 是输入数组 shape 在各个轴上的最大值的组合。

（3）如果输入数组的某个轴的长度和输出数组的对应轴的长度相同，或输入数组的某个轴的长度为 1，那么这个数组能够用于计算，否则系统将会出错。

（4）当输入数组的某个轴的长度为 1 时，将使用此轴上的第一组值进行运算。

以一维数组和二维数组为例说明广播机制的运算方法。一维数组的广播机制如代码 2-37 所示。

**代码 2-37　一维数组的广播机制**

| | |
|---|---|
| In[28]: | `arr1 = np.array([[0, 0, 0], [1, 1, 1], [2, 2, 2], [3, 3, 3]])`<br>`print('创建的数组 arr1 为: \n', arr1)` |
| Out[28]: | 创建的数组 arr1 为:<br>[[0 0 0]<br>　[1 1 1]<br>　[2 2 2]<br>　[3 3 3]] |
| In[29]: | `print('数组 arr1 的形状为: ', arr1.shape)` |
| Out[29]: | 数组 arr1 的形状为: (4, 3) |
| In[30]: | `arr2 = np.array([1, 2, 3])`<br>`print('创建的数组 arr2 为: ', arr2)` |
| Out[30]: | 创建的数组 arr2 为: [1 2 3] |
| In[31]: | `print('数组 arr2 的形状为: ', arr2.shape)` |
| Out[31]: | 数组 arr2 的形状为: (3,) |

| In[32]: | `print('数组相加结果为: \n', arr1 + arr2)` |
|---|---|
| Out[32]: | 数组相加结果为: <br> [[1 2 3] <br> [2 3 4] <br> [3 4 5] <br> [4 5 6]] |

为了更好地说明代码 2-37 中的原理，将计算两个数组的和的过程用图表示，如图 2-1 所示。

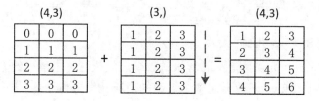

图 2-1　一维数组的广播机制原理

二维数组的广播机制如代码 2-38 所示。

**代码 2-38　二维数组的广播机制**

| In[33]: | `arr1 = np.array([[0, 0, 0], [1, 1, 1], [2, 2, 2], [3, 3, 3]])` <br> `print('创建的数组 arr1 为: \n', arr1)` |
|---|---|
| Out[33]: | 创建的数组 arr1 为: <br> [[0 0 0] <br> [1 1 1] <br> [2 2 2] <br> [3 3 3]] |
| In[34]: | `print('数组 arr1 的形状为: ', arr1.shape)` |
| Out[34]: | 数组 arr1 的形状为: (4, 3) |
| In[35]: | `arr2 = np.array([1, 2, 3, 4]).reshape((4, 1))` <br> `print('创建的数组 arr2 为: \n', arr2)` |
| Out[35]: | 创建的数组 arr2 为: <br> [[1] <br> [2] <br> [3] <br> [4]] |
| In[36]: | `print('数组 arr2 的形状为: ', arr2.shape)` |
| Out[36]: | 数组 arr2 的形状为: (4, 1) |
| In[37]: | `print('数组相加结果为: \n', arr1 + arr2)` |
| Out[37]: | 数组相加结果为: <br> [[1 1 1] <br> [3 3 3] <br> [5 5 5] <br> [7 7 7]] |

二维数组的广播机制原理如图 2-2 所示。

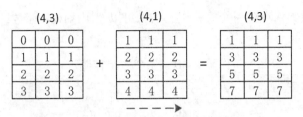

图 2-2　二维数组的广播机制原理

## 任务 2.3　利用 NumPy 进行统计分析

利用 NumPy 进行
统计分析

### 任务描述

在 NumPy 中，数组运算更为简捷和快速，通常比等价的 Python 数组运算方式快几倍，特别是处理数组统计计算与分析时。利用 NumPy 可以实现对二进制文件的读/写，此外，利用常见的统计函数还可以对数据进行排序、去重等操作。

### 任务分析

（1）利用 NumPy 读/写文件。

（2）使用 NumPy 中的常用函数进行统计分析。

### 2.3.1　读/写文件

NumPy 的文件读/写主要有二进制文件读/写和文本文件读/写两种形式。学会读/写文件是利用 NumPy 进行数据处理的基础。NumPy 提供了若干函数，可以将结果保存到二进制文件或文本文件中。除此之外，NumPy 还提供了许多从文件读取数据并将其转换为数组的方法。

save 函数以二进制的格式保存数据，load 函数从二进制文件中读取数据。save 函数的基本语法格式如下。

```
numpy.save(file, arr, allow_pickle=True, fix_imports=True)
```

参数 file 接收 str，表示要保存的文件的名称，需要指定文件保存的路径，如果未设置，那么文件将会保存到默认路径；参数 arr 接收 array_like，表示需要保存的数组。简而言之，就是将数组 arr 保存至名称为"file"的文件中，其文件的扩展名 npy 是系统自动添加的。将二进制数据存储到文件中如代码 2-39 所示。

**代码 2-39　二进制数据存储**

```
In[1]:    import numpy as np  # 导入 NumPy 库
          arr = np.arange(100).reshape(10, 10)  # 创建一个数组
          np.save('../tmp/save_arr', arr)  # 保存数组
          print('保存的数组为: \n', arr)

Out[1]:   保存的数组为:
          [[ 0  1  2 ...  7  8  9]
           [10 11 12 ... 17 18 19]
           ...
           [80 81 82 ... 87 88 89]
           [90 91 92 ... 97 98 99]]
```

注：此处部分结果已省略。

如果要将多个数组保存到一个文件中，那么可以使用 savez 函数，其文件的扩展名为 npz，如代码 2-40 所示。

**代码 2-40　多个数组存储**

| In[2]: | ```
arr1 = np.array([[1, 2, 3], [4, 5, 6]])
arr2 = np.arange(0, 1.0, 0.1)
np.savez('../tmp/savez_arr', arr1, arr2)
print('保存的数组 arr1 为: \n', arr1)
``` |
| --- | --- |
| Out[2]: | 保存的数组 arr1 为:<br>[[1 2 3]<br>　[4 5 6]] |
| In[3]: | ```
print('保存的数组 arr2 为: ', arr2)
``` |
| Out[3]: | 保存的数组 arr2 为:  [ 0.   0.1 0.2 0.3 0.4 0.5 0.6 0.7 0.8 0.9] |

当需要读取二进制文件时，可以使用 load 函数，用文件名作为参数，如代码 2-41 所示。

**代码 2-41　二进制文件读取**

| In[4]: | ```
# 读取含有单个数组的文件
loaded_data = np.load('../tmp/save_arr.npy')
print('读取的数组为: \n', loaded_data)
``` |
| --- | --- |
| Out[4]: | 读取的数组为:<br>[[ 0  1  2 ...  7  8  9]<br>　[10 11 12 ... 17 18 19]<br>　...<br>　[80 81 82 ... 87 88 89]<br>　[90 91 92 ... 97 98 99]] |
| In[5]: | ```
# 读取含有多个数组的文件
loaded_data1 = np.load('../tmp/savez_arr.npz')
print('读取的数组 arr1 为: \n', loaded_data1['arr_0'])
``` |
| Out[5]: | 读取的数组 arr1 为:<br>[[1 2 3]<br>　[4 5 6]] |
| In[6]: | ```
print('读取的数组 arr2 为: ', loaded_data1['arr_1'])
``` |
| Out[6]: | 读取的数组 arr2 为:  [ 0.   0.1 0.2 0.3 0.4 0.5 0.6 0.7 0.8 0.9] |

注：此处部分结果已省略。

需要注意的是，存储时可以省略扩展名，但读取时不能省略扩展名。

在实际的数据分析任务中，更多使用文本格式的数据，如 TXT 或 CSV 格式，因此通常会使用 savetxt 函数、loadtxt 函数和 genfromtxt 函数执行对文本格式数据的读取任务。

savetxt 函数可将数组写到以某种分隔符隔开的文本文件中，其基本使用格式如下。

```
numpy.savetxt(fname, X, fmt='%.18e', delimiter=' ', newline='\n', header='',
footer='', comments='# ', encoding=None)
```

参数 fname 接收 str，表示文件名；参数 X 接收 array_like，表示数组数据；参数 delimiter 接收 str，表示数据分隔符。

loadtxt 函数执行的是相反的操作，即将文件中的数据加载到一个二维数组中，其基本
```

使用格式如下。

```
numpy.loadtxt(fname, dtype=<class 'float'>, comments='#', delimiter=None, converters=
None, skiprows=0, usecols=None, unpack=False, ndmin=0, encoding='bytes', max_rows=
None, *, like=None)
```

　　loadtxt 函数的常用参数主要有两个，分别是 fname 和 delimiter。参数 fname 接收 str，表示需要读取的文件或生成器；参数 delimiter 接收 str，表示用于分隔数值的分隔符。

　　对文件进行存储与读取如代码 2-42 所示。

代码 2-42　文件存储与读取

```
In[7]:    arr = np.arange(0, 12, 0.5).reshape(4, -1)
          print('创建的数组为: \n', arr)

Out[7]:   创建的数组为:
          [[ 0.   0.5  1.   1.5  2.   2.5]
           [ 3.   3.5  4.   4.5  5.   5.5]
           [ 6.   6.5  7.   7.5  8.   8.5]
           [ 9.   9.5 10.  10.5 11.  11.5]]

In[8]:    # fmt='%d'表示保存为整数
          np.savetxt('../tmp/arr.txt', arr, fmt='%d', delimiter=',')
          # 读取的时候也需要指定逗号分隔
          loaded_data = np.loadtxt('../tmp/arr.txt', delimiter=',')
          print('读取的数组为: \n', loaded_data)

Out[8]:   读取的数组为:
          [[ 0.  0.  1.  1.  2.  2.]
           [ 3.  3.  4.  4.  5.  5.]
           [ 6.  6.  7.  7.  8.  8.]
           [ 9.  9. 10. 10. 11. 11.]]
```

　　genfromtxt 函数和 loadtxt 函数相似，只不过 genfromtxt 函数面向的是结构化数组和缺失数据。genfromtxt 函数通常使用的参数有 3 个，即用于存放数据的文件参数 "fname"、用于分隔数据的字符参数 "delimiter" 和指定是否含有列标题的参数 "names"。使用 genfromtxt 函数读取数组如代码 2-43 所示。

代码 2-43　使用 genfromtxt 函数读取数组

```
In[9]:    loaded_data = np.genfromtxt('../tmp/arr.txt', delimiter=',')
          print('读取的数组为: \n', loaded_data)

Out[9]:   读取的数组为:
          [[ 0.  0.  1.  1.  2.  2.]
           [ 3.  3.  4.  4.  5.  5.]
           [ 6.  6.  7.  7.  8.  8.]
           [ 9.  9. 10. 10. 11. 11.]]
```

　　在代码 2-43 中，输出的结果是一组结构化的数据（结构化数组可以用 dtype 选项指定一系列用逗号隔开的说明符，指明构成结构体的元素以及它们的数据类型和顺序）。因为 names 参数默认第一行为数据的列名，所以数据从第二行开始。

## 2.3.2　使用函数进行简单的统计分析

　　在 NumPy 中，除了可以使用通用函数对数组进行比较、逻辑等运算之外，还可以使用统计函数对数组进行排序、去重与重复、求最大值和最小值，以及求均值等统计分析。

**1．排序**

NumPy 的排序方式主要可以概括为直接排序和间接排序两种。直接排序指对数值直接进行排序；间接排序是指根据一个或多个键对数据集进行排序。在 NumPy 中，直接排序通常使用 sort 函数实现，间接排序通常使用 argsort 函数和 lexsort 函数实现。

sort 函数是较为常用的排序方法，无返回值。如果目标数据是视图，那么原始数据将会被修改。当使用 sort 函数排序时，用户可以指定 axis 参数，使得 sort 函数可以沿着指定轴对数据集进行排序，如代码 2-44 所示。

代码 2-44　使用 sort 函数进行排序

```
In[10]:   np.random.seed(42)   # 设置随机种子
          arr = np.random.randint(1, 10, size=10)   # 生成随机数数组
          print('创建的数组为: ', arr)

Out[10]:  创建的数组为:  [7 4 8 5 7 3 7 8 5 4]

In[11]:   arr.sort()   # 直接排序
          print('排序后数组为: ', arr)

Out[11]:  排序后数组为:  [3 4 4 5 5 7 7 7 8 8]

In[12]:   np.random.seed(42)   # 设置随机种子
          arr = np.random.randint(1, 10, size=(3, 3))   # 生成 3 行 3 列的随机数数组
          print('创建的数组为: \n', arr)

Out[12]:  创建的数组为:
          [[7 4 8]
           [5 7 3]
           [7 8 5]]

In[13]:   arr.sort(axis=1)   # 沿着横轴排序
          print('排序后数组为: \n', arr)

Out[13]:  排序后数组为:
          [[4 7 8]
           [3 5 7]
           [5 7 8]]

In[14]:   arr.sort(axis=0)   # 沿着纵轴排序
          print('排序后数组为: \n', arr)

Out[14]:  排序后数组为:
          [[3 5 7]
           [4 7 8]
           [5 7 8]]
```

注：每次运行代码后生成的随机数数组都不一样，此处以数组[7 4 8 5 7 3 7 8 5 4]为例。

使用 argsort 函数和 lexsort 函数，可以在给定一个或多个键时，得到一个由整数构成的索引数组，索引表示数据在新的序列中的位置。

使用 argsort 函数对数组进行排序，如代码 2-45 所示。

**代码 2-45　使用 argsort 函数进行排序**

```
In[15]:    arr = np.array([2, 3, 6, 8, 0, 7])
           print('创建的数组为: ', arr)

Out[15]:   创建的数组为:  [2 3 6 8 0 7]

In[16]:    print('排序后索引数组为: ', arr.argsort())   # 返回值为排序后元素的索引数组

Out[16]:   排序后索引数组为:  [4 0 1 2 5 3]
```

lexsort 函数可以一次性对满足多个键的数组执行间接排序。使用 lexsort 函数对数组进行排序，如代码 2-46 所示。

**代码 2-46　使用 lexsort 函数进行排序**

```
In[17]:    a = np.array([3, 2, 6, 4, 5])
           b = np.array([50, 30, 40, 20, 10])
           c = np.array([400, 300, 600, 100, 200])
           d = np.lexsort((a, b, c))   # lexsort 函数只接收一个参数，即(a, b, c)
           # 使用多个键排序时是按照最后一个传入的键计算的
           print('排序后数组为: \n', list(zip(a[d], b[d], c[d])))

Out[17]:   排序后数组为:
           [(4, 20, 100), (5, 10, 200), (2, 30, 300), (3, 50, 400), (6, 40, 600)]
```

### 2. 去重与重复

在统计分析的工作中，难免会出现"脏"数据。重复数据就是"脏"数据之一。如果一个一个地手动删除重复数据，那么将会耗时费力且效率低。在 NumPy 中，可以通过 unique 函数查找出数组中的唯一值并返回已排序的结果，如代码 2-47 所示。

**代码 2-47　数组内数据去重**

```
In[18]:    names = np.array(['小明', '小黄', '小花', '小明', '小花', '小兰', '小白'])
           print('创建的数组为: ', names)

Out[18]:   创建的数组为:  ['小明' '小黄' '小花' '小明' '小花' '小兰' '小白']

In[19]:    print('去重后的数组为: ', np.unique(names))

Out[19]:   去重后的数组为:  ['小兰' '小明' '小白' '小花' '小黄']

In[20]:    # 与 np.unique 函数等价的 Python 代码实现过程
           print('去重后的数组为: ', sorted(set(names)))

Out[20]:   去重后的数组为:  ['小兰', '小明', '小白', '小花', '小黄']

In[21]:    # 创建数值型数组
           ints = np.array([1, 2, 3, 4, 4, 5, 6, 6, 7, 8, 8, 9, 10])
           print('创建的数组为: ', ints)

Out[21]:   创建的数组为:  [ 1 2 3 4 4 5 6 6 7 8 8 9 10]

In[22]:    print('去重后的数组为: ', np.unique(ints))

Out[22]:   去重后的数组为:  [ 1 2 3 4 5 6 7 8 9 10]
```

　　另外的情况，在统计分析中也经常遇到，即需要将一个数据重复若干次。在 NumPy 中主要使用 tile 函数和 repeat 函数实现数据重复。

　　tile 函数的基本使用格式如下。

```
numpy.tile(A, reps)
```

　　tile 函数主要有两个参数，参数 A 接收 array_like，表示输入的数组；参数 reps 接收 array_like，表示数组的重复次数。使用 tile 函数实现数据重复如代码 2-48 所示。

**代码 2-48　使用 tile 函数实现数据重复**

```
In[23]:   arr = np.arange(5)
          print('创建的数组为: ', arr)

Out[23]:  创建的数组为:  [0 1 2 3 4]

In[24]:   print('重复后数组为: ', np.tile(arr, 3))    # 对数组进行重复

Out[24]:  重复后数组为:  [0 1 2 3 4 0 1 2 3 4 0 1 2 3 4]
```

　　repeat 函数的基本使用格式如下。

```
numpy.repeat(a, repeats, axis=None)
```

　　repeat 函数主要有 3 个参数，参数 a 接收 array_like，表示输入的数组；参数 repeats 接收 int 或 int 型数组，表示每个元素的重复次数；参数 axis 接收 int，用于指定沿着哪个轴进行重复。使用 repeat 函数实现数据重复如代码 2-49 所示。

**代码 2-49　使用 repeat 函数实现数据重复**

```
In[25]:   np.random.seed(42)    # 设置随机种子
          arr = np.random.randint(0, 10, size=(3, 3))
          print('创建的数组为: \n', arr)

Out[25]:  创建的数组为:
          [[6 3 7]
           [4 6 9]
           [2 6 7]]

In[26]:   print('重复后数组为: \n', arr.repeat(2, axis=0))    # 按横轴进行元素重复

Out[26]:  重复后数组为:
          [[6 3 7]
           [6 3 7]
           [4 6 9]
           [4 6 9]
           [2 6 7]
           [2 6 7]]

In[27]:   print('重复后数组为: \n', arr.repeat(2, axis=1))    # 按纵轴进行元素重复

Out[27]:  重复后数组为:
          [[6 6 3 3 7 7]
           [4 4 6 6 9 9]
           [2 2 6 6 7 7]]
```

　　tile 函数和 repeat 函数的主要区别在于，tile 函数对数组进行重复操作，repeat 函数对数组中的每个元素进行重复操作。

## 3. 常用的统计函数

在 NumPy 中，有许多可以用于统计分析的函数。常见的统计函数有 sum、mean、std、var、min、max、argmin 和 argmax 等。几乎所有的统计函数在针对二维数组计算的时候都需要注意轴的概念。当 axis 参数为 0 时，表示沿着纵轴进行计算。当 axis 为 1 时，表示沿着横轴进行计算。但在默认时，函数并不按照任一轴进行计算，而是计算一个总值。常用统计函数的使用如代码 2-50 所示。

代码 2-50　NumPy 中常用统计函数的使用

```
In[28]:    arr = np.arange(20).reshape(4, 5)
           print('创建的数组为: \n', arr)
```

```
Out[28]:   创建的数组为:
           [[ 0  1  2  3  4]
            [ 5  6  7  8  9]
            [10 11 12 13 14]
            [15 16 17 18 19]]
```

```
In[29]:    print('数组的和为: ', np.sum(arr))   # 计算数组的和
```

```
Out[29]:   数组的和为:  190
```

```
In[30]:    print('数组沿纵轴计算的和为: ', arr.sum(axis=0))   # 沿着纵轴求和
```

```
Out[30]:   数组沿纵轴计算的和为:  [30 34 38 42 46]
```

```
In[31]:    print('数组沿横轴计算的和为: ', arr.sum(axis=1))   # 沿着横轴求和
```

```
Out[31]:   数组沿横轴计算的和为:  [10 35 60 85]
```

```
In[32]:    print('数组的均值为: ', np.mean(arr))   # 计算数组均值
```

```
Out[32]:   数组的均值为:  9.5
```

```
In[33]:    print('数组沿纵轴计算的均值为: ', arr.mean(axis=0))   # 沿着纵轴计算数组均值
```

```
Out[33]:   数组沿纵轴计算的均值为:  [ 7.5  8.5  9.5 10.5 11.5]
```

```
In[34]:    print('数组沿横轴计算的均值为: ', arr.mean(axis=1))   # 沿着横轴计算数组均值
```

```
Out[34]:   数组沿横轴计算的均值为:  [ 2.  7. 12. 17.]
```

```
In[35]:    print('数组的标准差为: ', np.std(arr))   # 计算数组标准差
```

```
Out[35]:   数组的标准差为:  5.766281297335398
```

```
In[36]:    print('数组的方差为: ', np.var(arr))   # 计算数组方差
```

```
Out[36]:   数组的方差为:  33.25
```

```
In[37]:    print('数组的最小值为: ', np.min(arr))   # 计算数组最小值
```

```
Out[37]:   数组的最小值为:  0
```

```
In[38]:    print('数组的最大值为: ', np.max(arr))   # 计算数组最大值
```

```
Out[38]:   数组的最大值为:  19
```

```
In[39]:    print('数组的最小元素索引为: ', np.argmin(arr))   # 返回数组最小元素的索引
```
Out[39]:   数组的最小元素索引为: 0

```
In[40]:    print('数组的最大元素索引为: ', np.argmax(arr))   # 返回数组最大元素的索引
```
Out[40]:   数组的最大元素索引为: 19

在代码 2-50 中所使用函数的计算均为聚合计算，直接显示计算的最终结果。在 NumPy 中，cumsum 函数和 cumprod 函数采用不聚合计算，产生一个由中间结果组成的数组，如代码 2-51 所示。

代码 2-51　cumsum 函数和 cumprod 函数的使用

```
In[41]:    arr = np.arange(2, 10)
           print('创建的数组为: ', arr)
```
Out[41]:   创建的数组为: [2 3 4 5 6 7 8 9]

```
In[42]:    print('数组元素的累计和为: ', np.cumsum(arr))   # 计算所有元素的累计和
```
Out[42]:   数组元素的累计和为: [ 2  5  9 14 20 27 35 44]

```
In[43]:    print('数组元素的累计积为: \n', np.cumprod(arr))   # 计算所有元素的累计积
```
Out[43]:   数组元素的累计积为:
           [     2      6     24    120    720   5040  40320 362880]

## 小结

本章主要介绍了 NumPy 数组对象 ndarray 的创建、生成随机数、数组的访问和数组形态的变换；同时还介绍了矩阵的创建方法、使用通用函数对数组进行运算；最后介绍了利用 NumPy 读/写文件以及进行统计分析的常用函数，帮助读者真正进入数据分析课程内容的学习和学习其他数据分析库（如 pandas）打下坚实的基础。

## 实训

### 实训 1　使用数组比较运算对超市牛奶价格进行对比

#### 1. 训练要点

（1）掌握 NumPy 的数组创建方法。

（2）掌握数组的比较运算方法。

#### 2. 需求说明

某两个超市均销售了 5 种相同的牛奶产品，为了对比 A、B 两个超市中 5 种牛奶产品的价格，创建 milk_a 和 milk_b 两个一维数组，分别存放两个超市的牛奶价格，对两个数组中存放的价格进行比较运算。

#### 3. 实现思路及步骤

（1）创建 A 超市的牛奶价格数组 milk_a 为[19.9,25,29.9,45,39.9]。

（2）创建 B 超市的牛奶价格数组 milk_b 为[18.9,25,24.9,49,35.9]。

（3）使用大于符号对 milk_a 和 milk_b 进行比较运算。

### 实训 2　创建 6×6 的简单数独游戏矩阵

#### 1．训练要点

（1）掌握矩阵创建方法。

（2）掌握数组索引的使用方法。

#### 2．需求说明

数独是一种数学智力填空游戏，数独的玩法逻辑简单，数字排列方式多种多样，是一种锻炼大脑的游戏。为了使学生了解数独游戏的玩法，需要创建 6×6 的数独游戏，填充 6×6 矩阵。矩阵每一行的数字为 1~6 且不能重复，每一列的数字同样为 1~6 且不能重复，如图 2-3 所示。

| 1 | 2 | 3 | 4 | 5 | 6 |
|---|---|---|---|---|---|
| 2 | 3 | 4 | 5 | 6 | 1 |
| 3 | 4 | 5 | 6 | 1 | 2 |
| 4 | 5 | 6 | 1 | 2 | 3 |
| 5 | 6 | 1 | 2 | 3 | 4 |
| 6 | 1 | 2 | 3 | 4 | 5 |

图 2-3　数独游戏

#### 3．实现思路及步骤

（1）创建一个 6×6 矩阵。

（2）矩阵第 1 行数据为[1,2,3,4,5,6]，第 2 行数据为[2,3,4,5,6,1]，以此类推，第 6 行数据为[6,1,2,3,4,5]。最终得到每行数据不同、每列数据也不同的矩阵。

## 课后习题

#### 1．选择题

（1）下列对 Python 中的 NumPy 描述不正确的是（　　　）。

    A．NumPy 是用于数据科学计算的基础模块

    B．NumPy 的数据容器能够保存任意类型的数据

    C．NumPy 提供了 ndarray 和 array 两种基本的对象

    D．NumPy 能够对多维数组进行数值运算

（2）下列选项中表示数组维度的是（　　　）。

    A．ndim　　　　　B．shape　　　　　C．size　　　　　D．dtype

（3）代码 "np.arange(0,1,0.2)" 的运行结果为（　　　）。

    A．[0. , 0.2, 0.4, 0.6, 0.8]　　　　　B．[0. , 0.2, 0.4, 0.6, 0.8, 1.0]

    C．[0.2, 0.4, 0.6, 0.8]　　　　　D．[0.2, 0.4, 0.6, 0.8, 1.0]

（4）代码"np.linspace(0,10,5)"的运行结果为（　　　）。

A. [0, 2.5, 5, 7.5]                         B. [0, 2.5, 5, 7.5, 10]

C. [0., 2.5., 5., 7.5.]                    D. [ 0., 2.5., 5., 7.5., 10.]

（5）下列用于横向组合数组的函数是（　　　）。

A. hstack            B. hsplit            C. vstack            D. vsplit

## 2．操作题

（1）创建 4 个相同的 3×3 对角矩阵，对角线元素均为[1,2,3]，再使用 bmat 函数合并 4 个对角矩阵为 1 个 6×6 的新矩阵。

（2）利用操作（1）中的 6×6 矩阵，返回 6×6 矩阵的转置矩阵。

# 第 ③ 章 pandas 统计分析基础

统计分析是数据分析的重要组成部分，它几乎贯穿了整个数据分析的流程。运用统计方法，将定量问题与定性问题结合进行的研究活动叫作统计分析。统计分析除了包含单一数值型特征的数据集中趋势、离散趋势和峰度与偏度等统计知识外，还包含多个特征间的比较计算等知识。本章将介绍使用 pandas 库进行统计分析所需要掌握的基本知识。

## 学习目标

（1）掌握常见的数据读取方法。
（2）掌握 DataFrame 的常用属性与常用操作。
（3）掌握时间序列数据的转换与处理方法。
（4）掌握分组聚合的计算方法。
（5）掌握透视表与交叉表的创建方法。

pandas 统计分析
基础

## 思维导图

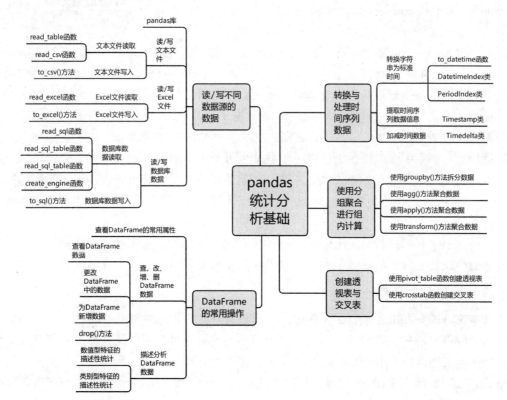

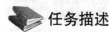

**任务 3.1** 读/写不同数据源的数据

利用 pandas 读取
数据

### 任务描述

数据读取是进行数据预处理、分析与建模的前提。不同的数据源，需要使用不同的函数读取。pandas 内置了 10 余种数据源读取函数和对应的数据源写入函数。常见的数据源有 3 种，分别是文本文件（包括一般文本文件和 CSV 文件）、Excel 文件和数据库。掌握了这 3 种数据源的读取方法，便能够完成大部分的数据读取工作。以音乐行业收入信息数据为例，该数据存在于 3 个系统中。由于 3 个系统中的数据源并不相同，所以需要使用多种数据读取方式读取相应数据。

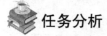

### 任务分析

（1）了解 pandas 库。
（2）读/写 CSV 文件中音乐行业收入数据。
（3）读/写 Excel 文件中音乐行业收入数据。
（4）读/写数据库中音乐行业收入数据。

### 3.1.1　认识 pandas 库

pandas 是 Python 的核心数据分析支持库，提供了快速、灵活、明确的数据结构，旨在简单、直观地处理关系数据、标记数据。因为 pandas 建造在 NumPy 的基础之上，所以在以 NumPy 为中心的应用中，pandas 易于使用，而 pandas 库在与其他第三方科学计算支持库结合时也能够较完美地进行集成。

在 Python 中，pandas 库的功能十分强大，它可提供高性能的矩阵运算；可用于数据挖掘和数据分析，同时也提供数据清洗功能；支持类似 SQL 的数据增、删、查、改等操作，并且带有丰富的数据处理函数；支持时间序列数据分析功能；支持灵活处理缺失数据等。

pandas 有两个强大的利器：Series（一维数据）与 DataFrame（二维数据）。Series 是一种类似于一维数组的对象，是由一组数据（使用各种 NumPy 数据类型）以及一组与之相关的数据标签（即索引）组成，而仅由一组数据也可产生简单的 Series 对象。DataFrame 是 pandas 中的一个表格型的数据结构，包含一组有序的列，这些列可以使用不同类型的数据（数值、字符串、布尔值等），DataFrame 既有行索引也有列索引，可以看作由 Series 组成的字典。

同时 Series 和 DataFrame 还是 pandas 中常用的数据结构，运用这两种数据结构便足以处理金融、统计、社会科学、工程等领域里的大多数典型问题。

### 3.1.2　读/写文本文件

文本文件是一种由若干行字符构成的计算机文件，它是一种典型的顺序文件。CSV 是一种用分隔符分隔的文件格式，因为其分隔符不一定是逗号，所以又被称为字符分隔文件格式。文本文件以纯文本形式存储表格数据（数字和文本），它是一种通用、相对简单的文件格式，较广泛的应用在程序之间转移表格数据，而这些程序本身是在其他程序不兼容的格式（往往是私有的、无通用规范的格式）上进行操作的。因为大量程序都支持 CSV 格式或其变体，所以 CSV 格式或其变体可以作为大多数程序的输入和输出格式。

### 1. 文本文件读取

CSV 文件也是一种文本文件。在数据读取过程中可以使用文本文件的读取函数对 CSV 文件进行读取。同时，如果文本文件是字符分隔文件，那么可以使用读取 CSV 文件的函数进行读取。pandas 提供了 read_table 函数读取文本文件，提供了 read_csv 函数读取 CSV 文件。

read_table 函数和 read_csv 函数的基本使用格式如下。

```
pandas.read_table(filepath_or_buffer,          sep=<no_default>,          delimiter=None,
header='infer', names=<no_default>, index_col=None, usecols=None, squeeze=False,
prefix=<no_default>, mangle_dupe_cols=True, dtype=None, engine=None, converters=
None, true_values=None, false_values=None, skipinitialspace=False, skiprows=None,
skipfooter=0, nrows=None, na_values=None, keep_default_na=True, na_filter=True,
verbose=False, skip_blank_lines=True, parse_dates=False, infer_datetime_format=
False, keep_date_col=False, date_parser=None, dayfirst=False, cache_dates=True,
iterator=False, chunksize=None, compression='infer', thousands=None, decimal='.',
lineterminator=None, quotechar='"', quoting=0, doublequote=True, escapechar=None,
comment=None, encoding=None, dialect=None, error_bad_lines=None, warn_bad_lines=
None, on_bad_lines=None, encoding_errors='strict', delim_whitespace=False,low_
memory=True, memory_map=False, float_precision=None)

pandas.read_csv(filepath_or_buffer, sep=<no_default>, delimiter=None, header=
'infer', names=<no_default>, index_col=None, usecols=None, squeeze=False, prefix=
<no_default>, mangle_dupe_cols=True, dtype=None, engine=None, converters=None,
true_values=None, false_values=None, skipinitialspace=False, skiprows=None,
skipfooter=0, nrows=None, na_values=None, keep_default_na=True, na_filter=True,
verbose=False, skip_blank_lines=True, parse_dates=False, infer_datetime_format=
False, keep_date_col=False, date_parser=None, dayfirst=False, cache_dates=True,
iterator=False, chunksize=None, compression='infer', thousands=None, decimal='.',
lineterminator=None, quotechar='"', quoting=0, doublequote=True, escapechar=None,
comment=None, encoding=None, encoding_errors='strict', dialect=None, error_bad_
lines=None, warn_bad_lines=None, on_bad_lines=None, delim_whitespace=False,
low_memory=True, memory_map=False, float_precision=None, storage_options=None)
```

read_table 函数和 read_csv 函数的多数参数相同，它们的常用参数及其说明如表 3-1 所示。

表 3-1　read_table 函数和 read_csv 函数的常用参数及其说明

| 参数名称 | 参数说明 |
|---|---|
| filepath_or_buffer | 接收 str。表示文件路径。无默认值 |
| sep | 接收 str。表示分隔符。read_csv 函数默认为 "," ，read_table 函数默认为制表符 |
| header | 接收 int 或 int 型列表。表示将某行数据作为列名。默认为 infer |
| names | 接收 array。表示列名。无默认值 |
| index_col | 接收 int、sequence 或 False。表示索引列的位置，如取值为 sequence 则代表多重索引。默认为 None |
| dtype | 接收字典形式的列名或类型名称。表示写入的数据类型（列名为键，数据类型为值）。默认为 None |
| engine | 接收 C 语言代码或 Python 语言代码。表示要使用的数据解析引擎。默认为 None |
| nrows | 接收 int。要读取的文件行数。默认为 None |
| skiprows | 接收 list、int 或 callable。表示读取数据时开头跳过的行数。默认为 None |

某公司收集了音乐行业的收入信息，并存放至工作表中，其中数据特征主要包括 format（销售形式）、metric（销售单位）、date（销售时间）、number_of_records（销售数量）、value_actual（销售价格），部分信息如表 3-2 所示。

表 3-2　音乐行业收入信息

| format | metric | date | number_of_records | value_actual |
|--------|--------|------|-------------------|--------------|
| CD | Units | 2020/7/31 22:01 | 1 | |
| CD | Units | 2020/7/23 6:12 | 1 | |
| CD | Units | 2020/7/13 9:30 | 1 | |
| CD | Units | 2020/6/30 14:26 | 1 | |
| CD | Units | 2020/6/23 20:21 | 1 | |
| CD | Units | 2020/6/20 13:41 | 1 | |
| CD | Units | 2020/5/24 7:03 | 1 | |
| CD | Units | 2020/5/22 17:44 | 1 | |
| CD | Units | 2020/5/14 9:30 | 1 | |
| CD | Units | 2020/4/30 21:28 | 1 | |

根据音乐行业收入信息表，分别使用 read_table 和 read_csv 这两个函数读取数据，如代码 3-1 所示。

代码 3-1　使用 read_table 函数和 read_csv 函数读取音乐行业收入信息表

```
In[1]:    import pandas as pd
          # 使用 read_table 函数读取音乐行业收入信息表
          musicdata   =   pd.read_table('../data/musicdata.csv',   sep=',',
          encoding='gbk')
          print('使用 read_table 函数读取音乐行业收入信息表,表的长度为: ', len(musicdata))

Out[1]:   使用 read_table 函数读取的音乐行业收入表, 表的长度为: 3008

In[2]:    # 使用 read_csv 函数读取音乐行业收入信息表
          musicdata1 = pd.read_csv('../data/musicdata.csv', encoding='gbk')
          print('使用 read_csv 函数读取音乐行业收入信息表,表的长度为: ', len(musicdata1))

Out[2]:   使用 read_csv 函数读取音乐行业收入信息表, 表的长度为:  3008
```

read_table 函数和 read_csv 函数中的 sep 参数用于指定文本的分隔符，如果分隔符指定错误，那么在读取数据的时候，每一行数据将连成一片。header 参数用于指定列名，如果 header 参数值是 None，那么将会添加一个默认的列名。encoding 代表文件的编码格式，常用的编码格式有 UTF-8、UTF-16、GBK、GB 2312、GB 18030 等。如果编码格式指定错误，那么数据将无法读取。更改参数并读取音乐行业收入信息表的具体示例如代码 3-2 所示。

代码 3-2　更改参数并读取音乐行业收入信息表

```
In[3]:    # 使用 read_table 函数读取音乐行业收入表, sep=';'
          musicdata2   =   pd.read_table('../data/musicdata.csv',   sep=';',
          encoding='gbk')
          print('当分隔符为;时, 音乐行业收入信息表为: \n', musicdata2)
```

```
Out[3]:    当分隔符为;时，音乐行业收入信息表为:
           format,metric,date,number_of_records,value_actual
    0                              CD,Units,2020/7/31 22:01,1
    1                              CD,Units,2020/7/23 6:12,1,
    2                              CD,Units,2020/7/13 9:30,1,
    3                              CD,Units,2020/6/30 14:26,1
    4                              CD,Units,2020/6/23 20:21,1,
    ...                                                ...
    3003   Vinyl Single,Value (Adjusted),2013/12/8 3:10,1...
    3004   Vinyl Single,Value (Adjusted),2013/11/21 1:50,...
    3005   Vinyl Single,Value (Adjusted),2013/10/12 16:06,...
    3006   Vinyl Single,Value (Adjusted),2013/10/9 17:27,...
    3007   Vinyl Single,Value (Adjusted),2013/9/24 15:31,...

    [3008 rows x 1 columns]
```

```
In[4]:   # 使用 read_csv 函数读取音乐行业收入信息表, header=None
         musicdata3    =    pd.read_csv('../data/musicdata.csv',    sep=',',
         header=None, encoding='gbk')
         print('当 header 为 None 时，音乐行业收入信息表为：\n', musicdata3)
```

```
Out[4]:   当 header 为 None 时，音乐行业收入信息表为:
                     0                 1 ...                3          4
    0          format            metric...    number_of_records value_actual
    1              CD             Units ...                1        NaN
    2              CD             Units ...                1        NaN
    3              CD             Units ...                1        NaN
    4              CD             Units ...                1        NaN
    ...           ... ...                ...               ...        ...
    3004   Vinyl Single   Value (Adjusted) ...              1  6.205390253
    3005   Vinyl Single   Value (Adjusted) ...              1  5.198931395
    3006   Vinyl Single   Value (Adjusted) ...              1   6.33967756
    3007   Vinyl Single   Value (Adjusted) ...              1  5.386196747
    3008   Vinyl Single   Value (Adjusted) ...              1  6.795945687

    [3009 rows x 5 columns]
```

```
In[5]:   # 使用 UTF-16 编码格式读取音乐行业收入信息表
         musicdata4 = pd.read_csv('../data/musicdata.csv', sep=',', encoding=
         'utf-16')
         print('encoding 为 "utf-16" 时，音乐行业收入信息表为：\n', musicdata4)
```

```
Out[5]:   UnicodeError: UTF-16 stream does not start with BOM
```

注：此处部分结果已省略。

在表 3-1 中列举的数据分析中常用的 read_table 函数、read_csv 函数的参数，能够满足多数情况下读取文本文件（如 CSV 文件）的需求。如果读者对其余的参数感兴趣，可以阅读 pandas 官方的 API 文档。

### 2. 文本文件写入

文本文件的写入和读取类似，对于结构化数据，可以通过 pandas 库中的 to_csv()方法实现以 CSV 格式写入。to_csv()方法的基本使用格式如下。

```
DataFrame.to_csv(path_or_buf=None, sep=',', na_rep='', float_format=None,
columns=None, header=True, index=True, index_label=None, mode='w', encoding=None,
compression='infer', quoting=None, quotechar='"', line_terminator=None,
chunksize=None, date_format=None, doublequote=True, escapechar=None, decimal='.',
errors='strict', storage_options=None)
```

to_csv()方法的常用参数及其说明如表 3-3 所示。

表 3-3　to_csv()方法的常用参数及其说明

| 参数名称 | 参数说明 |
| --- | --- |
| path_or_buf | 接收 str。表示文件路径。默认为 None |
| sep | 接收 str。表示分隔符。默认为 "," |
| na_rep | 接收 str。表示缺失值。默认为 "" |
| columns | 接收 list。表示写出的列名。默认为 None |
| header | 接收 bool 或 str 型列表。表示是否将列名写出。默认为 True |
| index | 接收 bool。表示是否将行名（索引）写出。默认为 True |
| index_label | 接收 sequence、str 或 false。表示索引。默认为 None |
| mode | 接收特定 str。表示数据写入模式。默认为 w |
| encoding | 接收特定 str。表示写入文件的编码格式。默认为 None |

使用 to_csv()方法将音乐行业收入信息表写入 CSV 文件，如代码 3-3 所示。

代码 3-3　使用 to_csv()方法将数据写入 CSV 文件中

```
In[6]:    import os
          print('将音乐行业收入信息表写入 CSV 文件前，目录内文件列表为：\n',
          os.listdir('../tmp'))
          # 将 musicdata 以 CSV 格式写入文件
          musicdata.to_csv('../tmp/musicdataInfo.csv', sep=';', index=False)
          print('将音乐行业收入信息表写入 CSV 文件后，目录内文件列表为：\n',
          os.listdir('../tmp'))
Out[6]:   将音乐行业收入信息表写入 CSV 文件前，目录内文件列表为：
          []
          将音乐行业收入信息表写入 CSV 文件后，目录内文件列表为：
          ['musicdataInfo.csv']
```

### 3.1.3　读/写 Excel 文件

Excel 是微软公司的办公软件 Microsoft Office 的组件之一，它可以对数据进行处理、统计分析等操作，广泛地应用于管理、财经和金融等众多领域，其文件扩展名依照程序版本的不同分为以下两种。

（1）Microsoft Office Excel 2007 之前的版本（不包括 2007）默认保存的文件扩展名为.xls。

（2）Microsoft Office Excel 2007 之后的版本默认保存的文件扩展名为.xlsx。

#### 1. Excel 文件读取

pandas 库提供了 read_excel 函数读取.xls 文件和.xlsx 文件两种 Excel 文件，其基本使用格式如下。

```
pandas.read_excel(io, sheet_name=0, header=0, names=None, index_col=None,
usecols=None, squeeze=False, dtype=None, engine=None, converters=None, true_
values=None, false_values=None, skiprows=None, nrows=None, na_values=None, keep_
default_na=True, na_filter=True, verbose=False, parse_dates=False, date_parser=
None, thousands=None, comment=None, skipfooter=0, convert_float=True, mangle_dupe_
cols=True, storage_options=None)
```

read_excel 函数的常用参数及其说明如表 3-4 所示。

表 3-4　read_excel 函数的常用参数及其说明

| 参数名称 | 参数说明 |
|---|---|
| io | 接收 str。表示文件路径。无默认值 |
| sheet_name | 接收 str、int、list 或 None。表示 Excel 文件内数据的工作簿位置。默认为 0 |
| header | 接收 int 或 int 型列表。表示将某行数据作为列名。如果传递 int 型列表，那么行位置将合并为多重索引。如果没有列名，那么使用 None。默认为 0 |
| names | 接收 array。表示要使用的列名列表。默认为 None |
| index_col | 接收 int 或 int 型列表。表示将列索引用作 DataFrame 的行索引。默认为 None |
| dtype | 接收 dict。表示写入的数据类型（列名为键，数据类型为值）。默认为 None |
| skiprows | 接收 list、int 或 callable。表示读取数据时开头跳过的行数。默认为 None |

当音乐行业收入信息表存储为.xlsx 文件时，使用 read_excel 函数读取数据，如代码 3-4 所示。

代码 3-4　使用 read_excel 函数读取音乐行业收入信息表

```
In[7]:    # 读取 musicdata.xlsx 文件
          musicdata = pd.read_excel('../data/musicdata.xlsx')
          print('音乐行业收入信息表长度为: ', len(musicdata))

Out[7]:   音乐行业收入信息表长度为: 3008
```

### 2. Excel 文件写入

将数据写入至 Excel 文件，可以使用 to_excel()方法，其基本使用格式如下。

```
DataFrame.to_excel(excel_writer, sheet_name='Sheet1', na_rep='', float_format=None,
columns=None, header=True, index=True, index_label=None, startrow=0, startcol=0,
engine=None, merge_cells=True, encoding=None, inf_rep='inf', verbose=True,
freeze_panes=None, storage_options=None)
```

to_excel()方法的常用参数及其说明如表 3-5 所示。

表 3-5　to_excel()方法的常用参数及其说明

| 参数名称 | 参数说明 |
|---|---|
| excel_writer | 接收 str。表示文件路径。无默认值 |
| sheet_name | 接收 str。表示 Excel 文件中工作簿的名称。默认为 Sheet1 |
| na_rep | 接收 str。表示缺失值。默认为 "" |
| columns | 接收 str 或 sequence 型列表。表示写出的列名。默认为 None |
| header | 接收 bool 或 str 型列表。表示是否将列名写出。默认为 True |
| index | 接收 bool。表示是否将行名（索引）写出。默认为 True |
| index_label | 接收 sequence 或 str。表示索引。默认为 None |
| encoding | 接收特定 str。表示写入文件的编码格式。默认为 None |

使用 to_excel()方法将音乐行业收入信息表写入 Excel 文件中，如代码 3-5 所示。

**代码 3-5　使用 to_excel()方法将数据写入 Excel 文件**

```
In[8]:    print('将音乐行业收入信息表写入 Excel 文件前，目录内文件列表为：\n',
          os.listdir('../tmp'))
          musicdata.to_excel('../tmp/musicdata.xlsx')
          print('将音乐行业收入信息表写入 Excel 文件后，目录内文件列表为：\n',
          os.listdir('../tmp'))

Out[8]:   将音乐行业收入信息表写入 Excel 文件前，目录内文件列表为：
          ['musicdataInfo.csv']
          将音乐行业收入信息表写入 Excel 文件后，目录内文件列表为：
          ['musicdataInfo.csv', 'musicdata.xlsx']
```

### 3.1.4　读/写数据库

在生产环境中，绝大多数的数据都存储在数据库中。pandas 库提供了读/写关系型数据库数据的函数与方法。除了 pandas 库外，还需要使用 SQLAlchemy 库建立对应的数据库连接。SQLAlchemy 是配合相应数据库的 Python 连接工具（如使用 MySQL 数据库时需要安装 mysqlclient 或 pymysql 库，使用 Oracle 数据库时需要安装 cx_oracle 库），使用 create_engine 函数，建立数据库连接。pandas 支持 MySQL、PostgreSQL、Oracle、SQL Server 和 SQLite 等主流数据库。下面将以 MySQL 数据库为例，介绍 pandas 对数据库数据的读/写。

#### 1．数据库数据读取

pandas 可实现对数据库数据的读取，但前提是读者在进行读取操作前确保已安装数据库，并且数据库可以正常打开及使用。对数据库的读取可利用 3 种函数进行操作，分别是 read_sql_query 函数、read_sql_table 函数和 read_sql 函数。read_sql_query 函数只能实现查询操作，不能直接读取数据库中的某个表。read_sql_table 函数只能读取数据库的某一个表格，不能实现查询操作。read_sql 函数是两者的综合，既能够读取数据库中的某一个表，也能够实现查询操作。3 个函数的基本使用格式如下。

```
pandas.read_sql_query(sql, con, index_col=None, coerce_float=True, params=None,
parse_dates=None, chunksize=None, dtype=None)
pandas.read_sql_table(table_name, con, schema=None, index_col=None, coerce_float=
True, parse_dates=None, columns=None, chunksize=None)
pandas.read_sql( sql , con , index_col = None , coerce_float = True , params = None ,
parse_dates = None , columns = None , chunksize = None )
```

pandas 的 3 个数据库数据读取函数的参数几乎完全一致，唯一的区别在于传入的是语句还是表名。3 个函数的常用参数及其说明如表 3-6 所示。

**表 3-6　read_sql_query、read_sql_table、read_sql 函数常用参数及其说明**

| 参数名称 | 参数说明 |
| --- | --- |
| sql，table_name | 接收 str。表示读取的数据的表名或 SQL 语句。无默认值 |
| con | 接收数据库连接或 str。表示数据库连接信息。无默认值 |
| index_col | 接收 str 或 str 型列表。表示将列设置为索引。默认为 None |

续表

| 参数名称 | 参数说明 |
|---|---|
| coerce_float | 接收 bool。表示尝试将非字符串、非数字对象（如十进制数）的值转换为浮点数。默认为 True |
| columns | 接收 list。表示要从 SQL 表中选择的列名列表。默认为 None |

在读取数据库数据前，需要先创建数据库连接。Python 提供了 SQLAlchemy 库的 create_engine 函数用于创建数据库连接，在 create_engine 函数中输入的是一个连接字符串。在使用 Python 的 SQLAlchemy 库时，MySQL 和 Oracle 数据库连接字符串的格式如下。

数据库产品名+连接工具名://用户名:密码@数据库 IP 地址:数据库端口号/数据库名称?charset=数据库数据编码格式

SQLAlchemy 连接 MySQL 数据库如代码 3-6 所示。

**代码 3-6　SQLAlchemy 连接 MySQL 数据库**

```
In[9]:    from sqlalchemy import create_engine
          # 创建一个 MySQL 连接，用户名为 root，密码为 1234
          # IP 地址为 127.0.0.1，数据库名称为 testdb，编码格式为 UTF-8
          engine = create_engine('mysql+pymysql://root:1234@127.0.0.1:3306/
          testdb?charset=utf8')
          print(engine)

Out[9]:   Engine(mysql+pymysql://root:***@127.0.0.1:3306/testdb?charset=utf8)
```

在数据库连接创建完成后，可通过 read_sql_query、read_sql_table、read_sql 函数读取数据库中的数据，如代码 3-7 所示。

**代码 3-7　使用 read_sql_query、read_sql_table、read_sql 函数读取数据库中的数据**

```
In[10]:   # 使用 read_sql_query 函数查看 testdb 中的数据表清单
          musicadatalist = pd.read_sql_query('show tables', con=engine)
          print('testdb 数据库数据表清单为：\n', musicadatalist)

Out[10]:  testdb 数据库数据表清单为：
                  Tables_in_testdb
          0              musicdata

In[11]:   # 使用 read_sql_table 函数读取音乐行业收入信息表
          musicdata = pd.read_sql_table('musicdata', con=engine)
          print('使用 read_sql_table 函数读取音乐行业收入信息表，表的长度为:\n',
          len(musicdata))

Out[11]:  使用 read_sql_table 函数读取音乐行业收入信息表，表的长度为: 3008

In[12]:   # 使用 read_sql 函数读取音乐行业收入信息表
          musicdata = pd.read_sql('musicdata', con=engine)
          print('使用 read_sql 函数读取音乐行业收入信息表，表的长度为:\n',
          len(musicdata))

Out[12]:  使用 read_sql 函数读取音乐行业收入信息表，表的长度为: 3008
```

**2. 数据库数据写入**

将 DataFrame 写入数据库中时，同样要依赖 SQLAlchemy 库的 create_engine 函数创建

数据库连接。数据库数据读取有 3 个函数，但数据写入只有一个 to_sql()方法。to_sql()方法的基本使用格式如下。

```
DataFrame.to_sql(name, con, schema=None, if_exists='fail', index=True,
index_label=None, chunksize=None, dtype=None, method=None)
```

to_sql()方法的常用参数及其说明如表 3-7 所示。

表 3-7    to_sql()方法的常用参数及其说明

| 参数名称 | 参数说明 |
| --- | --- |
| name | 接收 str。表示数据库表名。无默认值 |
| con | 接收数据库连接。表示数据库连接信息。无默认值 |
| if_exists | 接收 str。表示对表进行操作的方式，可选 fail、replace、append。fail 表示如果表名存在，那么不执行写入操作；replace 表示如果表名存在，那么将原数据库表删除，再重新创建；append 表示在原数据库表的基础上追加数据。默认为 fail |
| index | 接收 bool。表示是否将 DataFrame 索引写入列并使用 index_label 作为表中的列名。默认为 True |
| index_label | 接收 str 或 sequence。表示索引列的列标签。如果没有给定（默认）且 index 参数为 True，那么使用索引。如果 DataFrame 使用多重索引，那么应该给出序列。默认为 None |
| dtype | 接收 dict 或 scalar。表示指定列的数据类型。默认为 None |

使用 to_sql()方法写入数据如代码 3-8 所示。

代码 3-8    使用 to_sql()方法写入数据

```
In[13]:    # 使用 to_sql()方法写入 musicdata 数据
           musicdata.to_sql('test1', con=engine, index=False, if_exists='replace')
           # 使用 read_sql_query 函数读取 testdb 数据库
           formlist1 = pd.read_sql_query('show tables', con=engine)
           print('新增一个表格后，testdb 数据库数据表清单为: \n', formlist1)

Out[13]:   新增一个表格后，testdb 数据库数据表清单为:
               Tables_in_testdb
           0          musicdata
           1              test1
```

**任务 3.2**  掌握 DataFrame 的常用操作

📖 **任务描述**

DataFrame 常用
操作

DataFrame 是较为常用的 pandas 对象，类似于 Excel 表格。完成数据读取后，数据将以 DataFrame 数据结构存储在内存中。但此时并不能直接开始统计分析工作，需要使用 DataFrame 的属性与方法对数据的分布、大小等基本的数据状况有了解。只有对数据基本状况有了深度的了解，才能够进行量身定制的统计分析。

**任务分析**

（1）查看数据的元素个数、维度等信息。

（2）分别对音乐行业收入信息数据进行查、改、增、删等操作。

（3）分别对数值型和类别型数据进行描述性统计。

### 3.2.1　查看 DataFrame 的常用属性

　　DataFrame 的基础属性有 values、index、columns 和 dtypes，分别可以获取元素、索引、列名和数据类型。分别查看音乐行业收入信息表的 4 个基本属性如代码 3-9 所示。

代码 3-9　查看音乐行业收入信息表的 4 个基本属性

```
In[1 ]:    from sqlalchemy import create_engine
           import pandas as pd
           # 创建数据库连接
           engine = create_engine('mysql+pymysql://root:1234@127.0.0.1:3306/
           testdb?charset=utf8')
           musicdata = pd.read_sql_table('musicdata', con=engine)
           print('音乐行业收入信息表的索引为: ', musicdata.index)

Out[1]:    音乐行业收入信息表的索引为:  RangeIndex(start=0, stop=3008, step=1)

In[2]:     print('音乐行业收入信息表的所有值为: \n', musicdata.values)

Out[2]:    音乐行业收入信息表的所有值为:
           [['CD' 'Units' 1973 1 nan]
            ['CD' 'Units' 1974 1 nan]
            ['CD' 'Units' 1975 1 nan]
            ...
            ['Vinyl Single' 'Value (Adjusted)' 2020 1 6.33967756]
            ['Vinyl Single' 'Value (Adjusted)' 2018 1 5.3861967470000005]
            ['Vinyl Single' 'Value (Adjusted)' 2019 1 6.7959456870000001]]

In[3]:     print('音乐行业收入信息表的列名为: \n', musicdata.columns)

Out[3]:    音乐行业收入信息表的列名为:
           Index(['format',      'metric',      'year',     'number_of_records',
           'value_actual'], dtype='object')

In[4]:     print('音乐行业收入信息表的数据类型为: \n', musicdata.dtypes)

Out[4]:    音乐行业收入信息表的数据类型为:
            format                 object
           metric                  object
           year                     int64
           number_of_records        int64
           value_actual           float64
           dtype: object
```

　　除了上述 4 个基本属性外，还可以通过 size、ndim 和 shape 属性获取 DataFrame 的元素个数、维度和形状，如代码 3-10 所示。

代码 3-10　size、ndim 和 shape 属性的使用

```
In[5]:    # 查看 DataFrame 的元素个数、维度、形状
          print('音乐行业收入信息表的元素个数为: ', musicdata.size)
```

```
print('音乐行业收入信息表的维度为：', musicdata.ndim)
print('音乐行业收入信息表的形状为：', musicdata.shape)
```

Out[5]:　音乐行业收入信息表的元素个数为：15040
　　　　　音乐行业收入信息表的维度为：2
　　　　　音乐行业收入信息表的形状为：(3008, 5)

另外，T 属性能够实现 DataFrame 的转置（行、列转换）。在某些特殊场景下，某些函数或方法只能作用于列或行，此时即可试着用转置来解决这一问题，使用 T 属性进行转置如代码 3-11 所示。

**代码 3-11　使用 T 属性进行转置**

```
In[6]:    print('音乐行业收入信息表转置前形状为：', musicdata.shape)
          print('音乐行业收入信息表转置后形状为：', musicdata.T.shape)
```

Out[6]:　音乐行业收入信息表转置前形状为：(3008, 5)
　　　　　音乐行业收入信息表转置后形状为：(5, 3008)

### 3.2.2　查、改、增、删 DataFrame 数据

学习过数据库相关知识的读者都知道，在数据库中较常使用的操作为查、改、增、删。DataFrame 作为二维数据结构，能够像数据表一样实现查、改、增、删操作，如添加一行、删除一行、添加一列、删除一列、修改某一个值、对某个区间的值进行替换等。

#### 1. 查看 DataFrame 数据

除了可以使用基本的查看方式查看 DataFrame 数据之外，还可以通过 loc()方法和 iloc()方法对 DataFrame 数据进行访问。

（1）DataFrame 数据的基本查看方式

DataFrame 的单列数据为一个 Series。根据 DataFrame 的定义可知，DataFrame 是一个带有标签的二维数组，每个标签相当于每一列的列名。只要以字典访问某一个键的值的方式使用对应的列名，即可实现对单列数据的访问，如代码 3-12 所示。

**代码 3-12　使用字典访问内部数据的方式访问 DataFrame 单列数据**

```
In[7]:    # 使用字典访问内部数据的方式取出 musicdata 中的某一列
          format = musicdata['format']
          print('音乐行业收入信息表中的 format 列的形状为：', format.shape)
```

Out[7]:　音乐行业收入信息表中的 format 列的形状为：(3008,)

除了使用字典访问内部数据的方式外，还能以访问属性的方式访问 DataFrame 数据，如代码 3-13 所示。

**代码 3-13　使用访问属性的方式访问 DataFrame 单列数据**

```
In[8]:    # 使用访问属性的方式取出 musicdata 中的 number_of_records 列
          number_of_records = musicdata.number_of_records
          print('音乐行业收入信息表中的 number_of_records 列的形状为：', number_of_
          records.shape)
```

Out[8]:　音乐行业收入信息表中的 number_of_records 列的形状为：(3008,)

　　以上两种方式均可以获得 DataFrame 中的某一列数据，但是使用访问属性的方式访问数据并不建议使用。因为在多数情况下数据的列名为英文，以属性访问某一列的方式和DataFrame 属性访问方式，其方法和使用的格式相同，难免存在部分列名和 pandas 提供的方法名相同的情况。这会引起程序混乱，也会使得代码晦涩难懂。

　　当访问 DataFrame 中某一列的某几行数据时，单独一列的 DataFrame 可以视为一个Series，而访问 Series 基本和访问一维的 ndarray 相同，如代码 3-14 所示。

代码 3-14　DataFrame 单列多行数据获取

```
In[9]:    metric5 = musicdata['metric'][:5]
          print('音乐行业收入信息表中的 metric 列的前 5 个元素为：\n', metric5)
Out[9]:   音乐行业收入信息表中的 metric 列的前 5 个元素为：
          0    Units
          1    Units
          2    Units
          3    Units
          4    Units
          Name: metric, dtype: object
```

　　访问 DataFrame 多列数据时可以将多个列名放入同一个列表。同时，访问 DataFrame多列数据中的多行数据和访问单列数据的多行数据的方法基本相同，访问音乐行业收入信息表中 format 列和 metric 列的前 5 个元素如代码 3-15 所示。

代码 3-15　访问 DataFrame 多列的多行数据

```
In[10]:   format_metric = musicdata[['format', 'metric']][:5]
          print('音乐行业收入信息表中的 format 列和 metric 列的前 5 个元素为：\n',
          format_metric)
Out[10]:  音乐行业收入信息表中的 format 列和 metric 列的前 5 个元素为：
              format metric
          0   CD  Units
          1   CD  Units
          2   CD  Units
          3   CD  Units
          4   CD  Units
```

　　如果只需要访问 DataFrame 某几行数据，那么实现方式和上述的访问多列的多行数据的方式相似，选择所有列，使用 ":" 即可，如代码 3-16 所示。

代码 3-16　访问 DataFrame 多行数据

```
In[11]:   musicdata5 = musicdata[:][1:6]
          print('音乐行业收入信息表的 1~5 行元素为：\n', musicdata5)
Out[11]:  音乐行业收入信息表的 1~5 行元素为：
              format metric  year  number_of_records  value_actual
          1   CD  Units  1974              1           NaN
          2   CD  Units  1975              1           NaN
          3   CD  Units  1976              1           NaN
          4   CD  Units  1977              1           NaN
          5   CD  Units  1978              1           NaN
```

　　除了使用上述方法能够得到多行数据以外，通过 DataFrame 提供的方法 head() 和 tail()也可以得到多行数据，但是用这两种方法得到的数据都是从开始或末尾获取的连续数据，如代码 3-17 所示。

**代码 3-17　使用 DataFrame 的 head()方法和 tail()方法获取多行数据**

```
In[12]:    print('音乐行业收入信息表中前 5 行数据为：\n', musicdata.head())

Out[12]:   音乐行业收入信息表中前 5 行数据为：
              format metric  year number_of_records value_actual
           0     CD  Units  1973                 1          NaN
           1     CD  Units  1974                 1          NaN
           2     CD  Units  1975                 1          NaN
           3     CD  Units  1976                 1          NaN
           4     CD  Units  1977                 1          NaN

In[13]:    print('音乐行业收入信息表中后 5 行元素为：\n', musicdata.tail())

Out[13]:   音乐行业收入信息表中后 5 行元素为：
              format  metric            year number_of_records value_actual
           3003 Vinyl Single Value (Adjusted) 2015              1     6.205390
           3004 Vinyl Single Value (Adjusted) 2016              1     5.198931
           3005 Vinyl Single Value (Adjusted) 2020              1     6.339678
           3006 Vinyl Single Value (Adjusted) 2018              1     5.386197
           3007 Vinyl Single Value (Adjusted) 2019              1     6.795946…
```

在代码 3-17 中，因为 head()方法和 tail()方法使用的都是默认参数，所以访问的分别是前 5 行、后 5 行。只要在方法后的"()"中输入访问行数，即可实现目标行数的查看。

（2）DataFrame 数据的 loc()、iloc()访问方式

DataFrame 的数据查看与访问的基本方法虽然能够基本满足数据查看要求，但是终究还不够灵活。pandas 提供了 loc()和 iloc()两种更加灵活的方法来实现数据访问。

loc()方法是针对 DataFrame 索引名称的切片方法，如果传入的不是索引名称，那么切片操作将无法执行。利用 loc()方法，能够实现对所有单层索引的切片操作。loc()方法的基本使用格式如下。

```
DataFrame.loc[行名或条件, 列名]
```

iloc()方法和 loc()方法的区别是，iloc()方法接收的必须是行索引和列索引的位置。iloc()方法的基本使用格式如下。

```
DataFrame.iloc[行索引位置, 列索引位置]
```

使用 loc()方法和 iloc()方法分别实现单列切片，如代码 3-18 所示。

**代码 3-18　使用 loc()方法和 iloc()方法实现单列切片**

```
In[14]:    format1 = musicdata.loc[:, 'format']
           print('使用 loc()方法提取 format 列的 size 属性值为：', format1.size)

Out[14]:   使用 loc()方法提取 format 列的 size 属性值为：3008

In[15]:    format2 = musicdata.iloc[:, 3]
           print('使用 iloc()方法提取第 3 列的 size 属性值为：', format2.size)

Out[15]:   使用 iloc()方法提取第 3 列的 size 属性值为：3008
```

同时，还可以使用 loc()方法和 iloc()方法实现多列切片，其原理是将多列的列名或位置作为列表数据传入，如代码 3-19 所示。

代码 3-19　使用 loc()方法、iloc()方法实现多列切片

```
In[16]:    format_metric1 = musicdata.loc[:, ['format', 'metric']]
           print('使用 loc()方法提取 format 列和 metric 列的 size 属性值为: ',
           format_metric1. size)

Out[16]:   使用 loc()方法提取 format 列和 metric 列的 size 属性值为:  6016

In[17]:    format_metric2 = musicdata.iloc[:, [1, 3]]
           print('使用 iloc()方法提取第 1 列和第 3 列的 size 属性值为:', format_metric2.size)

Out[17]:   使用 iloc()方法提取第 1 列和第 3 列的 size 属性值为:  6016
```

使用 loc()方法、iloc()方法可以取出 DataFrame 中的任意数据,如代码 3-20 所示。

代码 3-20　使用 loc()方法、iloc()方法实现任意切片

```
In[18]:    print('列名为 format 和 metric 且行名为 3 的数据为: \n',
              musicdata.loc[3, ['format', 'metric']])

Out[18]:   列名为 format 和 metric 且行名为 3 的数据为:
            format      CD
           metric     Units
           Name: 3, dtype: object

In[19]:    print('列名为 format 和 metric 且行名为 2、3、4、5、6 的数据为: \n',
              musicdata.loc[2: 6, ['format', 'metric']])

Out[19]:   列名为 format 和 metric 且行名为 2、3、4、5、6 的数据为:
               format metric
           2      CD  Units
           3      CD  Units
           4      CD  Units
           5      CD  Units
           6      CD  Units

In[20]:    print('列索引位置为 1 和 3,行位置为 3 的数据为:\n', musicdata.iloc[3, [1, 3]])

Out[20]:   列索引位置为 1 和 3, 行位置为 3 的数据为:
            metric                Units
           number_of_records         1
           Name: 3, dtype: object

In[21]     print('列索引位置为 1 和 3, 行位置为 2、3、4、5、6 的数据为: \n',
              musicdata.iloc[2: 7, [1, 3]])

Out[21]    列索引位置为 1 和 3, 行位置为 2、3、4、5、6 的数据为:
               metric  number_of_records
           2   Units                   1
           3   Units                   1
           4   Units                   1
           5   Units                   1
           6   Units                   1
```

从代码 3-20 可以看出,在使用 loc()方法的时候,如果内部传入的行索引名称为区间,那么前后均为闭区间;当使用 iloc()方法时,如果内部传入的行索引位置或列索引位置为区间,那么为前闭后开区间。

loc()方法的内部还可以传入表达式,结果会返回满足表达式的所有值,如代码 3-21 所示。

代码 3-21　使用 loc()方法和 iloc()方法实现条件切片

```
In[22]:    # 传入表达式
           print('musicdata 中 metric 列值为 "Units" 的 format 列数据为：\n',
                 musicdata.loc[musicdata['metric'] == 'Units', ['format',
           'metric']])
Out[22]:   musicdata 中 metric 列值为 "Units" 的 format 列数据为：
                         format metric
           0                CD  Units
           1                CD  Units
           2                CD  Units
           ..              ...    ...
           844  Paid Subscriptions  Units
           845  Paid Subscriptions  Units
           [846 rows x 2 columns]
In[23]:    print('musicdata 中 metric 列值为 "Units" 的第 1、4 列数据为：\n',
                 musicdata.iloc[musicdata['metric'] == 'Units', [1, 4]])
Out[23]:   NotImplementedError: iLocation based bool indexing on an integer type
           is not available
```

注：此处部分结果已省略。

此处的 iloc()方法不能直接接收表达式，原因在于，此处条件表达式返回的是布尔型 Series，而 iloc()方法可以接收的数据类型并不包括 Series。根据 Series 的构成，只需要取出该 Series 的 values 即可，如代码 3-22 所示。

代码 3-22　使用 iloc()方法实现条件切片

```
In[24]:    print('musicdata 中 metric 列值为 "Units" 的第 1、4 列数据为：\n',
                 musicdata.iloc[(musicdata['metric'] == 'Units').values, [1, 4]])
Out[24]:   musicdata 中 metric 列值为 "Units" 的第 1、4 列数据为：
                 metric  value actual
           0      Units         NaN
           1      Units         NaN
           2      Units         NaN
           ..       ...         ...
           844    Units        50.2
           845    Units         NaN
           [846 rows x 2 columns]
```

注：此处部分结果已省略。

总体来说，loc()方法更加灵活多变，代码的可读性更高；iloc()方法的代码简洁，但可读性不高。在数据分析工作中具体使用哪一种方法，应根据情况而定，大多数时候建议使用 loc()方法。

### 2. 更改 DataFrame 中的数据

更改 DataFrame 中的数据的原理是将其中部分数据提取出来，重新赋值为新的数据，如代码 3-23 所示。

代码 3-23　更改 DataFrame 中的数据

```
In[28]:    # 将 format 列值为 CD 的数据变换为数值 1
           print('更改前 musicdata 中 format 列值为 CD 的数据为：\n',
                 musicdata.loc[musicdata['format'] == 'CD', 'format'])
           musicdata.loc[musicdata['format'] == 'CD', 'format']=1
           print('更改后 musicdata 中 format 列值为 1 的数据为：\n',
                 musicdata.loc[musicdata['format'] == 1, 'format'])
```

```
Out[28]: 更改前 musicdata 中 format 列值为 CD 的数据为:
         0      CD
         1      CD
         2      CD
              ..
         2019   CD
         2020   CD
         Name: format, Length: 141, dtype: object
         更改后 musicdata 中 format 列值为 1 的数据为:
         0      1
         1      1
         2      1
              ..
         2019   1
         2020   1
         Name: format, Length: 141, dtype: object
```

注：此处部分结果已省略。

需要注意的是，数据更改是直接对 DataFrame 原数据进行更改，该操作无法撤销。如果不希望直接对原数据做出更改，那么需要对更改条件进行确认或对数据进行备份。

### 3. 为 DataFrame 新增数据

为 DataFrame 新增一列数据的方法非常简单，只需要新建一个列索引，并对该索引下的数据进行赋值操作即可，如代码 3-24 所示。

代码 3-24　为 DataFrame 新增一列非定值

```python
In[29]:  # 转换为时间序列数据
         dates = pd.to_datetime(musicdata['date'])
         # 建立月份列
         musicdata['month'] = dates.map(lambda x: x.month)
         # 查看前 5 行
         print('musicdata 新增列 month 的前 5 行为:\n', musicdata['month'].head())
Out[29]: musicdata 新增列 month 的前 5 行为:
         0    7
         1    7
         2    7
         3    6
         4    6
         Name: month, dtype: int64
```

如果新增的一列值是相同的，那么直接为其赋值一个常量即可，如代码 3-25 所示。

代码 3-25　DataFrame 新增一列定值

```python
In[30]:  musicdata['day'] = 15
         print('musicdata 新增列 day 的前 5 行为: \n', musicdata['day'].head())
Out[30]: musicdata 新增列 day 的前 5 行为:
         0    15
         1    15
         2    15
         3    15
         4    15
         Name: day, dtype: int64
```

### 4．删除某列或某行数据

删除某列或某行数据需要用到 pandas 提供的 drop()方法。drop()方法的基本使用格式如下。

```
DataFrame.drop(labels, axis=0, index=None, columns=None, level=None, inplace=False,
errors='raise')
```

drop()方法的常用参数及其说明如表 3-8 所示。

表 3-8　drop()方法的常用参数及其说明

| 参数名称 | 参数说明 |
| --- | --- |
| labels | 接收单一标签。表示要删除的列或行的索引。无默认值 |
| axis | 接收 0 或 1。表示操作的轴。默认为 0 |
| inplace | 接收 bool。表示操作是否对原数据生效。默认为 False |

使用 drop()方法删除音乐行业收入信息表中的某列数据，如代码 3-26 所示。

代码 3-26　删除音乐行业收入信息表中的某列数据

```
In[31]:  print('删除列 day 前 musicdata 的列索引为：\n', musicdata.columns)
         musicdata.drop(labels='day', axis=1, inplace=True)
         print('删除列 day 后 musicdata 的列索引为：\n', musicdata.columns)

Out[31]: 删除列 day 前 musicdata 的列索引为：
          Index(['format', 'metric', 'year', 'number_of_records', 'value_
         actual', 'month', 'day'], dtype='object')
         删除列 day 后 musicdata 的列索引为：
          Index(['format', 'metric', 'year', 'number_of_records', 'value_
         actual', 'month'], dtype='object')
```

要删除某行数据，只需要将 drop()方法的 labels 参数换成对应的行索引，将 axis 参数设置为 0 即可，如代码 3-27 所示。

代码 3-27　删除 DataFrame 某几行

```
In[32]:  print('删除 1～3 行前 musicdata 的长度为：', len(musicdata))
         musicdata.drop(labels=range(1, 4), axis=0, inplace=True)
         print('删除 1～3 行后 musicdata 的长度为：', len(musicdata))

Out[32]: 删除 1～3 行前 musicdata 的长度为：  3008
         删除 1～3 行后 musicdata 的长度为：  3005
```

### 3.2.3　描述分析 DataFrame 数据

描述性统计是用于概括、表述事物整体状况，以及事物间关联、类属关系的统计方法，通过几个统计值可简洁地表示一组数据的集中趋势和离散程度等。

### 1．数值型特征的描述性统计

数值型特征的描述性统计主要包括计算数值型数据的最小值、均值、中位数、最大值、四分位数、极差、标准差、方差、协方差和变异系数等。

在 NumPy 库中已经提供了为数不少的统计函数，为方便读者查看，将 NumPy 库简写为 np，部分统计函数如表 3-9 所示。

表 3-9　NumPy 中的部分描述性统计函数

| 函数名称 | 函数说明 | 函数名称 | 函数说明 |
|---|---|---|---|
| np.min | 最小值 | np.max | 最大值 |
| np.mean | 均值 | np.ptp | 极差 |
| np.median | 中位数 | np.std | 标准差 |
| np.var | 方差 | np.cov | 协方差 |

pandas 库是基于 NumPy 库的，自然也可以使用表 3-9 中的统计函数对数据进行描述性统计。例如，代码 3-28 便通过 np.mean 函数求出了所记录的销售数量均值。

代码 3-28　使用 np.mean 函数计算均值

```
In[33]:    import numpy as np
           print('音乐行业收入信息表中 number_of_records 的均值为: ',
                 np.mean(musicdata['number_of_records']))
Out[33]:   音乐行业收入信息表中 number_of_records 的均值为: 1.0
```

同时，pandas 还提供了更加便利的方法来进行数值型数据的统计。上述用 np.mean 函数计算销售数量的均值，也可以通过 pandas 实现，具体实现如代码 3-29 所示。

代码 3-29　通过 pandas 实现销售数量均值计算

```
In[34]:    print('音乐行业收入信息表中 number_of_records 的均值为: ',
                 musicdata['number_of_records'].mean())
Out[34]:   音乐行业收入信息表中 number_of_records 的均值为: 1.0
```

同时，作为专门为数据分析而生的 Python 库，pandas 还提供了一个 describe()方法，能够一次性得出 DataFrame 中所有数值型特征的非空值数量、均值、标准差、最小值、分位数和最大值等。具体实现代码和结果如代码 3-30 所示。

代码 3-30　使用 describe()方法实现数值型特征的描述性统计

```
In[35]:    print('音乐行业收入信息表中 value_actual 的描述性统计为: \n',
                 musicdata['value_actual'].describe())
Out[35]:   音乐行业收入信息表中 value actual 的描述性统计为:
            count     1351.000000
            mean       781.291237
            std       2246.837672
            min         -7.650944
            25%          3.700228
            50%         63.900000
            75%        448.900000
            max      19667.327786
            Name: value_actual, dtype: float64
```

通过 describe()方法对 DataFrame 进行描述性统计，比起用 np.mean 函数对每一个统计量分别进行计算无疑要方便很多，也非常实用。另外，pandas 还提供了与统计相关的主要函数，如表 3-10 所示，这些函数能够胜任绝大多数数据分析所需要的数值型特征的描述性统计工作。

表 3-10　pandas 描述性统计函数

| 函数名称 | 函数说明 | 函数名称 | 函数说明 |
|---|---|---|---|
| min | 最小值 | max | 最大值 |
| mean | 均值 | ptp | 极差 |
| median | 中位数 | std | 标准差 |
| var | 方差 | cov | 协方差 |
| sem | 标准误差 | mode | 众数 |
| skew | 样本偏度 | kurt | 样本峰度 |
| quantile | 分位数 | count | 非空值数目 |
| describe | 描述统计 | mad | 平均绝对离差 |

### 2. 类别型特征的描述性统计

描述类别型特征的分布状况，可以使用频数统计。在 pandas 库中实现频数统计的方法为 value_counts()。对音乐销售形式进行频数统计，如代码 3-31 所示。

代码 3-31　对音乐销售形式进行频数统计

```
In[36]:    print('对音乐行业收入信息表 format 频数进行统计的前 6 行结果为：\n',
               musicdata['format'].value_counts()[:6])

Out[36]:   对音乐行业收入信息表 format 频数进行统计的前 6 行结果为：
            Cassette                141
           Download Single          141
           DVD Audio                141
           Download Album           141
           Download Music Video     141
           Vinyl Single             141
           Name: format, dtype: int64
```

除了使用 value_counts()方法分析频数外，pandas 还提供了 category 类型，可以使用 astype()方法将目标特征的数据类型转换为 category 类型，如代码 3-32 所示。

代码 3-32　将数据转换为 category 类型

```
In[37]:    musicdata['metric'] = musicdata['metric'].astype('category')
           print('音乐行业收入信息表 metric 列转变数据类型后的类型为：',
               musicdata['metric'].dtypes)

Out[37]:   音乐行业收入信息表 metric 列转变数据类型后的类型为：category
```

describe()方法除了支持传统数值型数据以外，还支持对 category 类型的数据进行描述性统计，得到的 4 个统计量分别为列非空元素的数目、类别的数目、数目最多的类别和数目最多类别的数目，如代码 3-33 所示。

代码 3-33　对 category 类型特征的描述性统计

| In[38]: | `print('音乐行业收入信息表 metric 列的描述性统计结果为: \n',`<br>`    musicdata['metric'].describe())` |
|---|---|
| Out[38]: | 音乐行业收入信息表 metric 列的描述性统计结果为:<br>` count          3005`<br>`unique            3`<br>`top     Value (Adjusted)`<br>`freq           1081`<br>`Name: metric, dtype: object` |

## 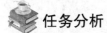 转换与处理时间序列数据

### 📖 任务描述

数据分析的对象不限于数值型和类别型两种,常用的数据类型还包括时间类型。通过时间类型数据能够获取到对应的年、月、日和星期等信息。但时间类型数据在读入 Python 后常常以字符串形式出现,无法对其直接进行大部分与时间相关的分析。pandas 库继承了 NumPy 库的 datetime64 和 timedelta64 模块,能够快速地实现对时间字符串的转换、信息提取和时间运算等操作。

处理时间数据

### 📚 任务分析

（1）将数据中的时间字符串转换为标准时间。

（2）提取音乐行业收入信息表中的年、月、日和星期信息。

（3）对时间数据进行加减运算。

### 3.3.1　转换时间字符串为标准时间

在多数情况下,对时间类型数据进行分析的前提是将原本为字符串的时间转换为标准时间。pandas 继承了 NumPy 库和 datetime 库与时间相关的模块,提供了 6 种时间相关的类,如表 3-11 所示。

表 3-11　pandas 中与时间相关的类

| 类名称 | 说明 |
|---|---|
| Timestamp | 基础的时间类。表示某个时间点。绝大多数场景中的时间数据都是 Timestamp 类型 |
| Period | 表示某个时间段,如某一天、某一小时等 |
| Timedelta | 表示不同单位的时间,如 1d、1.5h、3min、4s 等,而非具体的某个时间段 |
| DatetimeIndex | 一组 Timestamp 对象构成的索引,可以作为 Series 或 DataFrame 的索引 |
| PeriodtimeIndex | 一组 Period 对象构成的索引,可以作为 Series 或 DataFrame 的索引 |
| TimedeltaIndex | 一组 Timedelta 对象构成的索引,可以作为 Series 或 DataFrame 的索引 |

其中,Timestamp 是时间类中较为基础的,也是较为常用的。在多数情况下,会将与

时间相关的字符串转换成为 Timestamp 形式。pandas 提供的 to_datetime 函数，能够实现这一目标。to_datetime 函数的基本使用格式如下。

```
pandas.to_datetime(arg, errors='raise', dayfirst=False, yearfirst=False, utc=None,
format=None, exact=True, unit=None, infer_datetime_format=False, origin='unix',
cache=True)
```

to_datetime 函数的常用参数及其说明如表 3-12 所示。

表 3-12　to_datetime 函数的常用参数及其说明

| 参数名称 | 参数说明 |
| --- | --- |
| arg | 接收 str、int、float、list、tuple、datetime 或 array。表示需要转换的时间对象。无默认值 |
| errors | 接收 ignore、raise、coerce。表示无效解析。默认为 raise |
| dayfirst，yearfirst | 接收 bool。表示指定日期的解析顺序。默认为 False |

将音乐产品销售时间字符串转换为标准时间，如代码 3-34 所示。

代码 3-34　转换时间字符串为标准时间

```
In[1]:    import pandas as pd
          musicdata = pd.read_table('../data/musicdata.csv', sep=',', encoding=
          'gbk')
          # 输出转换前的原始 date 列的类型
          print('进行转换前 date 列的类型为: ', musicdata['date'].dtypes)
          # 使用 to_datetime 函数将 date 列的数据类型转换成标准时间类型
          musicdata['date'] = pd.to_datetime(musicdata['date'])
          print('进行转换后 date 列的类型为: ', musicdata['date'].dtypes)

Out[1]:   进行转换前 date 列的类型为:  object
          进行转换后 date 列的类型为:  datetime64[ns]
```

值得注意的是，Timestamp 类型的时间是有限制的，在作者计算机中最早只能够表示至 1677 年 9 月 21 日，最晚只能表示至 2262 年 4 月 11 日，如代码 3-35 所示。

代码 3-35　Timestamp 的最小时间和最大时间

```
In[2]:    print('最早时间为: ', pd.Timestamp.min)   # 查询计算机中最早时间的信息

Out[2]:   最早时间为:  1677-09-21 00:12:43.145225

In[3]:    print('最晚时间为: ', pd.Timestamp.max)   # 查询计算机中最晚时间的信息

Out[3]:   最晚时间为:  2262-04-11 23:47:16.854775807
```

除了将数据从原始 DataFrame 直接转换为 Timestamp 类型外，还可以将数据单独提取出来，将其转换为 DatetimeIndex 类型或 PeriodIndex 类型。但 DatetimeIndex 和 PeriodIndex 在日常使用的过程中并无太大区别。其中，DatetimeIndex 是用于指代一系列时间点的一种数据结构，而 PeriodIndex 则是用于指代一系列时间段的数据结构。DatetimeIndex 类与 PeriodIndex 类的基本使用格式如下。

```
class pandas.DatetimeIndex(data=None, freq=<no_default>, tz=None, normalize=False,
closed=None, ambiguous='raise', dayfirst=False, yearfirst=False, dtype=None,
copy=False, name=None)
class pandas.PeriodIndex(data=None, ordinal=None, freq=None, dtype=None, copy=False,
name=None, **fields)
```

DatetimeIndex 与 PeriodIndex 这两个类可以用于转换数据,还可以用于创建时间序列数据,它们的常用参数及其说明如表 3-13、表 3-14 所示。

表 3-13 DatetimeIndex 类的常用参数及其说明

| 参数名称 | 参数说明 |
| --- | --- |
| data | 接收数组。表示用可选的类似时间的数据来构造索引。默认为 None |
| freq | 接收 str。表示一种 pandas 周期字符串或相应的对象。无默认值 |
| tz | 接收时区或 str。表示设置数据的时区。默认为 None |
| dtype | 接收 Numpy.dtype、DatetimeTZDtype 或 str。表示数据类型。默认为 None |

表 3-14 PeriodIndex 类的常用参数及其说明

| 参数名称 | 参数说明 |
| --- | --- |
| data | 接收类数组。表示用可选的类似周期的数据来构造索引。默认为 None |
| freq | 接收 str。表示一种 pandas 周期字符串或相应的对象。默认为 None |
| dtype | 接收 str 或 PeriodDtype。表示数据类型。默认为 None |

当将数据格式转换为 PeriodIndex 类型时,需要通过 freq 参数指定时间间隔,常用的时间间隔参数值有 Y(年)、M(月)、D(日)、H(小时)、T(分钟)、S(秒)。

将时间字符串转换为 DatetimeIndex 和 PeriodIndex 类型,如代码 3-36 所示。

**代码 3-36 时间字符串转换为 DatetimeIndex 和 PeriodIndex 类型**

```
In[4]:      # 将 date 列数据类型转换成 DatetimeIndex 类型
            dateIndex = pd.DatetimeIndex(musicdata['date'])
            print('转换为 DatetimeIndex 类型后, 数据的类型为: \n', type(dateIndex))

Out[4]:     转换为 DatetimeIndex 类型后, 数据的类型为:
             <class 'pandas.core.indexes.datetimes.DatetimeIndex'>

In[5]:      # 将 date 列数据类型转换成 PeriodIndex 类型
            periodIndex = pd.PeriodIndex(musicdata['date'], freq='S')
            print('转换为 PeriodIndex 类型后, 数据的类型为: \n', type(periodIndex))

Out[5]:     转换为 PeriodIndex 类型后, 数据的类型为:
             <class 'pandas.core.indexes.period.PeriodIndex'>
```

## 3.3.2 提取时间序列数据信息

在多数与时间相关的数据处理、统计分析的过程中,都需要提取时间中的年份、月份等数据。使用对应的 Timestamp 类属性就能够实现这一目的,其常用属性及说明如表 3-15 所示。

表 3-15 Timestamp 类常用属性及说明

| 属性名称 | 属性说明 | 属性名称 | 属性说明 |
| --- | --- | --- | --- |
| year | 年 | week | 周数 |
| month | 月 | quarter | 季节 |

续表

| 属性名称 | 属性说明 | 属性名称 | 属性说明 |
| --- | --- | --- | --- |
| day | 日 | weekofyear | 周数 |
| hour | 小时 | dayofyear | 一年中的第几天 |
| minute | 分钟 | dayofweek | 星期 |
| second | 秒 | weekday | 星期 |
| date | 日期 | is_leap_year | 是否为闰年 |
| time | 时间 | | |

结合 Python 列表推导式（能够快速生成一个满足指定需求的列表，其语法格式为：[表达式 for 迭代变量 in 可迭代对象[if 条件表达式]]），可以实现对 DataFrame 某一列时间信息数据的提取。音乐行业收入信息表中时间的年份、月份、日期的提取如代码 3-37 所示。

代码 3-37 提取数据中的年、月、日

```
In[6]:   # 结合列表推导式，提取 date 列中的年份数据
         year1 = [i.year for i in musicdata['date']]
         print('date 列中的年份数据前 5 个为: ', year1[:5])
         # 结合列表推导式，提取 date 列中的月份数据
         month1 = [i.month for i in musicdata['date']]
         print('date 列中的月份数据前 5 个为: ', month1[:5])
         # 结合列表推导式，提取 date 列中的日期数据
         day1 = [i.day for i in musicdata['date']]
         print('date 列中的日期数据前 5 个为: ', day1[:5])

Out[6]:  date 列中的年份数据前 5 个为: [2020, 2020, 2020, 2020, 2020]
         date 列中的月份数据前 5 个为: [7, 7, 7, 6, 6]
         date 列中的日期数据前 5 个为: [31, 23, 13, 30, 23]
```

在 DatetimeIndex 和 PeriodIndex 中提取对应信息的方法更加简单，以访问类属性的方式即可实现，如代码 3-38 所示。

代码 3-38 提取 DatetimeIndex 和 PeriodIndex 中的数据

```
In[7]:   # 提取 DatetimeIndex 中的前 5 个星期数据
         print('DatetimeIndex 中的星期数据前 5 个为: \n', dateIndex.weekday[:5])
         # 提取 PeriodIndex 中的前 5 个星期数据
         print('PeriodIndex 中的星期数据前 5 个为: \n', periodIndex.weekday[:5])

Out[7]:  DatetimeIndex 中的星期数据前 5 个为:
          Int64Index([4, 3, 0, 1, 1], dtype='int64', name='date')
         PeriodIndex 中的星期数据前 5 个为:
          Int64Index([4, 3, 0, 1, 1], dtype='int64', name='date')
```

### 3.3.3 加减时间数据

时间数据的算术运算在现实中随处可见，例如，2020 年 1 月 1 日减一天就是 2019 年 12 月 31 日。pandas 的时间数据和现实生活中的时间数据一样可以做运算。这时就涉及 pandas 的 Timedelta 类。

Timedelta 是时间相关类中的一个"异类"，不仅能够使用正数，还能够使用负数表示时间差值，如 1s、2min、3h 等。使用 Timedelta 类，配合常规的时间相关类能够轻松实现时间的算术运算。目前，在 Timedelta 类的时间周期中没有年和月，所有周期名称、对应单位及其说明如表 3-16 所示（注：表中单位采用程序定义的符号，与标准单位符号可能不一致）。

表 3-16　Timedelta 类周期名称、对应单位及其说明

| 周期名称 | 单位 | 说明 | 周期名称 | 单位 | 说明 |
|---|---|---|---|---|---|
| weeks | 无 | 星期 | seconds | s | 秒 |
| days | D | 天 | milliseconds | ms | 毫秒 |
| hours | h | 小时 | microseconds | μs | 微秒 |
| minutes | m | 分 | nanoseconds | ns | 纳秒 |

使用 Timedelta 类，可以很轻松地实现在某个时间上加减一段时间，实现数据的加减运算如代码 3-39 所示。

代码 3-39　使用 Timedelta 类实现时间数据的加运算

```
In[8]:    # 将 date 数据向后"平移"一天
          time1 = musicdata['date'] + pd.Timedelta(days=1)
          print('date 加上一天前，前 5 行数据为：\n', musicdata['date'][:5])
          print('date 加上一天后，前 5 行数据为：\n', time1[:5])

Out[8]:   date 加上一天前，前 5 行数据为：       date 加上一天后，前 5 行数据为：
          0   2020-07-31 22:01:00          0   2020-08-01 22:01:00
          1   2020-07-23 06:12:00          1   2020-07-24 06:12:00
          2   2020-07-13 09:30:00          2   2020-07-14 09:30:00
          3   2020-06-30 14:26:00          3   2020-07-01 14:26:00
          4   2020-06-23 20:21:00          4   2020-06-24 20:21:00
          Name: date, dtype: datetime64[ns] Name: date, dtype: datetime64[ns]
```

注：由于代码运行结果篇幅过长，此处分两栏进行展示。

将两个时间序列相减，从而得到一个 Timedelta 对象，如代码 3-40 所示。

代码 3-40　实现时间数据的减运算

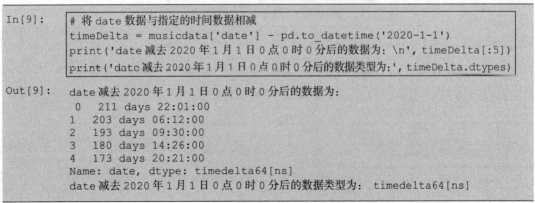

```
In[9]:    # 将 date 数据与指定的时间数据相减
          timeDelta = musicdata['date'] - pd.to_datetime('2020-1-1')
          print('date 减去 2020 年 1 月 1 日 0 点 0 时 0 分后的数据为：\n', timeDelta[:5])
          print('date 减去 2020 年 1 月 1 日 0 点 0 时 0 分后的数据类型为：', timeDelta.dtypes)

Out[9]:   date 减去 2020 年 1 月 1 日 0 点 0 时 0 分后的数据为：
          0   211 days 22:01:00
          1   203 days 06:12:00
          2   193 days 09:30:00
          3   180 days 14:26:00
          4   173 days 20:21:00
          Name: date, dtype: timedelta64[ns]
          date 减去 2020 年 1 月 1 日 0 点 0 时 0 分后的数据类型为： timedelta64[ns]
```

## 任务 3.4　使用分组聚合进行组内计算

分组聚合

### 📖 任务描述

依据某个或某几个特征对数据集进行分组，并对各组应用一个操作，无论是聚合还是转换，都是数据分析的常用操作。pandas 提供了一个灵活高效的 groupby()方法，配合 agg()方法或 apply()方法，能够实现分组聚合的操作。分组聚合操作的原理示意如图 3-1 所示。

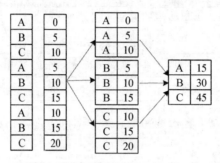

图 3-1　分组聚合操作的原理示意

### 🫖 任务分析

（1）按照音乐销售形式对音乐行业收入信息表中的数据进行分组。

（2）使用 agg()方法计算各销售形式的总量。

（3）使用 apply()方法统计各销售形式实际售出价格均值。

### 3.4.1　使用 groupby()方法拆分数据

groupby()方法提供的是分组聚合步骤中的拆分功能，能够根据索引或特征对数据进行分组，其基本使用格式如下。

```
DataFrame.groupby(by=None, axis=0, level=None, as_index=True, sort=True, group_
keys=True, squeeze=<no_default>, observed=False, dropna=True)
```

groupby()方法的常用参数及其说明如表 3-17 所示。

表 3-17　groupby()方法的常用参数及其说明

| 参数名称 | 参数说明 |
| --- | --- |
| by | 接收 list、str、mapping、function 或 generator。表示分组的依据。若传入的是函数，则对索引进行计算并分组；若传入的是 dict 或 Series，则将 dict 或 Series 的值作为分组依据；若传入 NumPy 数组，以数据的元素作为分组依据；若传入的是 str 或 str 型 list，则使用其所代表的特征作为分组依据。默认为 None |
| axis | 接收 0 或 1。表示操作的轴。默认为 0 |
| level | 接收 int 或索引名。表示标签所在级别。默认为 None |
| as_index | 接收 bool。表示聚合后的聚合标签是否以 DataFrame 形式输出。默认为 True |
| sort | 接收 bool。表示是否对分组依据、分组标签进行排序。默认为 True |
| group_keys | 接收 bool。表示是否显示分组标签的名称。默认为 True |

以音乐行业收入信息表为例，依据音乐销售形式对数据进行分组，如代码 3-41 所示。

**代码 3-41  依据音乐行业收入信息表中音乐销售形式进行分组**

```
In[1]:    import pandas as pd
          musicdata = pd.read_csv('../data/musicdata.csv')
          musicdataGroup = musicdata[['format', 'metric', 'value_actual']].
          groupby(by='format')
          print('分组后的音乐行业收入信息表为:', musicdataGroup)

Out[1]:   分组后的音乐行业收入信息表为: <pandas.core.groupby.generic.
          DataFrameGroupBy object at 0x000000002CBD6A60>
```

从代码 3-41 可知，分组后的结果并不能直接查看，而是被存在内存中，输出的是内存地址。实际上，分组后的数据对象 DataFrameGroupBy（下称 GroupBy），类似于 Series 与 DataFrame，也是 pandas 提供的一种对象。GroupBy 对象常用的描述性统计方法及说明如表 3-18 所示。

**表 3-18  GroupBy 常用描述性统计方法及说明**

| 方法名称 | 方法说明 | 方法名称 | 方法说明 |
|---|---|---|---|
| count() | 返回各组的计数值，不包括缺失值 | cumcount() | 对每个分组中的组员进行标记，0～$n-1$ |
| head() | 返回每组的前 $n$ 个值 | size() | 返回每组的大小 |
| max() | 返回每组的最大值 | min() | 返回每组的最小值 |
| mean() | 返回每组的均值 | std() | 返回每组的标准差 |
| median() | 返回每组的中位数 | sum() | 返回每组的和 |

表 3-18 中的方法为查看每一组数据的整体情况、分布状态提供了良好的支持。对音乐行业收入信息表进行分组操作后求出的前 5 组的均值、标准差、大小如代码 3-42 所示。

**代码 3-42  使用 GroupBy 对象的方法求均值、标准差、大小**

```
In[2]:    print('对音乐行业收入信息表进行分组后前 5 组每组的均值为: \n',
                musicGroup.mean().head())

Out[2]:   对音乐行业收入信息表进行分组后前 5 组每组的均值为:

          format           value_actual
          8 - Track          511.177231
          CD                4733.432621
          CD Single           45.346843
          Cassette          1403.643775
          Cassette Single    126.793441

In[3]:    print('对音乐行业收入信息表进行分组后前 5 组每组的标准差为: \n',
                musicdataGroup.std().head())

Out[3]:   对音乐行业收入信息表进行分组后前 5 组每组的标准差为:

          format           value_actual
          8 - Track          984.411165
          CD                5645.536764
          CD Single           85.966719
          Cassette          1919.217701
          Cassette Single    158.928097
```

```
In[4]:      print('对音乐行业收入信息表进行分组后前 5 组每组的大小为: \n',
                    musicdataGroup.size().head())
```

```
Out[4]:     对音乐行业收入信息表进行分组后前 5 组每组的大小为:
             format
             8 - Track          141
             CD                 141
             CD Single          141
             Cassette           141
             Cassette Single    141
             dtype: int64
```

### 3.4.2 使用 agg()方法聚合数据

agg()方法和 aggregate()方法都支持对每个分组应用某些函数，包括 Python 内置函数或自定义函数。同时，这两个方法也能够直接对 DataFrame 进行函数应用操作。DataFrame 的 agg()方法与 aggregate()方法的基本使用格式如下。

```
DataFrame.agg(func, axis=0, *args, **kwargs)
DataFrame.aggregate(func, axis=0, *args, **kwargs)
```

agg()方法和 aggregate()方法的常用参数及其说明如表 3-19 所示。

表 3-19　agg()方法和 aggregate()方法的常用参数及其说明

| 参数名称 | 参数说明 |
|---|---|
| func | 接收 list、dict、function 或 str。表示用于聚合数据的函数。无默认值 |
| axis | 接收 0 或 1。代表操作的轴。默认为 0 |

在正常使用过程中，agg()方法和 aggregate()方法对 DataFrame 对象进行操作时的功能几乎完全相同，因此只需要掌握其中一个方法即可。以音乐行业收入信息表为例，可以使用 agg()方法一次求出当前数据中所有音乐的销售数量、销售价格总和与均值，如代码 3-43 所示。

代码 3-43　使用 agg()方法求出销售数量、销售价格的总和与均值

```
In[5]:      import numpy as np
            print('音乐销售价格的总和与均值为: \n',
                    musicdata[['number_of_records', 'value_actual']].agg([np.sum,
            np.mean]))
```

```
Out[5]:     音乐销售价格的总和与均值为:
                     number_of_records  value_actual
            sum                 3008.0  1.055524e+06
            mean                   1.0  7.812912e+02
```

在代码 3-43 中，使用求和与求均值的函数求出 number_of_records 和 value_actual 两个特征的总和与均值。但在某些时候，对于某个特征只需要做求均值操作，而对另一个特征则只需要做求和操作。此时需要使用字典，将两个特征名分别作为键，然后将 NumPy 库的求和与求均值的函数分别作为值，如代码 3-44 所示。

代码 3-44　使用 agg()方法分别求特征的不同统计量

```
In[6]:      print('音乐行业收入信息表中各类型音乐产品销售数量的总和与售价的均值为: \n',
                    musicdata.agg({'number_of_records': np.sum, 'value_actual':
            np.mean}))
```

```
Out[6]:     音乐行业收入信息表中各类型音乐产品销售数量的总和与售价的均值为:
```

```
number_of_records    3008.000000
value_actual          781.291237
dtype: float64
```

有时需要求出一些特征的多个统计量和另一些特征的单个统计量，此时只需要将字典对应键的值转换为列表，将列表元素设置为多个特征的统计量即可，如代码 3-45 所示。

**代码 3-45　使用 agg()方法求不同特征的不同数目统计量**

| In[7]: | ```print('音乐行业收入信息表中各类型音乐产品销售数量的总和与售价的均值及总和为：\n',        musicdata.agg({'number_of_records': np.sum, 'value_actual': [np.mean, np.sum]}))``` |
|---|---|
| Out[7]: | 音乐行业收入信息表中各类型音乐产品销售数量的总和与售价的均值及总和为： |
| | ``` number_of_records  value_actual mean                NaN  7.812912e+02 sum              3008.0  1.055524e+06``` |

不论是代码 3-43、代码 3-44，还是代码 3-45，使用的都是 NumPy 库的统计函数。在 agg()方法中可传入读者自定义的函数，如代码 3-46 所示。

**代码 3-46　在 agg()方法中使用自定义函数**

| In[8]: | ```# 自定义函数求两倍总和 def DoubleSum(data):     s = data.sum() * 2     return s print('音乐行业收入信息表的实际销售价格的两倍总和为：\n',        musicdata.agg({'value_actual': DoubleSum}, axis=0))``` |
|---|---|
| Out[8]: | 音乐行业收入信息表的实际销售价格的两倍总和为： |
| | ```value_actual    2.111049e+06 dtype: float64``` |

此处使用的是自定义函数，需要注意的是，在 NumPy 库中的函数 np.mean、np.median、np.prod、np.sum、np.std 和 np.var 能够在 agg()方法中直接使用。但是在自定义函数中使用 NumPy 库中的这些函数时，如果在计算的时候使用的是单个序列，那么无法得出想要的结果。如果是多列数据同时计算，就不会出现结果不是用户想要的问题，如代码 3-47 所示。

**代码 3-47　在 agg()方法中使用的自定义函数含 NumPy 中的函数**

| In[9]: | ```# 自定义函数求两倍总和 def DoubleSum1(data):     s = np.sum(data) * 2     return s print('音乐行业收入信息表的销售数量的两倍总和为：\n',        musicdata.agg({'number_of_records': DoubleSum1}, axis=0).head())``` |
|---|---|
| Out[9]: | 音乐行业收入信息表的销售数量的两倍总和为： |
| | ```   number_of_records 0                  2 1                  2 2                  2 3                  2 4                  2``` |
| In[10]: | ```print('音乐行业收入信息表销售数量与实际售价的总和的两倍分别为：\n',        musicdata[['number_of_records', 'value_actual']].agg(DoubleSum1))``` |

```
Out[10]:  音乐行业收入信息表销售数量与实际售价的总和的两倍分别为:
          number_of_records     6.016000e+03
          value_actual          2.111049e+06
          dtype: float64
```

较简单的对所有特征使用相同的描述性统计的方法在表 3-18 中已经一一列出。使用 agg()方法也能够实现对每一个特征的每一组使用相同的函数，如代码 3-48 所示。

**代码 3-48　使用 agg()方法做简单的聚合**

```
In[11]:   print('对音乐行业收入信息表进行分组后，前 3 组每组的均值为: \n',
                  musicdataGroup.agg(np.mean).head(3))
```

```
Out[11]:  对音乐行业收入信息表进行分组后，前 3 组每组的均值为:

          format       value_actual
          8 - Track     511.177231
          CD           4733.432621
          CD Single      45.346843
```

```
In[12]:   print('对音乐行业收入信息表进行分组后，前 3 组每组的标准差为: \n',
                  musicdataGroup.agg(np.std).head(3))
```

```
Out[12]:  对音乐行业收入信息表进行分组后，前 3 组每组的标准差为:

          format       value_actual
          8 - Track     984.411165
          CD           5645.536764
          CD Single      85.966719
```

若需要对不同的特征应用不同的函数，则与在 DataFrame 中使用 agg()方法的操作相同。使用 agg()方法对分组后的数据求每种销售形式的记录数和销售价格均值，如代码 3-49 所示。

**代码 3-49　使用 agg()方法对分组数据使用不同的聚合函数**

```
In[13]:   print('对音乐行业收入信息表进行分组后，前 3 组每种销售形式的记录数和销售价格均值
          为: \n',
                  musicdataGroup.agg([('number_of_records', 'count'),
                                      ('value_actual', 'mean')]).head(3))
```

```
Out[13]:  对音乐行业收入信息表进行分组后，前 3 组每种销售形式的记录数和销售价格均值为:

          format    number_of_records value_actual
          8 - Track                59   511.177231
          CD                      111  4733.432621
          CD Single                96    45.346843
```

### 3.4.3　使用 apply()方法聚合数据

apply()方法类似于 agg()方法，能够将函数应用于每一列。不同之处在于，与 apply() 方法相比，apply()方法传入的函数只能够作用于整个 DataFrame 或 Series，而无法像 agg() 方法一样能够对不同特征应用不同函数来获取不同结果。apply()方法的基本使用格式如下。

```
DataFrame.apply(func, axis=0, raw=False, result_type=None, args=(), **kwargs)
```

apply()方法的常用参数及其说明如表 3-20 所示。

表 3-20　apply()方法的常用参数及其说明

| 参数名称 | 参数说明 |
|---|---|
| func | 接收函数。表示应用于每行或每列的函数。无默认值 |
| axis | 接收 0 或 1。表示操作的轴。默认为 0 |
| raw | 接收 bool。表示是否直接将 ndarray 对象传递给函数。默认为 False |

apply()方法的使用方式和 agg()方法相同，使用 apply()方法对销售数量和销售价格求均值，如代码 3-50 所示。

代码 3-50　使用 apply()方法对销售数量和销售价格求均值

```
In[14]:    print('音乐行业收入信息表的销售数量和销售价格的均值为：\n',
                  musicdata[['number_of_records', 'value_actual']].apply(np.mean))

Out[14]:   音乐行业收入信息表的销售数量和销售价格的均值为：
            number_of_records      1.000000
           value_actual          781.291237
           dtype: float64
```

使用 apply()方法对 GroupBy 对象进行聚合操作的方法和 agg()方法也相同，只是使用 agg()方法能够实现对不同的特征应用不同的函数，而使用 apply()方法则不行，如代码 3-51 所示。

代码 3-51　使用 apply()方法进行聚合操作

```
In[15]:    print('对音乐行业收入信息表进行分组后，前 3 组每组的均值为：','\n',
                  musicdataGroup.apply(np.mean).head(3))

Out[15]:   对音乐行业收入信息表进行分组后，前 3 组每组的均值为：

           format      value_actual
           8 - Track    511.177231
           CD          4733.432621
           CD Single     45.346843

In[16]:    print('对音乐行业收入信息表进行分组后，前 3 组每组的标准差为：','\n',
                  musicdataGroup.apply(np.std).head(3))

Out[16]:   对音乐行业收入信息表进行分组后，前 3 组每组的标准差为：

           format      value_actual
           8 - Track    976.033045
           CD          5620.048883
           CD Single     85.517803
```

### 3.4.4　使用 transform()方法聚合数据

transform()方法能够对整个 DataFrame 的所有元素进行操作，其基本使用格式如下。

```
DataFrame.transform(func, axis=0, *args, **kwargs)
```

transform()方法的常用参数及其说明如表 3-21 所示。

表 3-21　transform()方法的常用参数及其说明

| 参数名称 | 参数说明 |
|---|---|
| func | 接收函数、str、类列表或类字典。表示用于转换的函数。无默认值 |
| axis | 接收 0 或'index'、1 或'columns'。代表操作的轴。默认为 0 |

使用 transform()方法对音乐行业收入信息表中的销售数量和销售价格进行翻倍，如代码 3-52 所示。

代码 3-52　使用 transform()方法将销售数量和销售价格翻倍

```
In[17]:    print('音乐行业收入信息表中销售数量和销售价格的两倍为: \n',
               musicdata[['number_of_records', 'value_actual']].transform(
               lambda x: x * 2).head(4))

Out[17]:   音乐行业收入信息表中销售数量和销售价格的两倍为:
               number_of_records   value_actual
           0                   2            NaN
           1                   2            NaN
           2                   2            NaN
           3                   2            NaN
```

同时，transform()方法还能够对 DataFrame 分组后的对象 GroupBy 进行操作，可以实现组内离差标准化等操作，如代码 3-53 所示。

代码 3-53　使用 transform()方法实现组内离差标准化

```
In[18]:    print('对音乐行业收入信息表进行分组并实现组内离差标准化后，前 5 行为: \n',
               musicdataGroup.transform(lambda x: (x.mean()
               - x.min()) / (x.max() - x.min())).head())

Out[18]:   对音乐行业收入信息表进行分组并实现组内离差标准化后，前 5 行为:
               value_actual
           0       0.240644
           1       0.240644
           2       0.240644
           3       0.240644
           4       0.240644
```

## 任务 3.5　创建透视表与交叉表

数据透视表与
交叉表

### 任务描述

数据透视表是数据分析中常见的工具之一。在 pandas 中，除了可以使用 groupby()方法对数据进行分组聚合以实现透视功能外，还提供更为简单的方法。以音乐行业收入数据为例来制作透视表与交叉表，分析在不同销售形式下，销售数量与销售价格之间的关系。

### 任务分析

（1）使用 pivot_table 函数制作销售形式的实际价格透视表。

（2）使用 crosstab 函数制作销售形式的实际价格交叉表。

## 3.5.1　使用 pivot_table 函数创建透视表

透视表是各种电子表格和其他数据分析软件中一种常见的数据汇总形式，可根据一个或多个键对数据进行聚合，并根据行或列的分组键将数据划分到各个区域。利用 pivot_table 函数可以实现创建透视表。pivot_table 函数的基本使用格式如下。

```
DataFrame.pivot_table(values=None, index=None, columns=None, aggfunc='mean',
fill_value=None, margins=False, dropna=True, margins_name='All', observed=False)
```

pivot_table 函数的常用参数及其说明如表 3-22 所示。

表 3-22　pivot_table 函数的常用参数及其说明

| 参数名称 | 参数说明 |
| --- | --- |
| values | 接收 str。用于指定要聚合的数据值，默认使用全部数据。默认为 None |
| index | 接收列、组、数组或前一列数据的列表。表示行分组键。默认为 None |
| columns | 接收列、组、数组或前一列数据的列表。表示列分组键。默认为 None |
| aggfunc | 接收函数、函数列表、字典。表示聚合函数。默认为 mean |
| margins | 接收 bool。表示添加所有行/列（如小计/总计）。默认为 False |
| dropna | 接收 bool。表示是否删掉全为 NaN 的列。默认为 True |

使用音乐销售形式作为透视表分组键制作透视表，如代码 3-54 所示。

代码 3-54　使用音乐销售形式作为透视表分组键制作透视表

```
In[1]:    import pandas as pd
          musicdata = pd.read_csv('../data/musicdata.csv')

          musicdataPivot = pd.pivot_table(musicdata[[
              'format', 'number_of_records', 'value_actual']],
              index='format')
          print('以 format 作为分组键创建的透视表为：\n', musicdataPivot.head())

Out[1]:   以 format 作为分组键创建的透视表为：


          format              number_of_records  value_actual
          8 - Track                           1    511.177231
          CD                               1  4733.432621
          CD Single                           1     45.346843
          Cassette                            1  1403.643775
          Cassette Single                     1    126.793441
```

从代码 3-54 的结果可知，当不单独指定聚合函数的参数 aggfunc 时，会默认使用 numpy.mean 进行聚合运算，numpy.mean 会自动过滤掉非数值型数据。读者可以通过指定 aggfunc 参数来修改聚合函数，如代码 3-55 所示。

代码 3-55　修改聚合函数后的透视表

```
In[2]:    import numpy as np
          musicdataPivot1 = pd.pivot_table(musicdata[[
              'format', 'number_of_records', 'value_actual']],
              index='format', aggfunc=np.sum)
          print('以 format 作为分组键创建的销售数量与销售价格总和透视表为：\n',
              musicdataPivot1.head())

Out[2]:   以 format 作为分组键创建的销售数量与销售价格总和透视表为：
```

```
format            number_of_records  value_actual
8 - Track                      141   30159.456658
CD                             141  525411.020880
CD Single                      141    4353.296903
Cassette                       141  157208.102797
Cassette Single                141    7227.226130
```

和 groupby()方法分组相同，pivot_table 函数在创建透视表的时候分组键 index 可以有多个，使用以 format 和 metric 作为分组键的透视表，如代码 3-56 所示。

### 代码 3-56　使用以 format 和 metric 作为分组键的透视表

```
In[3]:   musicdataPivot2 = pd.pivot_table(musicdata[[
             'format', 'metric',
             'number_of_records', 'value_actual']],
             index=['format', 'metric'],
             aggfunc=np.sum)
         print('以 format 和 metric 作为分组键创建的销售数量与销售价格总和透视表为: \n',
             musicdataPivot2.head())
```

```
Out[3]:  以 format 和 metric 作为分组键创建的销售数量与销售价格总和透视表为:

         format     metric          number_of_records    value_actual
         8 - Track  Units                          47      900.300000
                    Value                          47     5618.700000
                    Value (Adjusted)               47    23640.456658
         CD         Units                          47    14802.624448
                    Value                          47   205083.959093
```

通过设置 columns 参数创建以音乐销售形式为列分组键的透视表，如代码 3-57 所示。

### 代码 3-57　创建以音乐销售形式为列分组键的透视表

```
In[4]:   musicdataPivot3 = pd.pivot_table(musicdata[[
             'format', 'metric', 'number_of_records', 'value_actual']],
             index='format', columns='metric', aggfunc=np.sum)
         print('以 format 和 metric 作为行、列分组键创建的透视表的前 5 行的前 4 列为: \n',
             musicdataPivot3.iloc[:5, :4])
```

```
Out[4]:  以 format 和 metric 作为行、列分组键创建的透视表的前 5 行的前 4 列为:
                          number_of_records                    value_actual
         metric           Units   Value   Value (Adjusted)           Units
         format
         8 - Track         47.0    47.0               47.0      900.300000
         CD                47.0    47.0               47.0    14802.624448
         CD Single         47.0    47.0               47.0      357.718686
         Cassette          47.0    47.0               47.0     6194.300000
         Cassette Single   47.0    47.0               47.0      724.200000
```

当全部数据列数很多时，若要只显示自己关心的列，则可以通过指定 values 参数来实现，如代码 3-58 所示。

### 代码 3-58　指定某些列制作透视表

```
In[5]:   musicdataPivot4 = pd.pivot_table(musicdata[[
             'format', 'metric', 'number_of_records', 'value_actual']],
             index = 'format', values='value_actual', aggfunc=np.sum)
         print('以 format 作为行分组键以 value_actual 作为值创建的透视表的前 5 行为:\n',
             musicdataPivot4.head())
```

```
Out[5]:     以 format 作为行分组键以 value_actual 作为值创建的透视表的前 5 行为:

            format          value_actual
            8 - Track          30159.456658
            CD                525411.020880
            CD Single          4353.296903
            Cassette          157208.102797
            Cassette Single    7227.226130
```

从代码 3-57 可知,当某些数据不存在时,程序会自动填充 NaN,因此可以指定 fill_value 参数,在存在缺失值时,以指定数值进行填充,如代码 3-59 所示。

**代码 3-59　对透视表中的缺失值进行填充**

```
In[6]:      musicdataPivot5 = pd.pivot_table(musicdata[[
                'format', 'metric', 'number_of_records', 'value_actual']],
                index='format', columns='metric', aggfunc=np.sum, fill_value=0)
            print('将缺失值填 0 后,以 format 和 metric 为行、列分组键创建透视表的前 5 行的最
            后 4 列为: \n',
                musicdataPivot5.iloc[:5, :4])
```

```
Out[6]:     将缺失值填 0 后,以 format 和 metric 为行、列分组键创建透视表的前 5 行的最后 4 列为:
                            number_of_records                    value_actual
            metric             Units    Value  Value (Adjusted)      Units
            format
            8 - Track           47       47             47        900.300000
            CD                  47       47             47      14802.624448
            CD Single           47       47             47        357.718686
            Cassette            47       47             47       6194.300000
            Cassette Single     47       47             47        724.200000
```

此外,还可以更改 margins 参数,查看汇总数据,如代码 3-60 所示。

**代码 3-60　在透视表中添加汇总数据**

```
In[7]:      musicdataPivot6 = pd.pivot_table(musicdata[[
                'format', 'metric', 'number_of_records', 'value_actual']],
                index='format', columns='metric', aggfunc=np.sum,
                fill_value=0, margins=True)
            print('添加 margins 参数后,以 format 和 metric 为行、列分组键的透视表的前 5 行的
            最后 4 列为: \n',
                musicdataPivot6.iloc[:5, -4:])
```

```
Out[7]:     添加 margins 参数后,以 format 和 metric 为行、列分组键的透视表的前 5 行的最后 4 列为:
                            value_actual
            metric             Units          Value  Value (Adjusted)          All
            format
            8 - Track       900.300000     5618.700000    23640.456658    30159.456658
            CD            14802.624448   205083.959093   305524.437339   525411.020880
            CD Single       357.718686     1549.562534     2446.015682     4353.296903
            Cassette       6194.300000    48701.700000   102312.102797   157208.102797
            Cassette Single 724.200000     2325.900000     4177.126130     7227.226130
```

在代码 3-55 至代码 3-60 中展示的为对 pivot_table 函数常用参数的调整,如果读者有兴趣,那么可以尝试自行调试参数,从而得到不同的效果。

## 3.5.2　使用 crosstab 函数创建交叉表

交叉表是一种特殊的透视表,主要用于计算分组频率。利用 pandas 提供的 crosstab 函

数可以制作交叉表。crosstab 函数的基本使用格式如下。

```
pandas.crosstab(index, columns, values=None, rownames=None, colnames=None,
aggfunc=None, margins=False, margins_name='All', dropna=True, normalize=False)
```

crosstab 函数的常用参数及其说明如表 3-23 所示。

表 3-23　crosstab 函数的常用参数及其说明

| 参数名称 | 参数说明 |
| --- | --- |
| index | 接收类数组或数组列表。表示行分组键。无默认值 |
| columns | 接收类数组或数组列表。表示列分组键。无默认值 |
| values | 接收类数组。表示聚合数据。默认为 None |
| rownames | 接收 sequence。表示行分组键。默认为 None |
| colnames | 接收 sequence。表示列分组键。默认为 None |
| aggfunc | 接收函数。表示聚合函数。默认为 None |
| margins | 接收 bool。表示汇总（Total）功能的开关。设置为 True 后，结果集中会出现名为"ALL"的行和列。默认为 False |
| dropna | 接收 bool。表示是否删掉全为 NaN 的列。默认为 True |
| normalize | 接收 bool。表示是否对值进行标准化。默认为 False |

交叉表是透视表的一种，crosstab 函数的参数和 pivot_table 函数基本相同。不同之处在于，对于 crosstab 函数中的参数 index、columns、values，输入的都是从 DataFrame 中取出的某一列。使用 crosstab 函数制作交叉表如代码 3-61 所示。

代码 3-61　使用 crosstab 函数制作交叉表

```
In[8]:    musicdataCross = pd.crosstab(index=musicdata['format'],
              columns=musicdata['metric'],
              values=musicdata['value_actual'], aggfunc = np.sum)
          print('以 format 和 metric 为分组键、以 value_actual 为值的透视表的前 5 行的前 4
          列为: \n',
              musicdataCross.iloc[:5, :4])
Out[8]:   以 format 和 metric 为分组键、以 value_actual 为值的透视表的前 5 行的前 4 列为:
           metric              Units          Value      Value (Adjusted)
           format
           8 - Track         900.300000    5618.700000     23640.456658
           CD              14802.624448  205083.959093    305524.437339
           CD Single         357.718686    1549.562534      2446.015682
           Cassette         6194.300000   48701.700000    102312.102797
           Cassette Single   724.200000    2325.900000      4177.126130
```

## 小结

本章主要介绍了 CSV 文件数据、Excel 文件数据和数据库数据这 3 种常用数据的读取与写入方式；阐述了 DataFrame 的常用属性，查、改、增、删方法与描述性统计的相关内容；介绍了时间数据的转换、信息提取与算术运算；还介绍了分组聚合方法 groupby()的用法以及其他 3 种聚合方法；最后展现了透视表与交叉表的制作方法。

## 实训

### 实训 1　读取并查看某地区房屋销售数据的基本信息

#### 1．训练要点

（1）掌握 CSV 文件数据的读取方法。

（2）掌握 DataFrame 的常用属性和方法。

（3）掌握 DataFrame 的索引和切片操作。

#### 2．需求说明

"居"是民生的重要组成部分，也是百姓幸福生活的重要保障。为了增进民生福祉，提高人民生活品质，对房地产市场进行精准调控决策，现需分析和统计某地区房屋销售数据。该地区房屋销售数据主要存放了房屋售出时间、地区邮编、房屋价格、房屋类型和配套房间数 5 个特征，部分数据如表 3-24 所示，其中房屋类型有普通住宅（house）和单身公寓（unit）两种。探索数据的基本信息，通过索引操作查询到房屋类型为单身公寓的数据，同时观察数据的整体分布并发现数据间的关联。注意，地区邮编特征已完成脱敏处理，因此只存在 4 位数。

表 3-24　某地区部分房屋销售数据

| 房屋售出时间 | 地区邮编 | 房屋价格（元） | 房屋类型 | 配套房间数（间） |
|---|---|---|---|---|
| 2010/1/4 0:00 | 2615 | 435000 | house | 3 |
| 2010/1/5 0:00 | 2904 | 712000 | house | 4 |
| 2010/1/6 0:00 | 2606 | 1350000 | house | 5 |
| 2010/1/7 0:00 | 2905 | 612500 | house | 4 |

#### 3．实现思路及步骤

（1）使用 read_csv 函数读取某地区房屋销售数据.csv 文件。

（2）使用 ndim、shape、columns 属性分别查看数据的维度、形状，以及所有特征名称。

（3）使用 iloc()方法、loc()方法对房屋类型为单身公寓的数据进行索引操作。

### 实训 2　提取房屋售出时间信息并描述房屋价格信息

#### 1．训练要点

（1）掌握时间字符串和标准时间的转换方法。

（2）掌握 pandas 描述性统计方法。

#### 2．需求说明

基于实训 1 的数据，在房屋售出时间特征中存在时间数据，提取时间数据内存在的有用信息，如将"2010/1/4 0:00"转换成"2010-1-4"的形式。对时间信息的提取一方面可以加深房产销售经理对数据的理解，另一方面能够去除无意义的时间信息。此外，还可通过描述性统计分析该地区房屋的平均价格、价格区间、价格众数等，便于进一步获取该地区房屋价格信息。

#### 3．实现思路及步骤

（1）使用 to_datetime 函数转换房屋售出时间字符串。

（2）使用 mean、max、min、mode 函数分别计算该地区房屋价格的均值、最大值、最小值和众数；使用 quantile 函数计算该地区房屋价格的分位数。

（3）使用 describe()方法计算房屋价格数据的非空值数目、均值等统计量。

### 实训3　使用分组聚合方法分析房屋销售情况

#### 1．训练要点

（1）掌握分组聚合的步骤。

（2）掌握 groupby()的使用方法。

（3）掌握 transform()、agg()、apply()聚合方法。

#### 2．需求说明

为了解买房者购买房屋的类型喜好，需要根据房屋所在的地理位置进行分组聚合，然后进行组内和组间分析，从而为买房者提供更好的服务。基于实训 1 的数据，提取地区邮编特征中数据的前两位，如提取"2615"中的"26"，并生成 new_postcode 特征存储提取的内容，其目的是便于统计不同地区房屋价格以及房屋性价比。最后根据 new_postcode 特征对数据进行分组操作，从而获取不同地区的房屋价格信息并进行比较。

#### 3．实现思路及步骤

（1）使用 apply()方法生成 new_postcode 特征。

（2）使用 agg()方法和 count 函数计算出每个地区的房屋售出总数。

（3）使用 groupby()方法对房屋类型 propertyType 进行分组，并对新地区邮编 new_postcode 进行分组后赋值给新的数据框 housesale1。

（4）使用 transform()聚合方法和 mean 函数计算 housesale1 中房屋价格的均值。

### 实训4　分析房屋地区、配套房间数和房屋价格的关系

#### 1．训练要点

（1）掌握透视表的制作方法。

（2）掌握交叉表的制作方法。

#### 2．需求说明

通过实训 1~3 中对数据进行描述性统计、对时间数据进行信息提取和分组聚合操作，已获得了相当多的信息。基于实训 1 的数据，如果需要获取更多的房屋价格信息，那么可以使用透视表和交叉表来实现。例如，比较不同地区和不同配套房间数的房屋价格、分析不同地区哪种类型的房屋价格最贵、比较不同类型房屋和不同配套房间数的房屋的价格和分析配有多少房间数的房屋最畅销等。

#### 3．实现思路及步骤

（1）使用 pivot_table 函数创建数据透视表。

（2）使用 crosstab 函数创建数据交叉表。

# 第 3 章　pandas 统计分析基础

## 课后习题

### 1. 选择题

（1）下列关于 pandas 数据读/写说法正确的是（　　）。

    A. read_csv 函数无法读取文本文档的数据

    B. read_sql 函数能够读取所有数据库的数据

    C. to_csv()方法能够将结构化数据写入 CSV 文件

    D. to_csv()方法能够将结构化数据写入 Excel 文件

（2）下列关于 pandas 基本操作说法错误的是（　　）。

    A. drop()方法可以删除某列的数据

    B. 使用 describe()方法可以对 DataFrame 中类别型特征进行描述性统计

    C. 在创建 DataFrame 的过程中可同时设置索引

    D. 在创建 DataFrame 后可设置索引

（3）下列关于 pandas 支持的数据结构的说法错误的是（　　）。

    A. pandas 只支持 Series 数据结构

    B. pandas 支持 Series 和 DataFrame

    C. DataFrame 可与带有标记轴（行和列）的二维数组一起使用

    D. Series 被定义为能够存储各种类型数据的一维数组

（4）以下不属于 GroupBy 对象常用的描述性统计方法的是（　　）。

    A. cumcount                B. crosstab

    C. median                 D. sum

（5）下列关于 apply()方法说法正确的是（　　）。

    A. apply()方法无法应用于分组操作

    B. apply()方法作用范围：pandas 中的 Series 和 DataFrame

    C. apply()方法中不能自定义函数

    D. apply()方法只能对行、列进行操作

（6）下列关于分组聚合的说法错误的是（　　）。

    A. 使用 pandas 的 groupby()方法进行分组时，只能对列进行操作

    B. pandas 分组聚合操作能够实现组内标准化

    C. pandas 聚合时能够使用 agg()、apply()、transform()方法

    D. pandas 分组方法只有一个 groupby()方法

（7）使用 pivot_table 函数制作透视表时可用下列（　　）参数设置行分组键。

    A. index        B. raw         C. values        D. data

（8）下列对 DataFrame 的常用属性说法错误的是（　　）。

    A. values 可以获取元素

    B. index 可查看索引情况

    C. column 可查看 DataFrame 的列名

    D. dtypes 可查看各列的数据类型

2．操作题

随着我国经济的不断发展，大多数年轻人会前往一线城市谋求发展。我国省份人口数据表记录了部分省份的相关信息，主要包括其所在省份、2020 年人口数据和 2019 年人口数据，其中部分数据如表 3-25 所示。

表 3-25　我国省份人口部分数据

| 省份 | 2020 年人口（万人） | 2019 年人口（万人） |
| --- | --- | --- |
| 河北省 | 7461 | 7447 |
| 山西省 | 3492 | 3497 |
| 辽宁省 | 4259 | 4277 |
| 吉林省 | 2407 | 2448 |

查询我国省份人口信息，对人口数据进行简单的统计描述，并统计所有省份的总人口数，具体操作步骤如下。

（1）读取中国省份人口数据.csv 文件。

（2）查看中国省份人口数据.csv 文件的维度、大小等信息。

（3）使用 describe()方法对文件中的人口特征进行描述性统计。

（4）使用 sum 函数对文件中的人口特征求和并计算总人口增长数。

# 第 4 章 使用pandas进行数据预处理

在现实生活中收集到的数据往往存在着数据不完整（有缺失值）、数据不一致、数据异常等情况，如果用这种异常数据进行建模分析，那么可能会影响建模的执行效率，甚至可能会造成分析结果出现偏差。如何对数据进行预处理，提高数据质量，是数据分析工作中常见的问题。本章将介绍数据合并、数据清洗、数据标准化和数据变换这 4 种数据预处理操作。

## 学习目标

（1）掌握数据合并的原理与方法。
（2）掌握数据清洗的基本方法。
（3）掌握数据标准化的方法。
（4）掌握常用的数据变换方法。

使用 pandas 进行数据预处理

## 思维导图

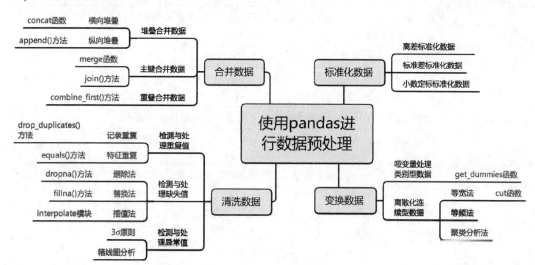

 **任务 4.1** 合并数据

合并数据

### 任务描述

在采集数据时，不同类型的数据之间可能有潜在的关联，通过数据合并，可以丰富数据维度，有利于发现更多有价值的信息。例如，将用户注册数据与用户购买数据相关联，可以通过用户的基本信息判断用户购买的商品是自己使用还是送人。通过堆叠合并和主键合并等多种合并的方式，可以将关联的数据信息合并在一张表中。

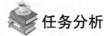 任务分析

（1）横向或纵向堆叠合并数据。

（2）主键合并数据。

（3）重叠合并数据。

### 4.1.1 堆叠合并数据

堆叠就是指简单地将两个表拼在一起，也称作轴向连接、绑定或连接。依照轴的方向，数据堆叠可分为横向堆叠和纵向堆叠。

#### 1．横向堆叠

横向堆叠，即将两个表按 $x$ 轴方向拼接在一起，可以使用 concat 函数完成。concat 函数的基本使用格式如下。

```
pandas.concat(objs,   axis=0,   join='outer',   ignore_index=False,   keys=None,
levels=None, names=None, verify_integrity=False, sort=False, copy=True)
```

concat 函数的常用参数及其说明如表 4-1 所示。

表 4-1　concat 函数的常用参数及其说明

| 参数名称 | 参数说明 |
| --- | --- |
| objs | 接收多个 Series、DataFrame、Panel 的组合。表示参与连接的 pandas 对象的列表的组合。无默认值 |
| axis | 接收 int。表示连接轴。可选 0 或 1，默认为 0 |
| join | 接收 str。表示其他轴向上的索引是按交集（inner，内连接）还是并集（outer，外连接）进行合并。默认为 outer |
| ignore_index | 接收 bool。表示是否使用连接的轴上的索引值。默认为 False |
| keys | 接收 sequence。表示与连接对象有关的值，用于形成轴方向上的层次化索引。默认为 None |
| levels | 接收包含多个 sequence 的 list。表示在指定 keys 参数后，指定用作层次化索引的各级别上的索引。默认为 None |
| names | 接收 list。表示在设置了 keys 和 levels 参数后，用于创建分层级别的名称。默认为 None |
| verify_integrity | 接收 bool。表示检查新的连接轴是否包含重复项，如果发现重复项，那么抛出异常。默认为 False |
| sort | 接收 bool。表示对非连接的轴方向上的数据进行排序。默认为 False |
| copy | 接受 bool。表示是否有必要复制数据。默认为 True |

当参数 axis=1 时，concat 函数可做行对齐，然后将列名称不同的两张或多张表合并为一张表。当两个表索引不完全一样时，可以设置 join 参数以选择是内连接还是外连接。在内连接的情况下，仅仅返回索引重叠部分数据；在外连接的情况下，则显示索引的并集部

分数据，不足的地方则使用空值填补，横向堆叠外连接示例如图 4-1 所示。

图 4-1　横向堆叠外连接示例

某软件公司记录了用户的基本信息以及对 App 的下载意愿等信息，即用户信息表（user_all_info.csv），其中数据特征包括用户编号、年龄、性别、居住类型、编号、每月支出（该特征单位为元）、是否愿意下载等，部分数据如表 4-2 所示。

表 4-2　用户信息部分数据

| 用户编号 | 年龄 | 性别 | 居住类型 | 编号 | 每月支出（元） | 是否愿意下载 |
|---|---|---|---|---|---|---|
| 0 |  | 男 | 城市 | 0 | 6807.50 | Yes |
| 1 | 30 | 男 | 城市 | 1 | 4780.45 | Yes |
| 3 | −3.2 | 男 | 农村 | 3 | 5011.06 | Yes |
| 5 | −1 | 男 | 农村 | 5 | 4899.04 | No |
| 10 | 23 | 男 | 城市 | 10 | 6816.02 | No |
| 11 | −2.4 | 男 | 城市 | 11 | 7746.90 | Yes |
| 16 | 21 | 男 | 城市 | 16 | 6614.63 | No |
| 17 | 45 | 男 | 城市 | 17 | 1367.59 | No |
| 18 | 32 | 男 |  | 18 | 4669.89 | Yes |
| 19 | 29 | 男 | 城市 | 19 | 4167.54 | Yes |

当两份数据行索引完全一样时，不论 join 参数的取值是 inner 或 outer，结果都是将两个表完全按照 x 轴方向拼接起来。基于用户信息数据进行横向堆叠，具体实现如代码 4-1 所示。

代码 4-1　行索引完全相同时的横向堆叠

```
In[1]:    import pandas as pd
          user_all_info = pd.read_csv('../data/user_all_info.csv')
          df1 = user_all_info.iloc[:, :3]  # 取出 user_all_info 的前 3 列数据
          df2 = user_all_info.iloc[:, 3:]  # 取出 user_all_info 的第 4 列到最后 1 列
          数据
          print('df1 的大小为%s, df2 的大小为%s' % (df1.shape, df2.shape))
          print('外连接合并后的数据框大小为: ', pd.concat([df1, df2], axis=1,
                                                join='outer').shape)
          print('内连接合并后的数据框大小为: ', pd.concat([df1, df2], axis=1,
                                                join='inner').shape)
```

```
Out[1]:    df1 的大小为(2235, 3)，df2 的大小为(2235, 4)
           外连接合并后的数据框大小为： (2235, 7)
           内连接合并后的数据框大小为： (2235, 7)
```

### 2. 纵向堆叠

对比横向堆叠，纵向堆叠是指将两个数据表在 $y$ 轴方向上拼接，concat 函数也可以实现纵向堆叠。

当使用 concat 函数时，在默认情况下，即 axis=0，concat 函数做列对齐，将行索引不同的两张或多张表纵向合并。在两张表的列名并不完全相同的情况下，可以使用 join 参数。当 join 参数取值为 inner 时，返回的仅仅是列名的交集所代表的列；当 join 参数取值为 outer 时，返回的是列名的并集所代表的列。纵向堆叠外连接示例如图 4-2 所示。

表1

| | A | B | C | D |
|---|---|---|---|---|
| 1 | A1 | B1 | C1 | D1 |
| 2 | A2 | B2 | C2 | D2 |
| 3 | A3 | B3 | C3 | D3 |
| 4 | A4 | B4 | C4 | D4 |

合并后的表

| | A | B | C | D | F |
|---|---|---|---|---|---|
| 1 | A1 | B1 | C1 | D1 | NaN |
| 2 | A2 | B2 | C2 | D2 | NaN |
| 3 | A3 | B3 | C3 | D3 | NaN |
| 4 | A4 | B4 | C4 | D4 | NaN |
| 2 | NaN | B2 | NaN | D2 | F2 |
| 4 | NaN | B4 | NaN | D4 | F4 |
| 6 | NaN | B6 | NaN | D6 | F6 |
| 8 | NaN | B8 | NaN | D8 | F8 |

表2

| | B | D | F |
|---|---|---|---|
| 2 | B2 | D2 | F2 |
| 4 | B4 | D4 | F4 |
| 6 | B6 | D6 | F6 |
| 8 | B8 | D8 | F8 |

图 4-2　纵向堆叠外连接示例

当两张表的列名完全相同时，不论 join 参数的取值是 inner 还是 outer，结果都是将两个表完全按照 $y$ 轴方向拼接起来，如代码 4-2 所示。

**代码 4-2　列名完全相同时的纵向堆叠**

```
In[2]:    # 取出 user_all_info 的前 500 行数据
          df3 = user_all_info.iloc[:500, :]
          # 取出 user_all_info 的 500 行以后的数据
          df4 = user_all_info.iloc[500:, :]
          print('df3 的大小为%s，df4 的大小为%s' % (df3.shape, df4.shape))
          print('内连接纵向合并后的数据框大小为：', pd.concat([df3, df4],
                  axis=0, join='inner').shape)
          print('外连接纵向合并后的数据框大小为：', pd.concat([df3, df4],
                  axis=0, join='outer').shape)

Out[2]:   df3 的大小为(500, 7)，df4 的大小为(1735, 7)
          内连接纵向合并后的数据框大小为： (2235, 7)
          外连接纵向合并后的数据框大小为： (2235, 7)
```

除了 concat 函数之外，append()方法也可以用于纵向合并两张表。但是使用 append()

方法实现纵向堆叠的前提条件是两张表的列名完全一致。append()方法的基本使用格式如下。

```
pandas.DataFrame.append(other,    ignore_index=False,    verify_integrity=False, sort=False)
```

append()方法的常用参数及其说明如表 4-3 所示。

**表 4-3　append()方法的常用参数及其说明**

| 参数名称 | 参数说明 |
| --- | --- |
| other | 接收 DataFrame 或 Series。表示要添加的新数据。无默认值 |
| ignore_index | 接收 bool。如果输入 True，那么会对新生成的 DataFrame 使用新的索引（自动产生），而忽略原来数据的索引。默认为 False |
| verify_integrity | 接收 bool。如果输入 True，那么当 ignore_index 为 False 时，会检查添加的数据索引是否与原数据索引冲突，若冲突，则会添加失败。默认为 False |
| sort | 接收 bool。如果输入 True，那么会对合并的两个表的列进行排序。默认为 False |

使用 append()方法进行纵向堆叠，如代码 4-3 所示。

**代码 4-3　使用 append()方法进行纵向堆叠**

```
In[3]:   print('堆叠前 df3 的大小为%s, df4 的大小为%s' % (df3.shape, df4.shape))
         print('使用 append()方法纵向堆叠后的数据框大小为:', df3.append(df4).shape)

Out[3]:  堆叠前 df3 的大小为(500, 7), df4 的大小为(1735, 7)
         使用 append()方法纵向堆叠后的数据框大小为: (2235, 7)
```

### 4.1.2　主键合并数据

主键合并，即通过一个或多个键将两个数据集的行连接起来，类似于 SQL 中的 join。针对两张包含不同特征的表，将根据某几个特征一一对应拼接起来，合并后数据的列数为两份原数据的列数之和减去主键的数量，如图 4-3 所示。

表1

| | A | B | Kcy |
| --- | --- | --- | --- |
| 1 | A1 | B1 | k1 |
| 2 | A2 | B2 | k2 |
| 3 | A3 | B3 | k3 |
| 4 | A4 | B4 | k4 |

表2

| | C | D | Kcy |
| --- | --- | --- | --- |
| 1 | C1 | D1 | k1 |
| 2 | C2 | D2 | k2 |
| 3 | C3 | D3 | k3 |
| 4 | C4 | D4 | k4 |

合并后的表

| | A | B | Kcy | C | D |
| --- | --- | --- | --- | --- | --- |
| 1 | A1 | B1 | k1 | C1 | D1 |
| 2 | A2 | B2 | k2 | C2 | D2 |
| 3 | A3 | B3 | k3 | C3 | D3 |
| 4 | A4 | B4 | k4 | C4 | D4 |

图 4-3　主键合并示例

pandas 库中的 merge 函数可以实现主键合并，merge 函数的基本使用格式如下。

```
pandas.merge(left, right, how='inner', on=None, left_on=None, right_on=None,
left_index=False, right_index=False, sort=False, suffixes=('_x', '_y'), copy=True,
indicator=False, validate=None)
```

和数据库的 join 一样，merge 函数也有左连接（left）、右连接（right）、内连接（inner）和外连接（outer）。但比起数据库 SQL 语言中的 join，merge 函数有其独到之处，如可以在合并过程中对数据集中的数据进行排序等。根据 merge 函数中的参数说明，并按照需求修改相关参数，即可以多种方法实现主键合并。merge 函数的常用参数及其说明如表 4-4 所示。

表 4-4　merge 函数的常用参数及其说明

| 参数名称 | 参数说明 |
| --- | --- |
| left | 接收 DataFrame 或 Series。表示要添加的新数据 1。无默认值 |
| right | 接收 DataFrame 或 Series。表示要添加的新数据 2。无默认值 |
| how | 接收 inner、outer、left、right 其中之一。表示数据的连接方式。默认为 inner |
| on | 接收 str 或 sequence。表示两个数据合并的主键（必须一致）。默认为 None |
| left_on | 接收 str 或 sequence。表示 left 参数接收的数据用于合并的主键。默认为 None |
| right_on | 接收 str 或 sequence。表示 right 参数接收的数据用于合并的主键。默认为 None |
| left_index | 接收 bool。表示是否将 left 参数接收数据的 index 作为连接主键。默认为 False |
| right_index | 接收 bool。表示是否将 right 参数接收数据的 index 作为连接主键。默认为 False |
| sort | 接收 bool。表示是否根据主键对合并后的数据进行排序。默认为 False |
| suffixes | 接收 tuple。表示用于追加到左右重叠列名的后缀。默认为('_x', '_y') |

为了方便读者操作，将用户信息表中用户编号和是否愿意下载特征单独提出放至用户下载意愿表（user_download.csv），同时将编号、每月支出特征提出放到用户每月支出信息表（user_pay_info.csv）。使用 merge 函数合并用户下载意愿表和用户每月支出信息表，如代码 4-4 所示。

代码 4-4　使用 merge 函数合并数据表

```
In[4]:   pay_info = pd.read_csv('../data/user_pay_info.csv', encoding='gbk')
         download_info = pd.read_csv('../data/user_download.csv', encoding='gbk')
         download_and_pay = pd.merge(download_info, pay_info,
                                     left_on='用户编号', right_on='编号')
         print('用户每月支出信息表的原始形状为: ', pay_info.shape)
         print('用户下载意愿表的原始形状为: ',
                 download_info.shape)
         print('用户下载意愿表和用户每月支出信息表主键合并后的形状为: ',
                 download_and_pay.shape)
Out[4]:  用户每月支出信息表的原始形状为:  (2175, 2)
         用户下载意愿表的原始形状为:  (2175, 2)
         用户下载意愿表和用户每月支出信息表主键合并后的形状为:  (2187, 4)
```

经主键合并后所得出的数据形状为(2187,4)，是由于两张表中出现个别用户编号或编号重复的现象。因此在使用 merge 函数进行连接时，若重复特征匹配成功，则对应的信息内容可进行自由组合。

除了使用 merge 函数以外，使用 join()方法也可以实现部分主键合并的功能。但是当使用 join()方法时，两个主键的名字必须相同，join()方法的基本使用格式如下。

```
pandas.DataFrame.join(other, on=None, how='left', lsuffix=' ', rsuffix=' ', sort=False)
```

join()方法的常用参数及其说明如表 4-5 所示。

表 4-5　join()方法的常用参数及其说明

| 参数名称 | 参数说明 |
|---|---|
| other | 接收 DataFrame、Series 或包含多个 DataFrame 的 list。表示参与连接的其他 DataFrame。无默认值 |
| on | 接收列名、包含列名的 list 或 tuple。表示用于连接的列名。默认为 None |
| how | 接收特定 str。表示连接方式。当取值为"inner"时代表内连接；当取值为"outer"时代表外连接；当取值为"left"时代表左连接；当取值为"right"时代表右连接。默认为 left |
| lsuffix | 接收 str。表示追加到左侧重叠列名的后缀。无默认值 |
| rsuffix | 接收 str。表示追加到右侧重叠列名的后缀。无默认值 |
| sort | 接收 bool。表示根据主键对合并后的数据进行排序。默认为 False |

使用 join()方法实现主键合并，如代码 4-5 所示。

代码 4-5　使用 join()方法实现主键合并

```
In[5]:  pay_info.rename({'编号': '用户编号'}, inplace=True)
        download_and_pay1 = download_info.join(pay_info, on='用户编号',
                                               rsuffix='1')
        print('用户下载意愿表和用户每月支出信息表主键合并后的形状为：',
              download_and_pay1.shape)
Out[5]: 用户下载意愿表和用户每月支出信息表主键合并后的形状为： (2175, 4)
```

### 4.1.3　重叠合并数据

在数据分析和数据处理过程中偶尔会出现两份数据的内容几乎一致的情况，但是某些特征在其中一张表上是完整的，而在另外一张表上则是缺失的。这时除了将数据一对一比较后进行填充的方法外，还有一种方法就是重叠合并。重叠合并在其他工具或语言中并不常见，但是 pandas 库的开发者希望 pandas 能够解决几乎所有的数据分析问题，因此提供了 combine_first()方法来进行数据重叠合并，其示例如图 4-4 所示。

表1

| | 0 | 1 | 2 |
|---|---|---|---|
| 0 | NaN | 3 | 5 |
| 1 | NaN | 4 | NaN |
| 2 | NaN | 7 | NaN |

表2

| | 0 | 1 | 2 |
|---|---|---|---|
| 1 | 42 | NaN | 8 |
| 2 | 10 | 7 | 4 |

合并后的表

| | 0 | 1 | 2 |
|---|---|---|---|
| 0 | NaN | 3 | 5 |
| 1 | 42 | 4 | 8 |
| 2 | 10 | 7 | 4 |

图 4-4　重叠合并示例

combine_first()方法的基本使用格式如下。

```
pandas.DataFrame.combine_first(other)
```

combine_first()方法的常用参数及其说明如表 4-6 所示。

表 4-6　combine_first()方法的常用参数及其说明

| 参数名称 | 参数说明 |
|---|---|
| other | 接收 DataFrame。表示参与重叠合并的另一个 DataFrame。无默认值 |

使用 combine_first()方法进行重叠合并，如代码 4-6 所示。

代码 4-6　使用 combine_first()方法进行重叠合并

```
In[6]:    import numpy as np
          # 建立两个字典，除了 ID 外，其余特征互补
          dict1 = {'ID': [1, 2, 3, 4, 5, 6, 7, 8, 9],
                      'System': ['win10', 'win10', np.nan, 'win10',
                                  np.nan, np.nan, 'win7', 'win7', 'win8'],
                      'cpu': ['i7', 'i5', np.nan, 'i7', np.nan, np.nan,
                                  'i5', 'i5', 'i3']}
          dict2 = {'ID': [1, 2, 3, 4, 5, 6, 7, 8, 9],
                      'System': [np.nan, np.nan, 'win7', np.nan,
                                  'win8', 'win7', np.nan, np.nan, np.nan],
                      'cpu': [np.nan, np.nan, 'i3', np.nan, 'i7',
                                  'i5', np.nan, np.nan, np.nan]}
          # 变换两个字典为 DataFrame
          df1 = pd.DataFrame(dict1)
          df2 = pd.DataFrame(dict2)
          print('经过重叠合并后的数据为: \n', df1.combine_first(df2))
```

```
Out[6]:   经过重叠合并后的数据为:
             ID System cpu
          0   1  win10  i7
          1   2  win10  i5
          2   3   win7  i3
          3   4  win10  i7
          4   5   win8  i7
          5   6   win7  i5
          6   7   win7  i5
          7   8   win7  i5
          8   9   win8  i3
```

## 任务 4.2　清洗数据

### 任务描述

清洗数据

数据重复会导致数据的方差变小，使数据分布发生较大变化。数据缺失会导致样本信息减少，在分析过程中，数据存在缺失值不仅会增加数据分析的难度，而且会导致数据分析的结果产生偏差。数据分析过程中存在异常值则会造成数据"伪回归"。因此需要对数据进行检测，查询是否存在重复值、缺失值和异常值，并对数据进行适当的处理。

### 任务分析

（1）检测与处理数据的重复值。

（2）检测与处理数据的缺失值。

（3）检测与处理数据的异常值。

### 4.2.1　检测与处理重复值

数据重复是数据分析经常面对的问题之一。对重复数据进行处理前，需要分析重复数据产生的原因以及去除这部分数据后可能造成的不良影响。常见的数据重复分为两种：一

种为记录重复，即一个或多个特征的某几条记录的值完全相同；另一种为特征重复，即存在一个或多个特征名称不同，但数据完全相同的情况。

### 1. 记录重复

在用户下载意愿表中的是否愿意下载特征存放了用户对 App 的下载意愿。要查看用户下载意愿的类别数量，较简单的方法就是利用去重操作实现。可以利用列表（list）去重（方法一），如代码 4-7 所示。

代码 4-7　利用 list 去重

```
In[1]:    import pandas as pd
          download = pd.read_csv('../data/user_download.csv',
                                    index_col=0, encoding='gbk')
          # 方法一
          # 定义去重函数
          def del_rep(list1):
              list2 = []
              for i in list1:
                  if i not in list2:
                      list2.append(i)
              return list2
          # 去重
          # 将下载意愿从数据框中提取出来
          download = list(download['是否愿意下载'])
          print('去重前下载意愿选项总数为: ', len(download))
          download_rep = del_rep(download)  # 使用自定义的去重函数去重
          print('使用方法一去重后下载意愿选项总数为: ', len(download_rep))
          print('用户选项为: ', download_rep)

Out[1]:   去重前下载意愿选项总数为:  2175
          使用方法一去重后下载意愿选项总数为:  3
          用户选项为:  ['Yes', 'No', nan]
```

除了使用代码 4-7 中的方法去重之外，还可以利用集合（set）元素唯一的特性去重，如代码 4-8 所示。

代码 4-8　利用 set 的特性去重

```
In[2]:    # 方法二
          print('去重前下载意愿选项总数为: ', len(download))
          download_set = set(download)  # 利用 set 的特性去重
          print('使用方法二去重后下载意愿选项总数为: ', len(download_set))
          print('用户选项为: ', download_set)

Out[2]:   去重前下载意愿选项总数为:  2175
          使用方法二去重后下载意愿选项总数为:  3
          用户选项为:  {nan, 'No', 'Yes'}
```

比较上述两种方法可以发现，代码 4-7 中的方法显得代码冗长，会影响数据分析的整体进度。代码 4-8 使用了集合元素唯一特性，代码简洁了许多，但是这种方法会导致数据的排列发生改变，两种方法的对比结果如表 4-7 所示。

表 4-7　不同方法去重前后的部分数据排列比较

| 源数据 | 使用方法一去重后的数据 | 使用方法二去重后的数据 |
|---|---|---|
| Yes | Yes | Yes |
| No | No | |
| | | No |

鉴于以上方法的缺陷，pandas 提供了一个名为 drop_duplicates 的去重方法，使用该方法进行去重不会改变数据原始排列，并且兼具代码简洁和运行稳定的特点。drop_duplicates()方法的基本使用格式如下。

```
pandas.DataFrame.drop_duplicates(subset=None,    keep='first',    inplace=False,
ignore_index=False)
```

在使用 drop_duplicates()方法去重时，当且仅当 subset 参数中的特征重复时才会执行去重操作，在去重时可以选择保留哪一个特征，甚至可以不保留。drop_duplicates()方法的常用参数及其说明如表 4-8 所示。

表 4-8　drop_duplicates()方法的常用参数及其说明

| 参数名称 | 参数说明 |
|---|---|
| subset | 接收 str 或 sequence。表示进行去重的列。默认为 None |
| keep | 接收特定 str。表示重复时保留第几个数据。"first"表示保留第一个；"last"表示保留最后一个；False 表示只要有重复都不保留。默认为 first |
| inplace | 接收 bool。表示是否在原表上进行操作。默认为 False |
| ignore_index | 接收 bool。表示是否忽略索引。默认为 False |

对用户下载意愿表中的是否愿意下载特征利用 drop_duplicates()方法进行去重操作，如代码 4-9 所示。

代码 4-9　使用 drop_duplicates()方法对是否愿意下载特征去重

```
In[3]:   download = pd.read_csv('../data/user_download.csv',
                         encoding='gbk')
         download_select = download['是否愿意下载'].drop_duplicates()
         print('使用 drop_duplicates()方法去重之后下载意愿选项总数为: ',
             len(download_select))

Out[3]:  使用 drop_duplicates()方法去重之后下载意愿选项总数为:   3
```

事实上，drop_duplicates()方法不仅支持单一特征的数据去重，还能够对 DataFrame 的多个特征进行去重，具体用法如代码 4-10 所示。

代码 4-10　使用 drop_duplicates()方法对多个特征进行去重

```
In[4]:   all_info = pd.read_csv('../data/user_all_info.csv')
         print('去重之前用户信息表的形状为: ', all_info.shape)
         shape_det = all_info.drop_duplicates(subset = ['用户编号',
                                               '编号']).shape
         print('依照用户编号、编号去重之后用户信息表的形状为:', shape_det)

Out[4]:  去重之前用户信息表的形状为:  (2235, 7)
         依照用户编号、编号去重之后用户信息表的形状为:  (2172, 7)
```

## 2. 特征重复

结合相关的数学和统计学知识，要去除连续的特征重复，可以利用特征间的相似度从两个相似度为 1 的特征中去除一个。在 pandas 中，相似度的计算方法为 corr()。使用该方法计算相似度时，默认为 pearson 法，可以通过 method 参数进行调节，目前还支持 spearman 法和 kendall 法。使用 kendall 法求出用户信息表（user_all_info.csv）中年龄特征和每月支出特征的相似度矩阵，如代码 4-11 所示。

**代码 4-11　求出年龄特征和每月支出特征的相似度矩阵**

| In[5]: | ```# 求取年龄和每月支出的相似度\ncorr_det = all_info[['年龄', '每月支出']].corr(method='kendall')\nprint('年龄和每月支出的相似度矩阵为：\n', corr_det)``` |
|---|---|
| Out[5]: | 年龄和每月支出的相似度矩阵为：<br>　　　　　　　年龄　　　　每月支出<br>年龄　　　1.000000　0.011119<br>每月支出　0.011119　1.000000 |

通过相似度矩阵去重存在的一个弊端是只能对数值型重复特征去重，类别型特征之间无法通过计算相似系数来衡量相似度，因此无法根据相似度矩阵对类别型特征进行去重处理。对用户信息表中的居住类型、年龄和每月支出这 3 个特征进行 pearson 法相似度矩阵的求解，但是最终只得到年龄和每月支出特征的 2×2 的相似度矩阵，如代码 4-12 所示。

**代码 4-12　求出居住类型、年龄和每月支出这 3 个特征的 pearson 法相似度矩阵**

| In[6]: | ```corr_det1 = all_info[['居住类型', '年龄', '每月支出'\n                    ]].corr(method='pearson')\nprint('居住类型、年龄和每月支出的 pearson 法相似度矩阵为：\n', corr_det1)``` |
|---|---|
| Out[6]: | 居住类型、年龄和每月支出的 pearson 法相似度矩阵为：<br>　　　　　　　年龄　　　　每月支出<br>年龄　　　1.000000　0.014168<br>每月支出　0.014168　1.000000 |

除了使用相似度矩阵进行特征去重之外，还可以通过 equals()方法进行特征去重，equals()方法的基本使用格式如下。

```
pandas.DataFrame.equals(other)
```

equals()方法的常用参数及其说明如表 4-9 所示。

**表 4-9　equals()方法的常用参数及其说明**

| 参数名称 | 参数说明 |
|---|---|
| other | 接收 Series 或 DataFrame。表示要与第一个 Series 或 DataFrame 进行比较的另一个 Series 或 DataFrame。无默认值 |

使用 equals()方法去重如代码 4-13 所示。

代码 4-13　使用 equals()方法去重

```
In[7]:      # 定义求取特征完全相同的矩阵的方法
            def feature_equals(df):
                df_equals = pd.DataFrame([])
                for i in df.columns:
                    for j in df.columns:
                        df_equals.loc[i, j] = df.loc[:, i].equals(df.loc[:,
            j])
                return df_equals
            # 应用上述方法
            app_desire = feature_equals(all_info)
            print('app_desire 的特征相等矩阵的前 7 行的前 7 列为: \n',
                    app_desire.iloc[:7, :7])
```

Out[7]:　app_desire 的特征相等矩阵的前 7 行的前 7 列为：

|  | 用户编号 | 年龄 | 性别 | 居住类型 | 编号 | 每月支出 | 是否愿意下载 |
|---|---|---|---|---|---|---|---|
| 用户编号 | True | False | False | False | True | False | False |
| 年龄 | False | True | False | False | False | False | False |
| 性别 | False | False | True | False | False | False | False |
| 居住类型 | False | False | False | True | False | False | False |
| 编号 | True | False | False | False | True | False | False |
| 每月支出 | False | False | False | False | False | True | False |
| 是否愿意下载 | False | False | False | False | False | False | True |

再通过遍历的方式筛选出完全重复的特征，如代码 4-14 所示。

代码 4-14　通过遍历的方式进行数据筛选

```
In[8]:      # 遍历所有数据
            len_feature = app_desire.shape[0]
            dup_col = []
            for m in range(len_feature):
                for n in range(m + 1, len_feature):
                    if app_desire.iloc[m, n] & (app_desire.columns[n]
                                                not in dup_col):
                        dup_col.append(app_desire.columns[n])
            # 进行去重操作
            print('需要删除的列为: ', dup_col)
            all_info.drop(dup_col, axis=1, inplace=True)
            print('删除多余列后 all_info 的特征数目为: ', all_info.shape[1])
```

Out[8]:　需要删除的列为: ['编号']
　　　　删除多余列后 all_info 的特征数目为:　6

## 4.2.2　检测与处理缺失值

有时数据中的某个或某些特征的值是不完整的，这些值称为缺失值。pandas 提供了识别缺失值的 isnull()方法和识别非缺失值的 notnull()方法，这两种方法在使用时返回的都是布尔值，即 True 和 False。结合 sum 函数、isnull()方法和 notnull()方法，可以检测数据中缺失值的分布以及数据中一共含有多少缺失值，具体用法如代码 4-15 所示。

**代码 4-15 sum 函数、isnull()方法和 notnull()方法的用法**

| In[9]: | `print('all_info 每个特征缺失值的数目为: \n', all_info.isnull().sum())`<br>`print('all_info 每个特征非缺失值的数目为: \n', all_info.notnull().sum())` |
|---|---|
| Out[9]: | all_info 每个特征缺失值的数目为:   all_info 每个特征非缺失值的数目为:<br> 用户编号　　　0　　　　　　　　　用户编号　　　2235<br> 年龄　　　　　6　　　　　　　　　年龄　　　　　2229<br> 性别　　　　　0　　　　　　　　　性别　　　　　2235<br> 居住类型　　　22　　　　　　　　 居住类型　　　2213<br> 每月支出　　　20　　　　　　　　 每月支出　　　2215<br> 是否愿意下载　20　　　　　　　　 是否愿意下载　2215<br> dtype: int64　　　　　　　　　　 dtype: int64 |

注：由于运行结果篇幅过长，此处分两栏展示。

isnull()方法和 notnull()方法的结果正好相反，因此使用其中任意一个都可以识别出数据是否存在缺失值。在检测出数据存在缺失值之后，可以通过删除法、替换法或插值法对缺失值进行处理。

**1. 删除法**

删除法是指将含有缺失值的特征或记录删除。删除法分为删除记录和删除特征两种，它是通过减少样本量来换取信息完整度的一种方法，是一种较为简单的缺失值处理方法。pandas 中提供了简便的删除缺失值的 dropna()方法，通过控制参数，既可以删除记录，又可以删除特征。dropna()方法的基本使用格式如下。

```
pandas.DataFrame.dropna(axis=0,        how='any',        thresh=None,        subset=None,
inplace=False)
```

dropna()方法的常用参数及其说明如表 4-10 所示。

**表 4-10 dropna()方法的常用参数及其说明**

| 参数名称 | 参数说明 |
|---|---|
| axis | 接收 0 或 1。表示轴。0 表示删除记录（行），1 表示删除特征（列）。默认为 0 |
| how | 接收特定 str。表示删除的形式。当取值为 "any" 时，表示只要有缺失值存在就执行删除操作；当取值为 "all" 时，表示当且仅当整行全部为缺失值时才执行删除操作。默认为 any |
| thresh | 接收 int。表示保留至少含有 n（thresh 参数值）个非空数值的行。默认为 None |
| subset | 接收 array。表示进行去重的列/行。默认为 None |
| inplace | 接收 bool。表示是否在原表上进行操作。默认为 False |

对用户信息表使用 dropna()方法删除缺失值，如代码 4-16 所示。

**代码 4-16 使用 dropna()方法删除缺失值**

| In[10]: | `print('去除缺失的行前 all_info 的形状为: ', all_info.shape)`<br>`all_info1 = all_info.dropna(axis=0, how='any')`<br>`print('去除缺失的行后 all_info 的形状为: ', all_info1.shape)`<br>`all_info1.to_csv('../tmp/all_info_notnull.csv', index=False)` |
|---|---|
| Out[10]: | 去除缺失的行前 all_info 的形状为: (2235, 6)<br>去除缺失的行后 all_info 的形状为: (2169, 6) |

由代码 4-16 可知，当 how 参数取值为 any 时，删除了 66 行数据，说明这些行中存在缺失值。若 how 参数不取 any 这个默认值，而是取 all，则表示整行全部为缺失值时才会执行删除操作。

### 2. 替换法

替换法是指用一个特定的值替换缺失值。特征可分为数值型特征和类别型特征，两者出现缺失值时的处理方法也是不同的。当缺失值所在特征为数值型特征时，通常利用其均值、中位数或众数等描述其集中趋势的统计量来代替缺失值；当缺失值所在特征为类别型特征时，则使用众数来替换缺失值。pandas 库中提供了缺失值替换的 fillna()方法，fillna()方法的基本使用格式如下。

```
pandas.DataFrame.fillna(value=None, method=None, axis=None, inplace=False,
limit=None, downcast=None)
```

fillna()方法的常用参数及其说明如表 4-11 所示。

表 4-11    fillna()方法的常用参数及其说明

| 参数名称 | 参数说明 |
| --- | --- |
| value | 接收 scalar（标量）、dict、Series 或 DataFrame。表示用于替换缺失值的值。默认为 None |
| method | 接收特定 str。表示填补缺失值的方式。当取值为 "backfilll" 或 "bfill" 时表示使用下一个非缺失值来填补缺失值；当取值为 "pad" 或 "ffill" 时表示使用上一个非缺失值来填补缺失值。默认为 None |
| axis | 接收 0 或 1。表示轴。默认为 None |
| inplace | 接收 bool。表示是否在原表上进行操作。默认为 False |
| limit | 接收 int。表示填补缺失值的个数上限，超过则不进行填补。默认为 None |
| downcast | 接收 dict。表示变换数据类型。默认为 None |

使用 fillna()方法对每月支出特征的缺失值用特征均值进行填补，如代码 4-17 所示。填补之后，每月支出特征中的缺失值将不复存在。

代码 4-17    使用 fillna()方法替换缺失值

```
In[11]:    # 求每月支出均值
           mean_num = all_info['每月支出'].mean()
           # 缺失值替换为均值
           all_info['每月支出'] = all_info['每月支出'].fillna(mean_num)
           print('每月支出特征缺失值的数目为: \n',
                   all_info['每月支出'].isnull().sum())
Out[11]:   每月支出特征缺失值的数目为:
           0
```

### 3. 插值法

删除法简单易行，但是会引起数据结构变动，使样本减少；替换法使用难度较低，但是会影响数据的标准差，导致信息量变动。在面对数据缺失问题时，除了这两种方法之外，还有一种常用的方法——插值法。

常用的插值法有线性插值、多项式插值和样条插值等。线性插值是一种较为简单的插值方法，它针对已知的值求出线性方程，通过求解线性方程得到缺失值。多项式插值利用已知的值拟合一个多项式，使得现有的数据满足这个多项式，再利用这个多项式求解缺失值，常见的多项式插值又有拉格朗日插值和牛顿插值等。样条插值是以可变样条来作出一条经过一系列点的光滑曲线的插值方法。插值样条由一些多项式组成，每一个多项式都由相邻两个数据点决定，这样可以保证两个相邻多项式及其导数在连接处连续。

　　pandas 提供了对应的名为 interpolate 的插值方法，能够进行线性插值等操作，但是 SciPy 库的 interpolate 模块更加全面，其具体用法如代码 4-18 所示。

代码 4-18　SciPy 库的 interpolate 模块进行插值

```
In[12]:   # 线性插值
          import numpy as np
          from scipy.interpolate import interp1d
          # 创建自变量 x
          x = np.array([1, 2, 3, 4, 5, 8, 9, 10])
          # 创建因变量 y1
          y1 = np.array([2, 8, 18, 32, 50, 128, 162, 200])
          # 创建因变量 y2
          y2 = np.array([3, 5, 7, 9, 11, 17, 19, 21])
          # 线性插值拟合 x、y1
          linear_ins_value1 = interp1d(x, y1, kind='linear')
          # 线性插值拟合 x、y2
          linear_ins_value2 = interp1d(x, y2, kind='linear')
          print('当 x 为 6、7 时，使用线性插值，y1 对应的两个值为：', linear_ins_value1([6, 7]))
          print('当 x 为 6、7 时，使用线性插值，y2 对应的两个值为：', linear_ins_value2([6, 7]))
```

```
Out[12]:  当 x 为 6、7 时，使用线性插值，y1 对应的两个值为： [ 76. 102.]
          当 x 为 6、7 时，使用线性插值，y2 对应的两个值为： [13. 15.]
```

```
In[13]:   # 拉格朗日插值
          from scipy.interpolate import lagrange
          large_ins_value1 = lagrange(x, y1)  # 拉格朗日插值拟合 x、y1
          large_ins_value2 = lagrange(x, y2)  # 拉格朗日插值拟合 x、y2
          print('当 x 为 6、7 时，使用拉格朗日插值，y1 对应的两个值为：',
          large_ins_value1([6, 7]))
          print('当 x 为 6、7 时，使用拉格朗日插值，y2 对应的两个值为：',
          large_ins_value2([6, 7]))
```

```
Out[13]:  当 x 为 6、7 时，使用拉格朗日插值，y1 对应的两个值为： [72. 98.]
          当 x 为 6、7 时，使用拉格朗日插值，y2 对应的两个值为： [13. 15.]
```

```
In[14]:   # 样条插值
          # 样条插值拟合 x、y1
          y1_new = np.linspace(x.min(), x.max(), 10)
          f = interp1d(x, y1, kind='cubic')  # 编辑插值函数格式
          spline_ins_value1 = f(y1_new)  # 通过相应的插值函数求得新的函数点
          # 样条插值拟合 x、y2
          y2_new = np.linspace(x.min(), x.max(), 10)
          f = interp1d(x, y2, kind='cubic')  # 编辑插值函数格式
          spline_ins_value2 = f(y2_new)  # 通过相应的插值函数求得新的函数点
          print('使用样条插值，y1 为：', spline_ins_value1)
          print('使用样条插值，y2 为：', spline_ins_value2)
```

```
Out[14]:  使用样条插值，y1 为： [ 2.  8.  18.  32.  50.  72.  98.  128.  162.  200.]
          使用样条插值，y2 为： [ 3.  5.  7.  9.  11.  13.  15.  17.  19.  21.]
```

代码 4-18 中的自变量 $x$ 和因变量 $y_1$ 的关系如式（4-1）所示。

$$y_1 = 2x^2 \qquad (4\text{-}1)$$

自变量 $x$ 和因变量 $y_2$ 的关系如式（4-2）所示。

$$y_2 = 2x + 1 \qquad (4\text{-}2)$$

从拟合结果可以看出，多项式插值和样条插值在两种情况下的拟合都非常出色，线性插值只在自变量和因变量为线性关系的情况下拟合才较为出色。而在实际分析过程中，由于自变量与因变量的关系是线性的情况非常少见，所以在大多数情况下，多项式插值和样条插值是较为合适的选择。

SciPy 库中的 interpolate 模块除了提供常规的插值法外，还提供了如在图形学领域具有重要作用的重心坐标插值（Barycentric Interpolation）等插值法。在实际应用中，需要根据不同的场景选择合适的插值方法。

### 4.2.3 检测与处理异常值

异常值是指数据中个别数值明显偏离其余的数值，有时也称为离群点。检测异常值就是检验数据中是否有输入错误或不合理的数据。异常值的存在对数据分析十分不友好。如果计算分析过程的数据中有异常值，那么会对结果产生不良影响，从而导致分析结果产生偏差乃至错误。常用的异常值检测方法主要为 $3\sigma$ 原则和箱线图分析。

#### 1. $3\sigma$ 原则

$3\sigma$ 原则又称为拉依达准则，其原则就是先假设一组检测数据只含有随机误差，对原始数据进行计算处理得到标准差，然后按一定的概率确定一个区间，认为数据超过这个区间就属于异常。但是，这种判别处理方法仅适用于对正态或近似正态分布的样本数据进行处理。正态分布数据的 $3\sigma$ 原则如表 4-12 所示，其中 $\sigma$ 代表标准差，$\mu$ 代表均值。

表 4-12  正态分布数据的 $3\sigma$ 原则

| 数值分布 | 在数据中的占比 |
| --- | --- |
| $(\mu-\sigma, \mu+\sigma)$ | 0.6827 |
| $(\mu-2\sigma, \mu+2\sigma)$ | 0.9545 |
| $(\mu-3\sigma, \mu+3\sigma)$ | 0.9973 |

通过表 4-12 可以看出正态分布数据的数值几乎全部集中在区间 $(\mu-3\sigma, \mu+3\sigma)$ 内，超出这个范围的数据仅占不到 0.3%。故根据小概率原理，可以认为超出 $3\sigma$ 的部分为异常数据。

自行构建 $3\sigma$ 原则函数，进行异常值识别，如代码 4-19 所示。

代码 4-19  使用 $3\sigma$ 原则识别异常值

```
In[15]:    all_info = pd.read_csv('../tmp/all_info_notnull.csv')
           # 定义 3σ 原则函数来识别异常值
           def out_range(ser1):
               bool_ind = (ser1.mean() - 3 * ser1.std() > ser1) | \
               (ser1.mean() + 3 * ser1.var() < ser1)
               index = np.arange(ser1.shape[0])[bool_ind]
               outrange = ser1.iloc[index]
               return outrange
           outlier = out_range(all_info['年龄'])
```

```
print('使用 3σ 原则判定异常值个数为: ', outlier.shape[0])
print('异常值的最大值为: ', outlier.max())
print('异常值的最小值为: ', outlier.min())
```

Out[15]:　使用 3σ 原则判定异常值个数为: 7
异常值的最大值为: -1.0
异常值的最小值为: -5.0

$3\sigma$ 原则具有一定的局限性，即此原则只对正态分布或近似正态分布的数据有效，而对其他分布类型的数据无效。

### 2. 箱线图分析

箱线图提供了识别异常值的一个标准，即异常值通常被定义为小于 QL-1.5IQR 或大于 QU+1.5IQR 的值。其中，QL 称为下四分位数，表示全部数据中有四分之一的数据取值比它小；QU 称为上四分位数，表示全部数据中有四分之一的数据取值比它大；IQR 称为四分位数间距，是上四分位数 QU 与下四分位数 QL 之差，其间包含全部数据的一半。

箱线图依据实际数据绘制，真实、直观地表现出了数据分布的本来面貌，且没有对数据做任何限制性要求（$3\sigma$ 原则要求数据服从正态分布或近似服从正态分布），其判断异常值的标准以四分位数和四分位数间距为基础。四分位数给出了数据分布的中心、散布和形状的某种指示，具有一定的鲁棒性，即 25% 的数据可以变得任意远，而不会很大地扰动四分位数，所以异常值通常不会对这个标准施加影响。鉴于此，箱线图识别异常值的结果比较客观，因此在识别异常值方面具有一定的优越性。使用箱线图分析方法来识别用户年龄数据中的异常值，如代码 4-20 所示。

代码 4-20　根据箱线图识别用户年龄的异常值

```
In[16]:  import matplotlib.pyplot as plt
         plt.figure(figsize=(10, 8), dpi=1080)
         p = plt.boxplot(list(all_info['年龄'].values))  # 画出箱线图
         outlier1 = p['fliers'][0].get_ydata()  # fliers 为异常值的标签
         plt.savefig('../tmp/用户年龄异常值识别.jpg')
         plt.show()
         print('年龄数据异常值个数为: ', len(outlier1))
         print('年龄数据异常值的最大值为: ', max(outlier1))
         print('年龄数据异常值的最小值为: ', min(outlier1))
```

Out[16]:

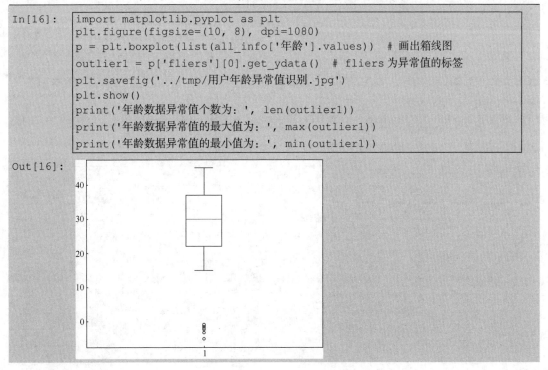

```
年龄数据异常值个数为： 7
年龄数据异常值的最大值为： -1.0
年龄数据异常值的最小值为： -5.0
```

从代码 4-20 的运行结果可知，用户信息表中的年龄存在 7 个异常值，最大的异常值为 -1.0，最小的异常值为-5.0。

## 任务 4.3 标准化数据

 **任务描述**

标准化数据

不同特征之间往往具有不同的量纲，由此可能会造成数值之间存在很大差异，当涉及空间距离计算或使用梯度下降法等时，不对数据进行处理可能会影响到分析结果的准确性。为了消除因特征之间量纲和取值范围差异对数据分析可能造成的影响，保证数据的一致性，需要对数据进行标准化处理，也可以称作规范化处理。

**任务分析**

（1）使用离差标准化方法对数据进行标准化。
（2）使用标准差标准化方法对数据进行标准化。
（3）使用小数定标标准化方法对数据进行标准化。

### 4.3.1 离差标准化数据

离差标准化是对原始数据的一种线性变换，结果是将原始数据的数值映射到[0,1]区间，标准化公式如式（4-3）所示。

$$X^* = \frac{X - \min}{\max - \min} \tag{4-3}$$

其中，$X$ 表示原始数据值，$\max$ 为样本数据的最大值，$\min$ 为样本数据的最小值，$\max-\min$ 为极差。离差标准化保留了原始数据之间的联系，是消除量纲和数据取值范围影响较为简单的方法。

对用户每月支出信息表中的每月支出数据进行离差标准化，如代码 4-21 所示。

**代码 4-21　对每月支出数据进行离差标准化**

```
In[1]:    import pandas as pd
          pay = pd.read_csv('../data/user_pay_info.csv', index_col=0,encoding='gbk')
          # 自定义离差标准化函数
          def min_max_scale(data):
              data = (data - data.min()) / (data.max() - data.min())
              return data
          # 对用户每月支出信息表的每月支出数据进行离差标准化
          pay_min_max = min_max_scale(pay['每月支出'])
          print('离差标准化之前每月支出数据为: \n', pay['每月支出'].head())
          print('离差标准化之后每月支出数据为: \n', pay_min_max.head())

Out[1]:   离差标准化之前每月支出数据为:            离差标准化之后每月支出数据为:
          编号                          编号
          0    6807.50                  0     0.615543
```

| 1 | 4780.45 | 1 | 0.431867 |
| 2 | 1959.00 | 2 | 0.176208 |
| 3 | 5011.06 | 3 | 0.452763 |
| 4 | 4557.21 | 4 | 0.411638 |
| Name: 每月支出, dtype: float64 | | Name: 每月支出, dtype: float64 | |

注：由于运行结果篇幅过长，此处分两栏展示。

通过比较代码 4-21 中离差标准化前后的数据可以发现，数据的整体分布情况并未发生改变，原先取值较大的数据，在做完离差标准化后的值依旧较大。并且每月支出数据在进行离差标准化后，数据之间的差值非常小，这是数据极差过大造成的。

同时，还可以看出离差标准化的缺点：若数据中某个数值很大，则标准化后各其余值会接近于 0，并且它们将会相差不大。若将来遇到数值超过目前[min,max]取值范围的情况，会引起系统出错，这时便需要重新确定 min 和 max。

## 4.3.2　标准差标准化数据

标准差标准化也叫零均值标准化或 $z$ 分数标准化，是当前使用较为广泛的数据标准化方法，经过该方法处理的数据均值为 0，标准差为 1，转化公式如式（4-4）所示。

$$X^* = \frac{X - \bar{X}}{\delta} \tag{4-4}$$

其中，$X$ 表示原始数据值，$\bar{X}$ 为原始数据的均值，$\delta$ 为原始数据的标准差。

对用户每月支出信息表中的每月支出数据进行标准差标准化，如代码 4-22 所示。

**代码 4-22　对每月支出数据进行标准差标准化**

```
In[2]:
# 自定义标准差标准化函数
def standard_scaler(data):
    data = (data - data.mean()) / data.std()
    return data
# 对用户每月支出信息表的每月支出数据进行标准差标准化
pay_standard = standard_scaler(pay['每月支出'])
print('标准差标准化之前每月支出数据为：\n', pay['每月支出'].head())
print('标准差标准化之后每月支出数据为：\n', pay_standard.head())
```

| Out[2]: | 标准差标准化之前每月支出数据为： | | 标准差标准化之后每月支出数据为： | |
| --- | --- | --- | --- | --- |
| | 编号 | | 编号 | |
| | 0 | 6807.50 | 0 | 1.004110 |
| | 1 | 4780.45 | 1 | 0.003042 |
| | 2 | 1959.00 | 2 | -1.390344 |
| | 3 | 5011.06 | 3 | 0.116930 |
| | 4 | 4557.21 | 4 | -0.107206 |
| | Name: 每月支出, dtype: float64 | | Name: 每月支出, dtype: float64 | |

注：由于运行结果篇幅过长，此处分两栏展示。

通过比较代码 4-22 中标准差标准化前后的结果可知，标准差标准化后的值不局限于[0,1]，并且存在负值。同时也不难发现，标准差标准化和离差标准化一样不会改变数据的分布情况。

## 4.3.3　小数定标标准化数据

通过移动数据的小数位数，将数据映射到区间[-1,1]，移动的小数位数取决于数据绝对值的最大值，其转化公式如式（4-5）所示。

$$X^* = \frac{X}{10^k}$$ （4-5）

其中，$X$ 表示原始数据值。

对用户每月支出信息表的每月支出数据进行小数定标标准化，如代码 4-23 所示。

代码 4-23　对每月支出数据进行小数定标标准化

| In[3]: | ```
# 自定义小数定标标准化函数
import numpy as np
def decimal_scaler(data):
    data = data / 10 ** np.ceil(np.log10(data.abs().max()))
    return data
# 对用户每月支出信息表的每月支出数据进行小数定标标准化
pay_decimal = decimal_scaler(pay['每月支出'])
print('小数定标标准化之前的每月支出数据: \n', pay['每月支出'].head())
print('小数定标标准化之后的每月支出数据: \n', pay_decimal.head())
``` |
|---|---|
| Out[3]: | 小数定标标准化之前的每月支出数据:　　小数定标标准化之后的每月支出数据:<br>　编号　　　　　　　　　　　　　　　　编号<br>0　　6807.50　　　　　　　　　　　　0　　0.068075<br>1　　4780.45　　　　　　　　　　　　1　　0.047804<br>2　　1959.00　　　　　　　　　　　　2　　0.019590<br>3　　5011.06　　　　　　　　　　　　3　　0.050111<br>4　　4557.21　　　　　　　　　　　　4　　0.045572<br>Name: 每月支出, dtype: float64　　　Name: 每月支出, dtype: float64 |

注：由于运行结果篇幅过长，此处分两栏展示。

离差标准化、标准差标准化、小数定标标准化 3 种标准化方法各有其优势。其中，离差标准化方法简单，便于理解，标准化后的数据限定在[0,1]区间内；标准差标准化受数据分布的影响较小；小数定标标准化方法的适用范围广，并且受数据分布的影响较小，相比较于前两种方法，该方法适用程度适中。

## 任务 4.4　变换数据

变换数据

### 任务描述

数据分析的预处理工作除了数据合并、数据清理和数据标准化之外，还包括数据变换。数据即使经过了合并、清洗和标准化，可能还不能直接拿来做建模分析。为了能够将数据分析工作继续往前推进，需要对数据做一些合理的变换，使数据符合用户的分析要求。

### 任务分析

（1）使用哑变量处理方法处理类别型数据。
（2）分别使用等宽法、等频法和聚类分析法对连续型数据进行离散化。

### 4.4.1　哑变量处理类别型数据

在数据分析模型中有相当一部分的算法模型都要求输入的特征为数值型特征，但在实
```

际数据中，特征的类型不一定只有数值型，还存在类别型。类别型特征需要经过哑变量处理后才可以放入模型之中。哑变量处理示例如图 4-5 所示。

哑变量处理前

| | 城市 |
|---|---|
| 1 | 广州 |
| 2 | 上海 |
| 3 | 杭州 |
| 4 | 北京 |
| 5 | 深圳 |
| 6 | 北京 |
| 7 | 上海 |
| 8 | 杭州 |
| 9 | 广州 |
| 10 | 深圳 |

哑变量处理后

| | 城市_广州 | 城市_上海 | 城市_杭州 | 城市_北京 | 城市_深圳 |
|---|---|---|---|---|---|
| 1 | 1 | 0 | 0 | 0 | 0 |
| 2 | 0 | 1 | 0 | 0 | 0 |
| 3 | 0 | 0 | 1 | 0 | 0 |
| 4 | 0 | 0 | 0 | 1 | 0 |
| 5 | 0 | 0 | 0 | 0 | 1 |
| 6 | 0 | 0 | 0 | 1 | 0 |
| 7 | 0 | 1 | 0 | 0 | 0 |
| 8 | 0 | 0 | 1 | 0 | 0 |
| 9 | 1 | 0 | 0 | 0 | 0 |
| 10 | 0 | 0 | 0 | 0 | 1 |

图 4-5　哑变量处理示例

在 Python 中可以利用 pandas 库中的 get_dummies 函数对类别型特征进行哑变量处理，get_dummies 函数的基本使用格式如下。

```
pandas.get_dummies(data, prefix=None, prefix_sep='_', dummy_na=False, columns=None,
sparse=False, drop_first=False, dtype=None)
```

get_dummies 函数的常用参数及其说明如表 4-13 所示。

表 4-13　get_dummies 函数的常用参数及其说明

| 参数名称 | 参数说明 |
|---|---|
| data | 接收 array、DataFrame 或 Series。表示需要哑变量处理的数据。无默认值 |
| prefix | 接收 str、str 型 list 或 str 型 dict。表示经过哑变量处理后列名的前缀。默认为 None |
| prefix_sep | 接收 str。表示前缀的连接符。默认为 "_" |
| dummy_na | 接收 bool。表示是否为 NaN 值添加一列。默认为 False |
| columns | 接收类似 list 的数据。表示 DataFrame 中需要编码的列名。默认为 None |
| sparse | 接收 bool。表示虚拟列是否是稀疏的。默认为 False |
| drop_first | 接收 bool。表示是否通过从 $k$ 个分类级别中删除第一级来获得 $k-1$ 个分类级别。默认为 False |
| dtype | 接收数据类型。表示处理后新列的数据类型。默认为 None |

用户信息表中的居住类型为类别型特征，利用 get_dummies 函数对其进行哑变量处理，如代码 4-24 所示。

代码 4-24　利用 get_dummies 函数进行哑变量处理

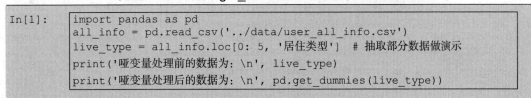

```
In[1]:    import pandas as pd
          all_info = pd.read_csv('../data/user_all_info.csv')
          live_type = all_info.loc[0: 5, '居住类型']  # 抽取部分数据做演示
          print('哑变量处理前的数据为：\n', live_type)
          print('哑变量处理后的数据为：\n', pd.get_dummies(live_type))
```

```
Out[1]:   哑变量处理前的数据为:              哑变量处理后的数据为:
          0    城市                                农村      城市
          1    城市                       0    0       1
          2    农村                       1    0       1
          3    农村                       2    1       0
          4    城市                       3    1       0
          5    城市                       4    0       1
                                          5    0       1
          Name: 居住类型, dtype: object
```

注：由于运行结果篇幅过长，此处分两栏展示。

由代码 4-24 的运行结果可知，对于一个类别型特征，若其取值有 *m* 个，则经过哑变量处理后将变成 *m* 个特征，并且这些特征互斥，每次只有一个被激活，这使得数据变得稀疏。

对类别型特征进行哑变量处理主要解决了部分算法模型无法处理类别型数据的问题，在一定程度上起到了扩充特征的作用。由于数据变成了稀疏矩阵的形式，因此也加快了算法模型的运算速度。

### 4.4.2　离散化连续型数据

某些模型算法，特别是分类算法，如 ID3 决策树算法和 Apriori 算法等，要求数据是离散的，此时就需要将连续型特征数据（数值型）变换成离散型特征数据（类别型），即连续型特征离散化。

连续型特征的离散化在数据的取值范围内设定若干个离散的划分点，将取值范围划分为一些离散化的子区间，最后用不同的符号或整数值代表落在每个子区间中的数据。因此离散化涉及到两个子任务，分别为确定分类数和将连续型数据映射到类别型数据上。连续型特征离散化示例如图 4-6 所示。

| | 离散化处理前 | | | 离散化处理后 |
|---|---|---|---|---|
| | 年龄 | | | 年龄 |
| 1 | 18 | | 1 | (17.955,27] |
| 2 | 23 | | 2 | (17.955,27] |
| 3 | 35 | | 3 | (27,36] |
| 4 | 54 | | 4 | (45,54] |
| 5 | 42 | | 5 | (36,45] |
| 6 | 21 | | 6 | (17.955,27] |
| 7 | 60 | | 7 | (54,63] |
| 8 | 63 | | 8 | (54,63] |
| 9 | 41 | | 9 | (36,45] |
| 10 | 38 | | 10 | (36,45] |

图 4-6　连续型特征离散化示例

常用的离散化方法主要有 3 种：等宽法、等频法和聚类分析法（一维）。

### 1．等宽法

等宽法将数据的值域分成具有相同宽度的区间，区间的个数由数据本身的特点决定或由用户指定，与制作频率分布表类似。pandas 提供了 cut 函数，可以进行连续型数据的等宽离散化，其基本使用格式如下。

```
pandas.cut(x, bins, right=True, labels=None, retbins=False, precision=3,
include_lowest=False, duplicates='raise', ordered=True)
```

cut 函数的常用参数及其说明如表 4-14 所示。

表 4-14　cut 函数的常用参数及其说明

| 参数名称 | 参数说明 |
| --- | --- |
| x | 接收 array 或 Series。表示需要进行离散化处理的数据。无默认值 |
| bins | 接收 int、list、array 或 tuple。若参数值为 int，则表示离散化后的类别数目；若参数值为序列类型的数据，则表示进行切分的区间，每两个数的间隔为一个区间。无默认值 |
| right | 接收 bool。表示右侧是否为闭区间。默认为 True |
| labels | 接收 list、array。表示离散化后各个类别的名称。默认为 None |
| retbins | 接收 bool。表示是否返回区间标签。默认为 False |
| precision | 接收 int。表示显示标签的精度。默认为 3 |
| duplicates | 接收指定 str。表示是否允许区间重叠。可选 raise 和 drop，raise 表示不允许，drop 表示允许。默认为 raise |

使用等宽法对用户年龄进行离散化处理，如代码 4-25 所示。

代码 4-25　等宽法离散化

```
In[2]:    age_cut = pd.cut(all_info['年龄'], 5)
          print('离散化后记录的年龄分布为：\n', age_cut.value_counts())

Out[2]:   离散化后记录的年龄分布为：
           (25.0, 35.0]    767
           (15.0, 25.0]    733
           (35.0, 45.0]    661
           (5.0, 15.0]      61
           (-5.05, 5.0]      7
          Name: 年龄, dtype: int64
```

使用等宽法离散化的缺陷从代码 4-25 中可以很明显地看出，等宽法离散化对数据分布具有较高要求。如果数据分布不均匀，那么各个类的数目也会变得非常不均匀，有些区间包含许多数据，而另外一些区间的数据极少，这会严重影响所建立的模型的效果。

### 2．等频法

cut 函数虽然不能够直接实现等频法离散化，但是可以通过定义将相同数量的记录放进每个区间，从而实现等频的功能。使用等频法对用户年龄进行离散化如代码 4-26 所示。

代码 4-26　等频法离散化

```
In[3]:    import numpy as np
          # 自定义等频法离散化函数
          def same_rate_cut(data, k):
              w = data.quantile(np.arange(0, 1 + 1.0 / k, 1.0 / k))
              data = pd.cut(data, w)
              return data
          # 对用户年龄进行等频法离散化
          age_same_rate = same_rate_cut(all_info['年龄'], 5).value_counts()
          print('用户年龄数据等频法离散化后分布状况为: ', '\n', age_same_rate)

Out[3]:   用户年龄数据等频法离散化后分布状况为:
           (-5.0, 21.0]    501
           (27.0, 33.0]    472
           (21.0, 27.0]    438
           (33.0, 39.0]    432
           (39.0, 45.0]    385
          Name: 年龄, dtype: int64
```

代码 4-26 所展现的等频法离散化，相较于等宽法离散化，避免了数据分布不均匀的问题，但是，也有可能将数值非常接近的两个值分到不同的区间以满足每个区间对数据个数的要求。

### 3. 聚类分析法

一维聚类的方法包括两个步骤：首先将连续型数据用聚类算法（如 K-Means 算法等）进行聚类；然后处理聚类得到的簇，为合并到一个簇的连续型数据做同一种标记。聚类分析法离散化需要用户指定簇的个数，用于决定产生的区间数。

使用聚类分析法对用户年龄进行离散化，如代码 4-27 所示。

代码 4-27　聚类分析法离散化

```
In[4]:    # 自定义 K-Means 聚类分析法离散化函数
          def kmean_cut(data, k):
              from sklearn.cluster import KMeans    # 引入 K-Means
              # 建立模型
              kmodel = KMeans(n_clusters=k)
              kmodel.fit(data.values.reshape((len(data), 1)))    # 训练模型
              # 输出聚类中心并排序
              c = pd.DataFrame(kmodel.cluster_centers_).sort_values(0)
              w = c.rolling(2).mean().iloc[1:]    # 对相邻两项求中点，作为边界点
              w = [0] + list(w[0]) + [data.max()]    # 把首末边界点加上
              data = pd.cut(data, w)
              return data
          # 用户年龄聚类分析法离散化
          all_info['年龄'].dropna(inplace=True)
          age_kmeans = kmean_cut(all_info['年龄'], 5).value_counts()
          print('用户年龄聚类分析法离散化后各个类别数目分布状况为: ', '\n', age_kmeans)

Out[4]:   用户年龄聚类分析法离散化后各个类别数目分布状况为:
           (27.59, 34.367]     561
           (20.534, 27.59]     514
           (0.0, 20.534]       419
           (34.367, 40.257]    401
```

```
(40.257, 45.0]      327
Name: 年龄, dtype: int64
```

注：此处用到的 scikit-learn 库的 K-Means 算法，不要求完全掌握，只要求能够使用已经定义好的函数进行离散化操作即可。此外，由于算法中未指定随机数生成器，所以运行出的结果将会存在一定差异。

K-Means 聚类分析法离散化可以很好地根据现有特征的数据分布状况进行聚类，但是由于 K-Means 算法本身的缺陷，用该方法进行离散化时依旧需要指定离散化后类别的数目。此时需要配合聚类算法评价方法，找出最优的簇数目。

## 小结

本章主要介绍数据预处理过程：数据合并、数据清洗、数据标准化和数据变换。数据合并主要通过堆叠合并、主键合并和重叠合并的方法对数据进行合并。数据清洗主要包括对重复值、缺失值和异常值的处理，其中，重复值处理细分为记录去重和特征去重，缺失值处理方法包括删除法、替换法和插值法，异常值处理则介绍了 3σ 原则和箱线图分析这两种识别方法。数据标准化介绍了如何将不同量纲的数据转化为具有一致性的标准化数据。数据变换介绍了如何从不同的应用角度对已有的特征数据进行变换。

## 实训

### 实训 1　合并年龄、平均血糖和中风患者信息数据

#### 1. 训练要点

（1）掌握判断主键的方法。
（2）掌握主键合并的方法。

#### 2. 需求说明

我国始终把保障人民健康放在优先发展的战略位置。"上医治未病"，建立疾病预防控制体系有利于从源头上预防和控制重大疾病。某医院为了早期监测预警患者的中风风险，对现有中风患者的基础信息和体检数据（healthcare-dataset-stroke.xlsx）进行分析，其部分数据如表 4-15 所示。经观察发现患者基础信息和体检数据中缺少中风患者的年龄和平均血糖的信息，然而在年龄和平均血糖数据（healthcare-dataset-age_abs.xlsx）中存放了分析所需的中风患者的年龄和平均血糖信息，其部分数据如表 4-16 所示。现需要对患者的年龄、平均血糖数据与患者基础信息和体检数据进行合并，以便下一步分析。

表 4-15　部分中风患者的基础信息和体检数据

| 编号 | 性别 | 高血压 | 是否结婚 | 工作类型 | 居住类型 | 体重指数 | 吸烟史 | 中风 |
|------|------|--------|----------|----------|----------|----------|--------|------|
| 9046 | 男 | 0 | 是 | 私人 | 城市 | 36.6 | 以前吸烟 | 1 |
| 51676 | 女 | 0 | 是 | 私营企业 | 农村 | | 从不吸烟 | 1 |
| 31112 | 男 | 0 | 是 | 私人 | 农村 | 32.5 | 从不吸烟 | 1 |
| 60182 | 女 | 0 | 是 | 私人 | 城市 | 34.4 | 抽烟 | 1 |
| 1665 | 女 | 1 | 是 | 私营企业 | 农村 | 24.0 | 从不吸烟 | 1 |

表 4-16　部分中风患者的年龄和平均血糖数据

| 编号 | 年龄 | 平均血糖（mg/dl） |
|---|---|---|
| 9046 | 67 | 228.69 |
| 51676 | 61 | 202.21 |
| 31112 | 80 | 105.92 |
| 60182 | 49 | 171.23 |
| 1665 | 79 | 174.12 |
| 53016 | 1.8 | 130.61 |

#### 3．实现思路及步骤

（1）利用 read_excel 函数读取 healthcare-dataset-stroke.xlsx 表。

（2）利用 read_excel 函数读取 healthcare-dataset-age_abs.xlsx 表。

（3）查看两表的数据量。

（4）以编号作为主键进行外连接。

（5）查看数据是否合并成功。

### 实训 2　删除年龄异常的数据

#### 1．训练要点

掌握异常值数据处理的方法。

#### 2．需求说明

基于实训 1 合并后的数据，经观察发现在年龄特征中存在异常值（年龄数值为小数，如 1.8），为了避免异常值数据对分析结果造成不良影响，需要对异常值进行处理。

#### 3．实现思路及步骤

（1）获取年龄特征。

（2）利用 for 循环获取年龄特征中的数值，并用 if-else 语句判断年龄数值是否为异常值。

（3）若年龄数值为异常值，则删除异常值。

### 实训 3　离散化年龄特征

#### 1．训练要点

（1）掌握函数的创建与使用方法。

（2）掌握离散化连续型数据的方法。

#### 2．需求说明

利用分类算法预测患者是否中风时，算法模型要求数据是离散的。在实训 2 中已对年龄特征异常值进行了处理，现需要将连续型数据变换为离散型数据，使用等宽法对年龄特征进行离散化。

#### 3．实现思路及步骤

（1）获取年龄特征。

（2）使用等宽法离散化对年龄特征进行离散化。

## 课后习题

### 1．选择题

（1）在下列选项中可以进行主键合并的是（　　　）。

　　A．merge　　　　　B．concat　　　　　C．append()　　　　D．combine_first()

（2）在下列选项中可以进行横向堆叠的是（　　　）。

　　A．merge　　　　　B．concat　　　　　C．join()　　　　　D．combine_first()

（3）在下列选项中可以进行重叠合并的是（　　　）。

　　A．merge　　　　　B．concat　　　　　C．append()　　　　D．combine_first()

（4）下列关于 pandas 中 drop_duplicates()方法的说法正确的是（　　　）。

　　A．drop_duplicates()是常用的主键合并方法，能够实现左连接和右连接

　　B．drop_duplicates()方法只对 DataFrame 有效

　　C．drop_duplicates()方法仅支持单一特征数据去重

　　D．drop_duplicates()方法不会改变原数据的排列

（5）下列关于特征去重的说法错误的是（　　　）。

　　A．corr()方法可通过相似度矩阵去重

　　B．可通过 equals()方法进行特征去重

　　C．相似度矩阵去重可对任意类型的重复特征去重

　　D．相似度矩阵去重只能对数值型的重复特征去重

（6）在下列选项中可以进行特征删除的是（　　　）。

　　A．dropna()方法　　B．fillna()方法　　C．isnull()方法　　D．notnull()方法

（7）在下列选项中可以进行缺失值替换的是（　　　）。

　　A．dropna()方法　　B．fillna()方法　　C．isnull()方法　　D．notnull()方法

（8）下列关于插值法的说法错误的是（　　　）。

　　A．常见的插值法有线性插值、多项式插值和样条插值

　　B．线性插值通过求解线性方程得到缺失值

　　C．常见的线性插值有拉格朗日插值和牛顿插值

　　D．pandas 中的 interpolate()方法可进行插值操作

（9）在下列选项中可以进行哑变量处理的是（　　　）。

　　A．cut 函数　　　　　　　　　　　B．get_cut 函数

　　C．dummies 函数　　　　　　　　　D．get_dummies 函数

（10）在下列选项中不属于检测与处理缺失值的方法的是（　　　）。

　　A．插值法　　　B．替换法　　　C．哑变量处理　　D．删除法

### 2．操作题

某公司人事工作人员为了对来聘人员信息进行分析，以聘用适合计算机岗位的人员，调用了计算机岗位来聘人员信息表（hr_job.csv），其部分数据如表 4-17 所示，数据字段包

Python 数据分析与应用（第 2 版）（微课版）

括应聘人员的 ID、性别、相关经验、教育水平和工作次数等信息。

表 4-17　来聘人员信息表部分数据

| 应聘人员 ID | 性别 | 相关经验 | 教育水平 | 工作次数 |
| --- | --- | --- | --- | --- |
| 8949 | 男 | 有 | 大学 | 14 |
| 29725 | 男 | 无 | 大学 | 15 |
| 11561 | | 无 | 大学 | 5 |
| 33241 | | 无 | 大学 | 0 |
| 666 | 男 | 有 | 硕士 | 9 |

经观察发现，数据存在缺失值等异常数据，因此需要对数据进行预处理，其主要步骤如下。

（1）读取来聘人员信息数据。

（2）将类别型数据中的缺失值填补为"未知"，将数值型缺失值填补为其对应特征的均值。

（3）将数值型异常数据替换为其对应特征的均值，将性别特征的异常值替换为"未知"。

（4）对所有的分类数据进行哑变量处理。

120

# 第 5 章 Matplotlib、seaborn、pyecharts 数据可视化基础

在 Matplotlib 中应用较广的是 matplotlib.pyplot（简称为 pyplot）模块。在 pyplot 模块中，各种状态可跨函数调用和保存，以便跟踪诸如当前图形和绘图区域等，并且绘图函数始终指向当前轴域（$x$ 轴和 $y$ 轴所围成的区域）。除 Matplotlib 之外，常用的数据可视化库还有 seaborn 库和 pyecharts 库。seaborn 库是基于 Matplotlib 的 Python 可视化库，它提供了一种高度交互式的界面。pyecharts 是一个将 Python 与 Echarts 相结合的强大的数据可视化库，它具有简洁的 API 设计、囊括 30 多种常见图表，支持主流 Notebook 环境，可轻松集成至 Flask、Django 等主流 Web 框架。

本章将介绍使用 Matplotlib 库绘制图形的基础语法和常用参数，以及使用 Matplotlib 库绘制进阶图形的方法。此外，还将介绍 seaborn 库和 pyecharts 库的绘图基础，利用 seaborn 库绘制热力图、分类散点图和线性回归拟合图的方法，利用 pyecharts 库绘制交互式图形的方法。

## 学习目标

（1）掌握 pyplot 模块的基础语法。
（2）掌握 pyplot 模块的动态参数 rc 的设置方法。
（3）掌握使用 Matplotlib 库绘制进阶图形的方法。
（4）了解 seaborn 库的基础图形和绘图风格。
（5）熟悉 seaborn 调色板的设置方法。
（6）掌握使用 seaborn 绘制基础图形的方法。
（7）了解 pyecharts 的初始配置项、系列配置项和全局配置项的设置方法。
（8）掌握使用 pyecharts 绘制交互式图形的方法。

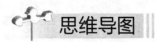 思维导图

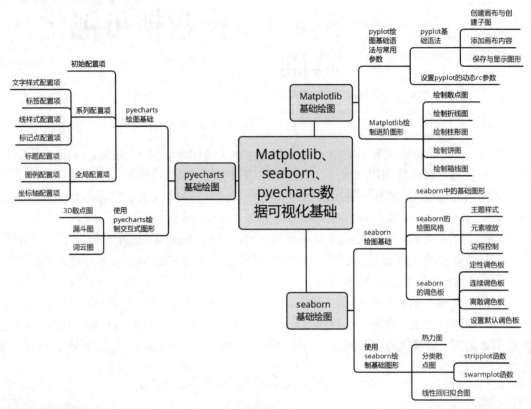

## 任务 5.1  掌握 Matplotlib 基础绘图

掌握 Matplotlib
基础绘图

### 任务描述

学习使用 pyplot 模块绘制各类图形的基础语法，是绘制图形的前提。每一幅图的绘制都会涉及到为数不少的参数，虽然多数参数都会有默认值，但是很多参数在使用时必须手动设置，才能够更好地辅助用户绘制图形。本节将介绍使用 Matplotlib 库绘制常见的散点图、折线图、柱形图、饼图和箱线图的方法。

### 任务分析

（1）掌握 pyplot 模块的基础语法。

（2）掌握 pyplot 模块的动态 rc 参数的设置方法。

（3）使用 Matplotlib 库绘制进阶图形。

### 5.1.1  熟悉 pyplot 绘图基础语法与常用参数

若使用 Matplotlib 库进行图形的绘制，则需要先了解 pyplot 模块的基础语法及其动态的 rc 参数的设置。大部分的 pyplot 图形绘制都遵循一个流程，这个流程主要分为 3 个部分，

如图 5-1 所示。

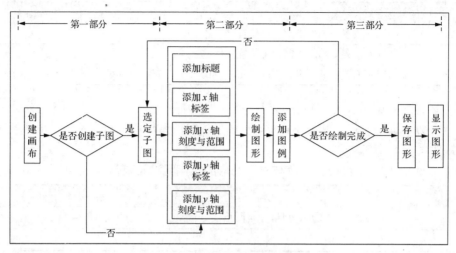

图 5-1　pyplot 基本绘图流程

### 1. 掌握 pyplot 基础语法

掌握 pyplot 模块的基础语法的使用，可从创建画布与创建子图、添加画布内容、保存与显示图形 3 个部分进行。

（1）创建画布与创建子图

第一部分的主要作用是构建出一张空白的画布，可以选择是否将整个画布划分为多个部分，方便在同一个图上绘制多个图形。当只需要绘制一个简单的图形时，这部分内容可以省略。在 pyplot 中，创建画布与创建并选中子图的常用函数/方法及其作用如表 5-1 所示，为了方便读者查看，将 matplotlib.pyplot 模块简写为 plt。

表 5-1　创建画布与创建并选中子图的常用函数/方法及其作用

| 函数/方法名称 | 函数/方法作用 |
| --- | --- |
| plt.figure | 创建一张空白画布，可以指定画布大小等 |
| figure.add_subplot() | 创建并选中子图，可以指定子图的行数、列数和选中图片的编号 |

（2）添加画布内容

第二部分是绘图的主体部分。其中的添加标题、添加坐标轴标签、绘制图形等步骤是没有先后顺序的，可以先绘制图形，也可以先添加各类标签。但是添加图例一定要在绘制图形之后。在 pyplot 中添加各类标签和图例的常用函数及其作用如表 5-2 所示。

表 5-2　添加各类标签和图例的常用函数及其作用

| 函数名称 | 函数作用 |
| --- | --- |
| plt.title | 在当前图形中添加标题，可以指定标题的名称、位置、颜色、字号等参数 |
| plt.xlabel | 在当前图形中添加 $x$ 轴标签，可以指定位置、颜色、字号等参数 |
| plt.ylabel | 在当前图形中添加 $y$ 轴标签，可以指定位置、颜色、字号等参数 |
| plt.xlim | 指定当前图形 $x$ 轴的范围，只能确定一个数值区间，无法使用字符串标识 |
| plt.ylim | 指定当前图形 $y$ 轴的范围，只能确定一个数值区间，无法使用字符串标识 |

续表

| 函数名称 | 函数作用 |
|---|---|
| plt.xticks | 获取或设置 $x$ 轴的当前刻度位置和标签 |
| plt.yticks | 获取或设置 $y$ 轴的当前刻度位置和标签 |
| plt.legend | 指定当前图形的图例，可以指定图例的大小、位置、标签 |

（3）保存与显示图形

第三部分主要用于保存和显示图形，这部分内容的常用函数只有两个，并且参数很少，如表 5-3 所示。

表 5-3　保存与显示图形的常用函数及其作用

| 函数名称 | 函数作用 |
|---|---|
| plt.savefig | 保存绘制的图形，可以指定图形的分辨率、边缘的颜色等参数 |
| plt.show | 在本机显示图形 |

较简单的绘图可以省略第一部分，然后直接在默认的画布上进行图形绘制，如代码 5-1 所示。

代码 5-1　基础绘图语法

```
In[1]:    import numpy as np
          import matplotlib.pyplot as plt
          # %matplotlib inline 表示在行中显示图片，在命令行中运行时报错
          data = np.arange(0, 1.1, 0.01)
          plt.title('lines')  # 添加标题
          plt.xlabel('x')  # 添加 x 轴的标签
          plt.ylabel('y')  # 添加 y 轴的标签
          plt.xlim((0, 1))  # 确定 x 轴范围
          plt.ylim((0, 1))  # 确定 y 轴范围
          plt.xticks([0, 0.2, 0.4, 0.6, 0.8, 1])  # 规定 x 轴刻度
          plt.yticks([0, 0.2, 0.4, 0.6, 0.8, 1])  # 确定 y 轴刻度
          plt.plot(data, data ** 2)  # 添加 y=x^2 曲线
          plt.plot(data, data ** 4)  # 添加 y=x^4 曲线
          plt.legend(['y=x^2', 'y=x^4'])  #添加图例
          plt.savefig('../tmp/y=x^2.jpg')
          plt.show()
```

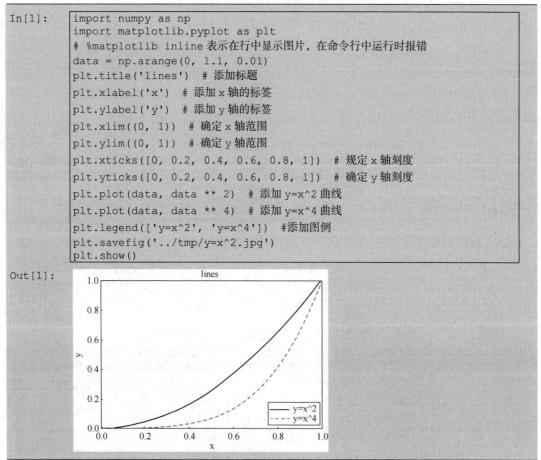

注：具体绘图的函数 plt.plot 在此处不要求掌握，此处主要掌握基础图形绘制的流程。

代码 5-1 是一个简单的不含子图绘制的标准绘图流程的示例。子图绘制本质上是多个基础图形绘制过程的叠加，即分别在同一幅画布的不同子图上绘制图形，如代码 5-2 所示。

**代码 5-2　包含子图绘制的基础语法**

```
In[2]:    x = np.arange(0, np.pi * 2, 0.01)
          # 第一幅子图
          p1 = plt.figure(figsize=(8, 6), dpi=80)  # 确定画布大小
          # 创建一个 2 行 1 列的图，并开始绘制第一幅子图
          ax1 = p1.add_subplot(2, 1, 1)
          plt.title('lines')  # 添加标题
          plt.xlabel('x')  # 添加 x 轴的标签
          plt.ylabel('y')  # 添加 y 轴的标签
          plt.xlim((0, 1))  # 确定 x 轴范围
          plt.ylim((0, 1))  # 确定 y 轴范围
          plt.xticks([0, 0.2, 0.4, 0.6, 0.8, 1])  # 规定 x 轴刻度
          plt.yticks([0, 0.2, 0.4, 0.6, 0.8, 1])  # 确定 y 轴刻度
          plt.plot(x, x ** 2)  # 添加 y=x^2 曲线
          plt.plot(x, x ** 4)  # 添加 y=x^4 曲线
          plt.legend(['y=x^2', 'y=x^4'])  #添加图例
          # 第二幅子图
          ax2 = p1.add_subplot(2, 1, 2)  # 开始绘制第二幅
          plt.title('sin/cos(x)')  # 添加标题
          plt.xlabel('x')  # 添加 x 轴的标签
          plt.ylabel('y')  # 添加 y 轴的标签
          plt.xlim((0, np.pi * 2))  # 确定 x 轴范围
          plt.ylim((-1, 1))  # 确定 y 轴范围
          plt.xticks([0, np.pi / 2, np.pi, np.pi * 1.5, np.pi * 2])  # 规定 x 轴刻度
          plt.yticks([-1, -0.5, 0, 0.5, 1])  # 确定 y 轴刻度
          plt.plot(x, np.sin(x))  # 添加 sin(x) 曲线
          plt.plot(x, np.cos(x))  # 添加 cos(x) 曲线
          plt.legend(['y=sin(x)', 'y=cos(x)'])
          plt.tight_layout()  # 调整两个子图间距
          plt.savefig('../tmp/sincos.jpg')
          plt.show()
```

Out[2]:

注：具体绘图的函数 plt.plot 在此处不要求掌握，此处主要掌握包含子图的图形绘制的流程。

### 2. 设置 pyplot 的动态 rc 参数

pyplot 使用 rc 配置文件来自定义图形的各种默认属性，这些属性被称为 rc 配置或 rc 参数。在 pyplot 中，几乎所有的默认属性都是可以控制的，如窗口大小、线条宽度、颜色与样式、坐标轴、网格属性、文本、字体等。

默认 rc 参数可以在 Python 交互式环境中动态更改。所有存储在字典中的 rc 参数，都被称为 rcParams。rc 参数在修改后，绘图时默认使用的参数就会发生改变。线条 rc 参数修改前后对比如代码 5-3 所示。

**代码 5-3　线条 rc 参数修改前后对比**

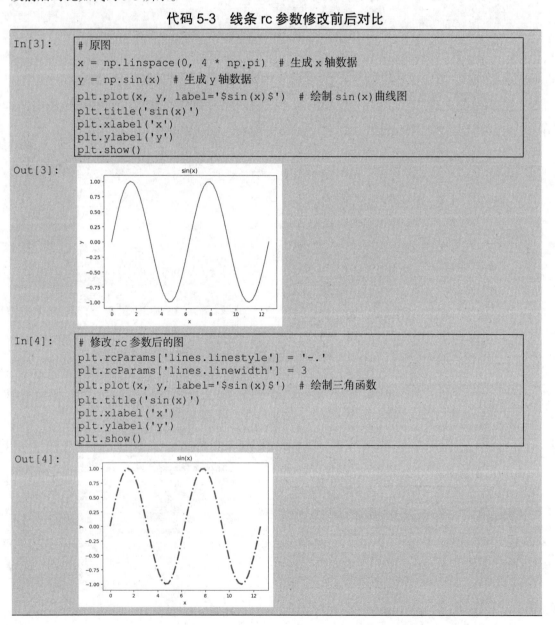

In[3]:

```
# 原图
x = np.linspace(0, 4 * np.pi)  # 生成 x 轴数据
y = np.sin(x)  # 生成 y 轴数据
plt.plot(x, y, label='$sin(x)$')  # 绘制 sin(x)曲线图
plt.title('sin(x)')
plt.xlabel('x')
plt.ylabel('y')
plt.show()
```

Out[3]:

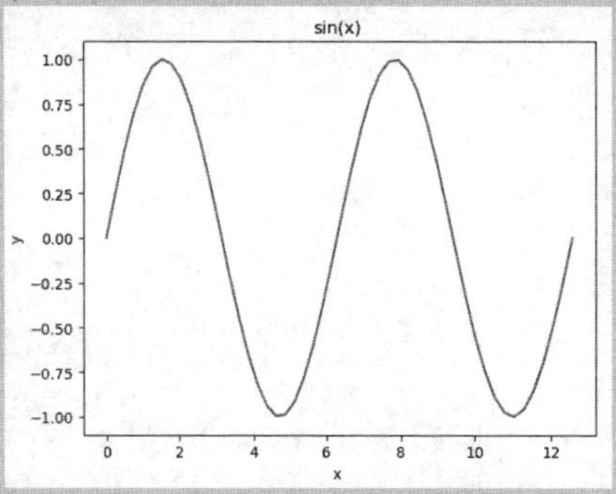


In[4]:

```
# 修改 rc 参数后的图
plt.rcParams['lines.linestyle'] = '-.'
plt.rcParams['lines.linewidth'] = 3
plt.plot(x, y, label='$sin(x)$')  # 绘制三角函数
plt.title('sin(x)')
plt.xlabel('x')
plt.ylabel('y')
plt.show()
```

Out[4]:

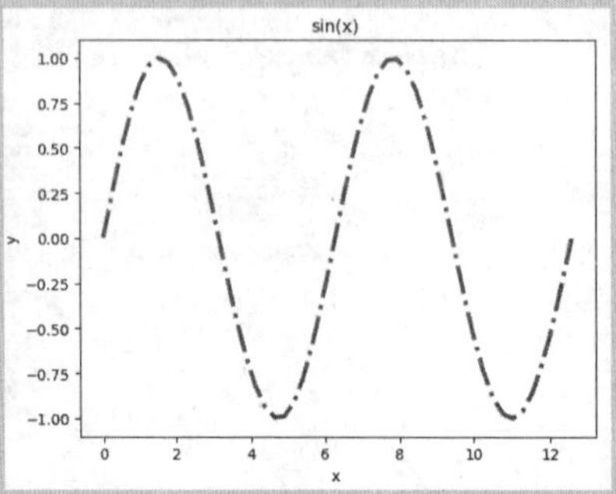

# 第 5 章　Matplotlib、seaborn、pyecharts 数据可视化基础

在线条中常用的 rc 参数名称、解释与取值如表 5-4 所示。

表 5-4　在线条中常用的 rc 参数名称、解释与取值

| rc 参数名称 | 解释 | 取值 |
|---|---|---|
| lines.linewidth | 线条宽度 | 取 0～10 的数值，默认为 1.5 |
| lines.linestyle | 线条样式 | 可取 "-" "--" "-." ":" 4 种。默认为 "-" |
| lines.marker | 线条上点的形状 | 可取 "o" "D" "h" "." "," "s" 等 20 种，默认为 None |
| lines.markersize | 点的大小 | 取 0～10 的数值，默认为 1 |

其中，lines.linestyle 参数 4 种取值及其意义如表 5-5 所示。lines.marker 参数的 20 种取值及其意义如表 5-6 所示。

表 5-5　lines.linestyle 参数取值及其意义

| lines.linestyle 取值 | 意义 | lines.linestyle 取值 | 意义 |
|---|---|---|---|
| - | 实线 | -. | 点线 |
| -- | 长虚线 | : | 短虚线 |

表 5-6　lines.marker 参数取值及其意义

| lines.marker 取值 | 意义 | lines.marker 取值 | 意义 |
|---|---|---|---|
| o | 圆圈 | . | 点 |
| D | 菱形 | s | 正方形 |
| h | 六边形 1 | * | 星号 |
| H | 六边形 2 | d | 小菱形 |
| - | 水平线 | v | 一角朝下的三角形 |
| 8 | 八边形 | < | 一角朝左的三角形 |
| p | 五边形 | > | 一角朝右的三角形 |
| , | 像素点 | ^ | 一角朝上的三角形 |
| + | 加号 | \| | 竖线 |
| None | 无 | x | X |

由于默认的 pyplot 字体并不支持中文字符的显示，因此需要通过设置 font.sans-serif 参数来改变绘图时的字体，使得图形可以正常显示中文。同时，由于更改字体后，会导致坐标轴中的部分字符无法显示，因此需要同时更改 axes.unicode_minus 参数，如代码 5-4 所示。

代码 5-4　调节字体的 rc 参数

```
In[5]:    # 无法显示中文标题
          plt.plot(x, y, label='$sin(x)$')   # 绘制三角函数
          plt.title('sin(x)曲线')
          plt.xlabel('x')
          plt.ylabel('y')
          plt.show()
```

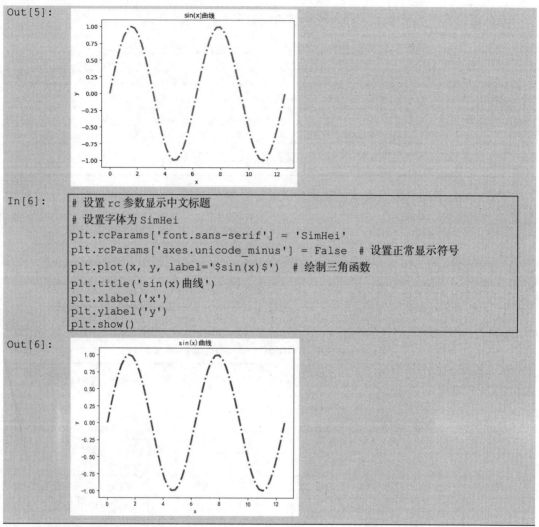

```
Out[5]:
```

```
In[6]:    # 设置 rc 参数显示中文标题
          # 设置字体为 SimHei
          plt.rcParams['font.sans-serif'] = 'SimHei'
          plt.rcParams['axes.unicode_minus'] = False  # 设置正常显示符号
          plt.plot(x, y, label='$sin(x)$')  # 绘制三角函数
          plt.title('sin(x)曲线')
          plt.xlabel('x')
          plt.ylabel('y')
          plt.show()
```

```
Out[6]:
```

除了有设置线条和字体的 rc 参数外，还有设置文本、坐标轴、图例、标记、图片、图像保存等的 rc 参数。具体参数与取值可以参考官方文档。

### 5.1.2  使用 Matplotlib 绘制进阶图形

目前常用的数据可视化进阶图形有散点图、折线图、柱形图、饼图和箱线图等，读者可以使用 Matplotlib 库进行绘制。

#### 1. 绘制散点图

散点图（Scatter Diagram）又称为散点分布图，是以一个特征为横坐标，以另一个特征为纵坐标，利用坐标点（散点）的分布形态反映这两个特征间的统计关系的一种图形。值由点在图形中的位置表示，类别由图形中的不同标记表示，通常用于比较跨类别的数据。

散点图可以提供两类关键信息，具体内容如下。

（1）特征之间是否存在数值或数量的关联趋势，关联趋势是线性的还是非线性的。

（2）如果某一个点或某几个点偏离大多数点，那么这些点就是离群值，通过散点图可以一目了然，从而可以进一步分析这些离群值是否在建模分析中产生较大的影响。

# 第 5 章　Matplotlib、seaborn、pyecharts 数据可视化基础

散点图可通过散点的疏密程度和变化趋势表示两个特征的数量关系。如果有 3 个特征，且其中一个特征为类别型特征，散点图可改变该特征的点的形状或颜色，即可了解两个数值型特征和这个类别型特征之间的关系。

pyplot 中绘制散点图的函数为 scatter，scatter 函数的基本使用格式如下。

```
matplotlib.pyplot.scatter(x, y, s=None, c=None, marker=None, cmap=None, norm=None,
vmin=None, vmax=None, alpha=None, linewidths=None, *, edgecolors=None,
plotnonfinite=False, data=None, **kwargs)
```

scatter 函数的常用参数及其说明如表 5-7 所示。

表 5-7　scatter 函数的常用参数及其说明

| 参数名称 | 参数说明 |
| --- | --- |
| x, y | 接收 float 或 array。表示 x 轴和 y 轴对应的数据。无默认值 |
| s | 接收 float 或 array。表示指定点的大小，若传入一维数组，则表示每个点的大小。默认为 None |
| c | 接收颜色或 array。表示指定点的颜色，若传入一维数组，则表示每个点的颜色。默认为 None |
| marker | 接收特定 str。表示绘制的点的类型。默认为 None |
| alpha | 接收 float。表示点的透明度。默认为 None |

某公司经调查整理得到就业人员数据，其中记录了 2001 年—2019 年的就业人员数量。为了进一步分析各年度劳动力人数、城镇就业人数和乡村就业人数等情况，需要通过可视化图形进行展示分析。2001 年—2019 年劳动力与就业人员数据的特征说明如表 5-8 所示。

表 5-8　2001 年—2019 年劳动力与就业人员数据的特征说明

| 特征名称 | 特征含义 | 示例 |
| --- | --- | --- |
| 年份（年） | 就业年份 | 2001 |
| 劳动力（万人） | 劳动力人数 | 73884 |
| 就业人员（万人） | 就业人员数量 | 72797 |
| 城镇就业人员（万人） | 在城镇中就业的人员数量 | 24123 |
| 乡村就业人员（万人） | 在乡村中就业的人员数量 | 48674 |
| 国有单位城镇就业人员（万人） | 在国有单位中城镇的就业人员数量 | 7640 |
| 城镇集体单位城镇就业人员（万人） | 在城镇集体单位中城镇的就业人员数量 | 1291 |
| 股份合作单位城镇就业人员（万人） | 在股份合作单位中城镇的就业人员数量 | 153 |
| 联营单位城镇就业人员（万人） | 在联营单位中城镇的就业人员数量 | 45 |
| 有限责任公司城镇就业人员（万人） | 在有限责任公司中城镇的就业人员数量 | 841 |
| 股份有限公司城镇就业人员（万人） | 在股份有限公司中城镇的就业人员数量 | 483 |
| 私营企业城镇就业人员（万人） | 在私营企业中城镇的就业人员数量 | 1527 |
| 港澳台商投资单位城镇就业人员（万人） | 在港澳台商投资单位中城镇的就业人员数量 | 326 |
| 外商投资单位城镇就业人员（万人） | 在外商投资单位中城镇的就业人员数量 | 345 |
| 个体城镇就业人员（万人） | 在个体中城镇的就业人员数量 | 2131 |
| 私营企业乡村就业人员（万人） | 在私营企业中乡村的就业人员数量 | 1187 |
| 个体乡村就业人员（万人） | 在个体中乡村的就业人员情况 | 2629 |

基于表 5-8 的劳动力与就业人员数据绘制 2001 年—2019 年劳动力人数散点图，如代码
5-5 所示。

代码 5-5　绘制 2001 年—2019 年劳动力人数散点图

```
In[7]:    import numpy as np
          import matplotlib.pyplot as plt
          plt.rcParams['font.sans-serif'] = 'SimHei'  # 设置中文显示
          plt.rcParams['axes.unicode_minus'] = False
          data = np.load('../data/2001 年—2019 年劳动力与就业人员数据.npz',
              encoding='ASCII', allow_pickle=True)
          columns = data['arr_0']  # 提取其中的 columns 数组，视为数据的标签
          values = data['arr_1']  # 提取其中的 values 数组，视为数据的存在位置
          plt.figure(figsize=(12, 6), dpi=1080)  # 设置画布
          plt.scatter(values[:, 0], values[:, 1], marker='o')  # 绘制散点图
          plt.xlabel('年份（年）')
          plt.ylabel('劳动力人数（万人）')
          plt.ylim(70000, 85000)  # 设置 y 轴范围
          plt.xticks(range(2001, 2020, 1), labels=values[:, 0])
          plt.title('2001 年—2019 年劳动力人数散点图')  # 添加图表标题
          plt.show()
```

Out[7]:

使用不同颜色、不同形状的点，绘制 2001 年—2019 年城乡就业人数的散点图，如代
码 5-6 所示。

代码 5-6　绘制 2001 年—2019 年城乡就业人数的散点图

```
In[8]:    p = plt.figure(figsize=(12, 6), dpi=1080)  # 设置画布
          # 绘制散点图 1
          plt.scatter(values[:, 0], values[:, 3], marker='o', c='b')
          # 绘制散点图 2
          plt.scatter(values[:, 0], values[:, 4], marker='o', c='r')
          plt.xlabel('年份（年）')
          plt.ylabel('人数（万人）')
          plt.ylim(20000, 60000)  # 设置 y 轴范围
          plt.xticks(range(2001, 2020, 1), labels=values[:, 0])
          plt.legend(['城镇就业人员', '乡村就业人员'])  # 设置图例
          plt.title('2001 年—2019 年城乡就业人数散点图')  # 添加图表标题
          plt.show()
```

Out[8]:

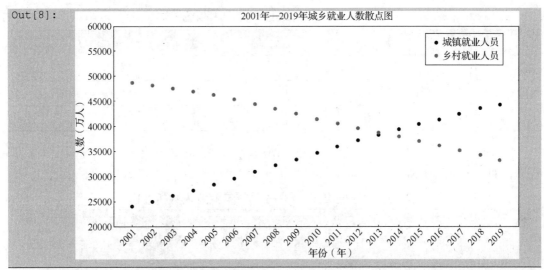

通过代码 5-6 中点的颜色和形状的区别可以看出，在 2001 年—2019 年期间，城镇就业人员数量不断增加，增长幅度近 200%，乡村就业人员数量不断减少，2019 年的乡村就业人员数量较 2001 年的乡村就业人员数量下降了 30% 左右。

### 2. 绘制折线图

折线图（Line Chart）是一种将数据点按照顺序连接起来的图形，可以看作将散点图按照 $x$ 轴坐标顺序连接起来的图形。折线图的主要功能是查看因变量 $y$ 随着自变量 $x$ 改变的趋势，适合用于显示随时间（根据常用比例设置）而变化的连续数据，同时还可以显示数量的差异和增长趋势的变化。

pyplot 中绘制折线图的函数为 plot，plot 函数的基本使用格式如下。

```
matplotlib.pyplot.plot(* args, scalex = True, scaley = True, data = None, ** kwargs)
```

plot 函数在官方文档的语法中只要求输入不定长参数，实际可以输入的参数主要如表 5-9 所示。

表 5-9　plot 函数常用参数及其说明

| 参数名称 | 参数说明 |
| --- | --- |
| x，y | 接收 array。表示 $x$ 轴和 $y$ 轴对应的数据。无默认值 |
| scalex，scaley | 接收 bool。表示该参数确定的视图限制是否适合于数据限制。默认为 True |
| data | 接收可索引对象。表示具有标签数据的对象。默认为 None |
| color | 接收特定 str。表示指定线条的颜色。默认为 None |
| linestyle | 接收特定 str。表示指定线条类型。默认为 "-" |
| marker | 接收特定 str。表示绘制的点的类型。默认为 None |
| alpha | 接收 float。表示点的透明度。默认为 None |

其中，color 参数的 8 种常用颜色的缩写如表 5-10 所示。

表 5-10　color 参数的 8 种常用颜色缩写

| 颜色缩写 | 代表的颜色 | 颜色缩写 | 代表的颜色 | 颜色缩写 | 代表的颜色 |
| --- | --- | --- | --- | --- | --- |
| b | 蓝色 | c | 青色 | k | 黑色 |
| g | 绿色 | m | 品红 | w | 白色 |
| r | 红色 | y | 黄色 | | |

　　linestyle 参数在 5.1.1 小节中已经提及。使用 pyplot 绘制 2001 年—2019 年就业人数折线图，如代码 5-7 所示。

代码 5-7　绘制 2001 年—2019 年就业人数折线图

```
In[9]:    p = plt.figure(figsize=(12, 6), dpi=1080)   #设置画布
          plt.plot(values[:, 0], values[:, 2], color='r', linestyle='-')
          plt.xlabel('年份（年）')
          plt.ylabel('人数（万人）')
          plt.ylim(70000, 80000)   # 设置 y 轴范围
          plt.xticks(range(2001, 2020, 1), labels=values[:, 0])
          plt.title('2001 年—2019 年就业人数折线图')
          plt.show()
```

Out[9]:

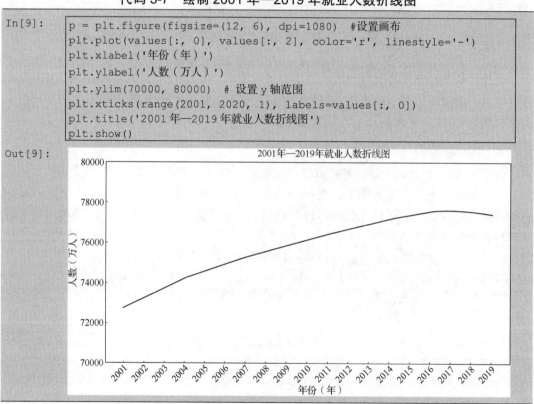

　　使用 marker 参数可以绘制点线图，能够使图形更加丰富，如代码 5-8 所示。

代码 5-8　绘制 2001 年—2019 年就业人数点线图

```
In[10]:   p = plt.figure(figsize=(12, 6), dpi=1080)   # 设置画布
          plt.plot(values[:, 0], values[:, 2], c='b', linestyle='-', marker='o')
          # 绘制点线图
          plt.xlabel('年份（年）')
          plt.ylabel('人数（万人）')
          plt.ylim(70000, 80000)   # 设置 y 轴范围
          plt.xticks(range(2001, 2020, 1), labels=values[:, 0])
          plt.title('2001 年—2019 年就业人数点线图')
          plt.show()
```

Out[10]:

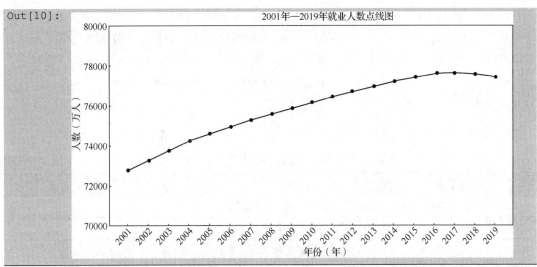

plot 函数一次可以接收多组数据，添加多条折线，同时可以分别定义每条折线的颜色、点和线条的类型，还可以将这 3 个参数连接在一起，用一个字符串表示，如代码 5-9 所示。

代码 5-9　绘制 2001 年—2019 年城乡就业人数点线图

In[11]:

```
p = plt.figure(figsize=(12, 6), dpi=1080)  # 设置画布
plt.plot(values[:, 0], values[:, 3], 'bs-',
         values[:, 0], values[:, 4], 'ro-.')
plt.xlabel('年份（年）')
plt.ylabel('人数（万人）')
plt.ylim(20000, 60000)  # 设置 y 轴范围
plt.xticks(range(2001, 2020, 1), labels=values[:, 0])
plt.legend(['城镇就业人员', '乡村就业人员'])
plt.title('2001 年—2019 年城乡就业人数点线图')
plt.show()
```

Out[11]:

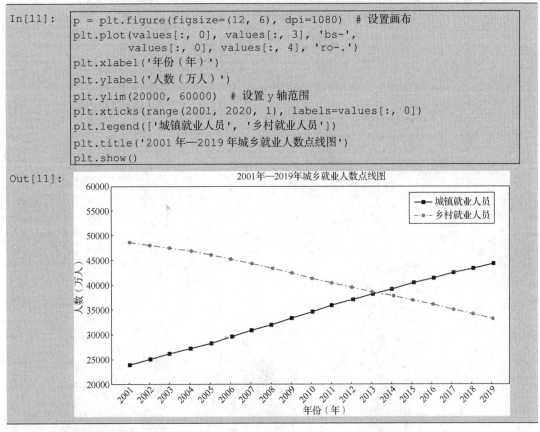

### 3．绘制柱形图

柱形图（Bar Chart）的核心思想是对比，常用于显示一段时间内的数据变化或显示各项数据之间的比较情况。柱形图的适用场合是二维数据集（每个数据点包括两个值 $x$ 和 $y$），

133

但只有一个维度的值需要比较。例如，年销售额就是二维数据，即"年份""销售额"，但只需要比较"销售额"这一个维度的数据。柱形图利用柱形的高度，反映数据的大小。人眼对柱形高度差异很敏感，辨识效果非常好。柱形图的局限在于它只适用于中小规模的数据集。

pyplot 中绘制柱形图的函数为 bar，bar 函数的基本使用格式如下。

```
matplotlib.pyplot.bar(x, height, width = 0.8, bottom = None, *, align = 'center',
data = None, ** kwargs)
```

bar 函数的常用参数及其说明如表 5-11 所示。

表 5-11　bar 函数的常用参数及其说明

| 参数名称 | 参数说明 |
|---|---|
| x | 接收 array 或 float。表示 $x$ 轴数据。无默认值 |
| height | 接收 array 或 float。表示指定柱形的高度。无默认值 |
| width | 接收 array 或 float。表示指定柱形的宽度。默认为 0.8 |
| bottom | 接收 array 或 float。表示指定柱形的起始位置。默认为 None |
| align | 接收 str。表示整个柱形图与 $x$ 轴的对齐方式，可选 center 和 edge。默认为 center |
| data | 接收可索引对象。表示具有标签数据的对象。默认为 None |

使用 bar 函数绘制 2019 年城乡就业人数柱形图，如代码 5-10 所示。

代码 5-10　绘制 2019 年城乡就业人数柱形图

```
In[12]:   columns = data['arr_0']  # 提取 columns 数组，视为数据的标签
          values = data['arr_1']   # 提取 values 数组，视为数据的存在位置
          # 绘制柱形图
          labels = ['城镇就业人员', '乡村就业人员']
          p = plt.figure(figsize=(6, 6), dpi=1080)
          plt.bar(range(2), values[-1, 3:5], width=0.5)
          plt.xlabel('类别')
          plt.ylabel('人数（万人）')
          plt.xticks(range(2), labels)
          plt.title('2019年城乡就业人数柱形图')
          plt.show()
```

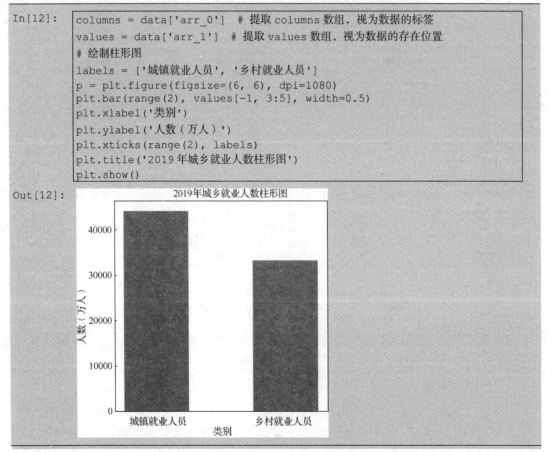

Out[12]:

通过代码 5-10 可以看出，2019 年城镇就业人员数量大于乡村就业人员数量，相差约 1 亿人。

#### 4. 绘制饼图

饼图（Pie Graph）将各项数据的大小与各项数据总和的比例显示在一张"饼"中，以"饼块"的大小来确定每一项数据的占比。饼图可以比较清楚地反映出部分与部分、部分与整体之间的比例关系，易于显示每组数据相对于总数的比例，而且显示方式直观。

pyplot 中绘制饼图的函数为 pie，pie 函数的基本使用格式如下。

```
matplotlib.pyplot.pie(x, explode=None, labels=None, colors=None, autopct=None,
pctdistance=0.6, shadow=False, labeldistance=1.1, startangle=0, radius=1,
counterclock=True, wedgeprops=None, textprops=None, center=0, 0, frame=False,
rotatelabels=False, *, normalize=None, data=None)
```

pie 函数的常用参数及其说明如表 5-12 所示。

表 5-12　pie 函数的常用参数及其说明

| 参数名称 | 参数说明 |
| --- | --- |
| x | 接收 array。表示用于绘制饼图的数据。无默认值 |
| explode | 接收 array。表示指定饼块与饼图圆心的偏移距离。默认为 None |
| labels | 接收 list。表示指定每一项数据的标签。默认为 None |
| colors | 接收特定 str 或包含颜色 str 的 array。表示饼图颜色。默认为 None |
| autopct | 接收特定 str。表示指定数值的显示方式。默认为 None |
| pctdistance | 接收 float。表示每个饼块的中心与 autopct 生成的文本之间的比例。默认为 0.6 |
| labeldistance | 接收 float。表示绘制的饼图标签到饼图圆心的距离。默认为 1.1 |
| radius | 接收 float。表示饼图的半径。默认为 1 |

使用 pie 函数绘制 2019 年城乡就业人数分布饼图，如代码 5-11 所示。

**代码 5-11　绘制 2019 年城乡就业人数分布饼图**

```
In[13]:    label = ['城镇就业人员', '乡村就业人员']
           explode = [0.01, 0.01]  # 设定各饼块与饼图圆心偏移 0.01 个半径的距离
           p = plt.figure(figsize=(6, 6), dpi=1080)  # 设置画布
           plt.pie(values[-1, 3:5], explode=explode,
                   labels=label, autopct='%1.1f%%')
           plt.title('2019年城乡就业人数分布饼图')
           plt.show()
```

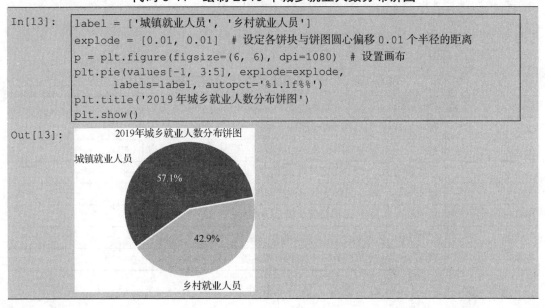

135

通过代码 5-11 可以明确看出城镇就业人员与乡村就业人员在总就业人员中的占比。2019 年城镇就业人员占比约 57.1%，乡村就业人员占比约 42.9%，城镇就业人员占多数。

### 5. 绘制箱线图

箱线图（Boxplot）也称箱须图，其绘制时，需使用常用的统计量，便能提供有关数据位置和分散情况的关键信息，尤其在比较不同特征时，可表现出这些特征的分散程度差异。图 5-2 标出了箱线图中每条线表示的含义。

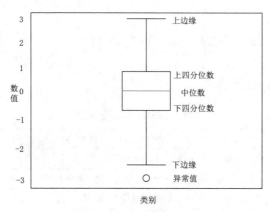

图 5-2　箱线图每条线的含义

箱线图利用数据中的 5 个统计量（非异常值的下边缘、下四分位数、中位数、上四分位数和非异常值的上边缘）来描述数据。它也可以粗略地看出数据是否具有对称性、分布的分散程度等信息，特别是可以用于对多个样本进行比较。

pyplot 中绘制箱线图的函数为 boxplot，boxplot 函数的基本使用格式如下。

```
matplotlib.pyplot.boxplot(x, notch=None, sym=None, vert=None, whis=None,
positions=None, widths=None, patch_artist=None, bootstrap=None, usermedians=None,
conf_intervals=None, meanline=None, showmeans=None, showcaps=None, showbox=None,
showfliers=None, boxprops=None, labels=None, flierprops=None, medianprops=None,
meanprops=None, capprops=None, whiskerprops=None, manage_xticks=True, autorange=
False, zorder=None, *, data=None)
```

boxplot 函数的常用参数及其说明如表 5-13 所示。

表 5-13　boxplot 函数的常用参数及其说明

| 参数名称 | 参数说明 |
| --- | --- |
| x | 接收 array。表示用于绘制箱线图的数据。无默认值 |
| notch | 接收 bool。表示中间箱体是否有缺口。默认为 None |
| sym | 接收特定 str。表示指定异常点形状。默认为 None |
| vert | 接收 bool。表示图形是纵向或横向的。默认为 None |
| positions | 接收 array。表示图形位置。默认为 None |
| widths | 接收 float 或 array。表示每个箱体的宽度。默认为 None |
| labels | 接收 Sequence。表示每个数据集的标签。默认为 None |

绘制 2001 年—2019 年城乡就业人数分布箱线图，如代码 5-12 所示。

代码 5-12　2001 年—2019 年城乡就业人数分布箱线图

```
In[14]:     label= ['城镇就业人员', '乡村就业人员']
            gdp = (list(values[:, 3]),list(values[:, 4]))
            p = plt.figure(figsize=(6, 6), dpi=1080)
            plt.boxplot(gdp, notch=True, labels=label, meanline=True)
            plt.title('2001 年—2019 年城乡就业人数分布箱线图')
            plt.show()
```

Out[14]:

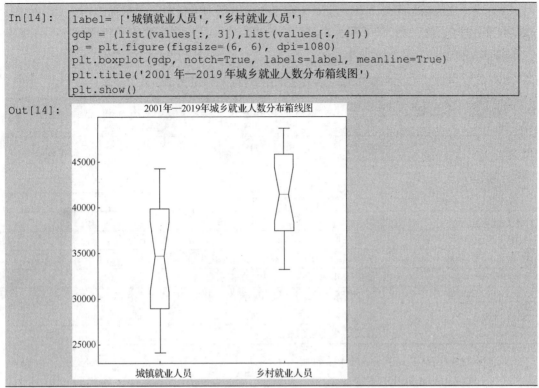

通过代码 5-12 可以看出，在 2001 年—2019 年，城镇就业人数和乡村就业人数都没有明显异常值，且变化速度较为平均。

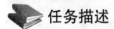 **任务 5.2**　掌握 seaborn 基础绘图

📕 **任务描述**

　　使用 seaborn 库绘制的图形在色彩和视觉上会令人耳目一新，通常将它视为 Matplotlib 库的补充。了解 seaborn 库的基础图形，通过主题样式、元素缩放、边框控制和定义调色板等方法可以设置图形的风格和颜色，使用 seaborn 库绘制常用的基础图形，其中包括热力图、分类散点图和线性回归拟合图。

掌握 seaborn 基础绘图

📚 **任务分析**

　　（1）了解 seaborn 中的基础图形。
　　（2）了解 seaborn 绘制图形的风格。
　　（3）熟悉 seaborn 的调色板设置方法。
　　（4）使用 seaborn 库绘制热力图、分类散点图和线性回归拟合图等基础图形。

## 5.2.1　熟悉 seaborn 绘图基础

　　在使用 seaborn 库绘制图形之前需要掌握其绘图基础，包括基础图形、绘图风格和调色板等。

### 1．了解 seaborn 中的基础图形

离职率（Dimission Rate）是企业用于衡量企业内部人力资源流动状况的一个重要指标，通过对离职率的分析，可以了解企业对员工的吸引力和员工对企业的满意情况。人员离职率数据的特征说明如表 5-14 所示。

表 5-14　人员离职率数据的特征说明

| 特征名称 | 特征含义 | 示例 |
|---|---|---|
| 满意度 | 员工满意程度，取值为 0~1，得分越高代表员工对企业越满意 | 0.38 |
| 评分 | 最近一次的员工表现度评分，取值为 0~1，得分越高代表员工表现越好 | 0.53 |
| 总项目数 | 员工做过的总项目数 | 2 |
| 每月平均工作小时数（小时） | 每月的平均工作时长（单位：小时） | 157 |
| 工龄（年） | 员工在公司工作的时间（单位：年） | 3 |
| 工作事故 | 员工在职期间是否有过工伤（0 表示没有，1 表示有） | 0 |
| 离职 | 是否离职（0 表示在职，1 表示离职） | 1 |
| 5 年内升职 | 最近 5 年是否有过升职（0 表示没有，1 表示有） | 0 |
| 部门 | 员工所属的部门，包括销售部、财务部、人力资源部、IT 部、管理部、技术部、支持部、产品开发部、市场部、研发部 | 销售部 |
| 薪资 | 薪资的水平，包括低、中、高 | 低 |

在 seaborn 库中包含大量常用的基础图形绘制函数。以某企业人员离职率数据（hr.csv）为例，分别使用 Matplotlib 库与 seaborn 库绘图不同薪资分布的散点图，如代码 5-13 所示。

代码 5-13　绘制不同薪资分布的散点图

```
In[1]:    # 导入库
          from matplotlib import pyplot as plt
          import pandas as pd
          import seaborn as sns

          # 设置中文字体
          plt.rcParams['font.sans-serif'] = ['SimHei']
          sns.set_style({'font.sans-serif':['SimHei', 'Arial']})

          # 加载数据
          hr = pd.read_csv('../data/hr.csv', encoding='gbk')

          data = hr.head(100)
          # 使用 Matplotlib 库绘图
          color_map = dict(zip(data['薪资'].unique(), ['b', 'y', 'r']))
          for species, group in data.groupby('薪资'):
              plt.scatter(group['每月平均工作小时数（小时）'],
                          group['满意度'],
                          color=color_map[species], alpha=0.4,
                          edgecolors=None, label=species)
          plt.legend(frameon=True, title='薪资')
          plt.xlabel('每个月平均工作时长（小时）')
          plt.ylabel('满意度水平')
          plt.title('满意度水平与每个月平均工作时长')
          plt.show()
```

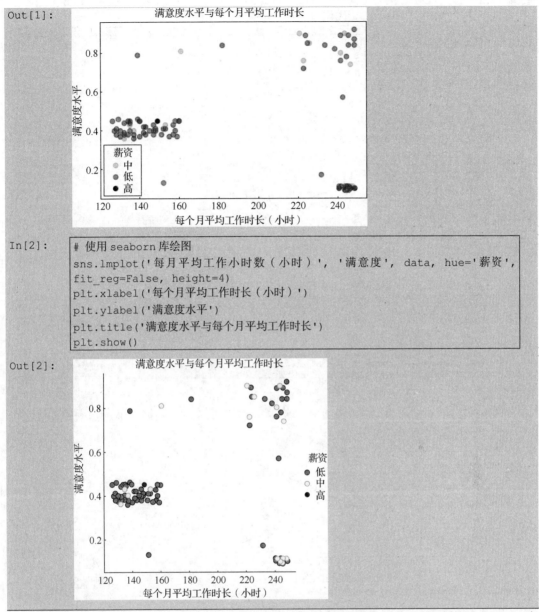

```
Out[1]:
```

```
In[2]:    # 使用 seaborn 库绘图
          sns.lmplot('每月平均工作小时数（小时）', '满意度', data, hue='薪资',
          fit_reg=False, height=4)
          plt.xlabel('每个月平均工作时长（小时）')
          plt.ylabel('满意度水平')
          plt.title('满意度水平与每个月平均工作时长')
          plt.show()
```

```
Out[2]:
```

　　在代码 5-13 中，使用 Matplotlib 库绘制图形时使用了较长的代码，而使用 seaborn 库绘制图形时仅仅用了几行代码即可达到相同的效果。但 seaborn 库与 Matplotlib 库不同的是，seaborn 库无法灵活地定制图形的风格。

#### 2. 了解 seaborn 的绘图风格

　　引人入胜、赏心悦目的图形不仅可以让读者更容易挖掘数据中的细节，而且有利于读者进行交流分析，更容易被读者记住。

　　虽然 Matplotlib 库是高度可定制的，但是很难根据需求确定需要调整的参数，且调整比较复杂。而 seaborn 库包含许多自定义主题和高级界面，可以用于控制图形的外观。例如，自定义一个偏移直线图形，用于展示绘图风格，如代码 5-14 所示。

代码 5-14　偏移直线图形

```
In[3]:    import numpy as np
          plt.rcParams['axes.unicode_minus'] = False
          x = np.arange(1, 10, 2)
          y1 = x + 1
          y2 = x + 3
          y3 = x + 5
          # 绘制 3 条不同的直线
          # 使用 Matplotlib 库绘图
          plt.title('Matplotlib 库的绘图风格')
          plt.plot(x, y1)
          plt.plot(x, y2)
          plt.plot(x, y3)
          plt.show()

          # 使用 seaborn 库绘图
          # 第 1 部分
          sns.set_style('darkgrid')    # 灰色背景+白网格
          sns.set_style({'font.sans-serif':['SimHei', 'Arial']})
          plt.title('seaborn 库的绘图风格')
          # 第 2 部分
          sns.lineplot(x, y1)
          sns.lineplot(x, y2)
          sns.lineplot(x, y3)
          plt.show()
```

Out[3]:

由代码 5-14 的运行结果可知，seaborn 库将 Matplotlib 库的参数分为两个独立的组，第 1 组的代码用于控制图形的美学样式，第 2 组的代码用于绘制图形。在 seaborn 库中可通过主题样式、元素缩放和边框控制等方法设置绘图风格。

（1）主题样式

在 seaborn 库中含有 darkgrid（灰色背景+白网格）、whitegrid（白色背景+黑网格）、dark（仅灰色背景）、white（仅白色背景）和 ticks（坐标轴带刻度）5 种预设的主题。其中，darkgrid 与 whitegrid 主题有助于在绘图时进行定量信息的查找，dark 与 white 主题有助于防止网格与表示数据的线条混淆，ticks 主题有助于体现少量特殊的数据元素结构。

seaborn 图形的默认主题为 darkgrid。读者可以使用 set_style 函数修改主题及其默认参数。set_style 函数的基本使用格式如下。

```
seaborn.set_style(style=None, rc=None)
```

set_style 函数的常用参数及其说明如表 5-15 所示。

表 5-15　set_style 函数的常用参数及其说明

| 参数名称 | 参数说明 |
| --- | --- |
| style | 接收 str。表示设置的图形主题风格，可选 darkgrid、whitegrid、dark、white、ticks。默认为 None |
| rc | 接收 dict。表示用于覆盖预设 seaborn 样式字典中值的参数映射。默认为 None |

set_style 函数只能修改 axes_style 函数的参数，axes_style 函数可以实现临时设置图形样式的效果。例如，在各主题下绘制偏移直线并修改 axes_style 函数显示的默认参数，如代码 5-15 所示。

代码 5-15　各主题及修改默认参数示例

```
In[4]:   x = np.arange(1, 10, 2)
         y1 = x + 1
         y2 = x + 3
         y3 = x + 5
         def showLine(flip=1):
             sns.lineplot(x, y1)
             sns.lineplot(x, y2)
             sns.lineplot(x, y3)
         pic = plt.figure(figsize=(12, 8))
         with sns.axes_style('darkgrid'):  # 使用darkgrid主题
             pic.add_subplot(2, 3, 1)
             showLine()
             plt.title('darkgrid')
         with sns.axes_style('whitegrid'):  # 使用whitegrid主题
             pic.add_subplot(2, 3, 2)
             showLine()
             plt.title('whitegrid')
         with sns.axes_style('dark'):  # 使用dark主题
             pic.add_subplot(2, 3, 3)
             showLine()
             plt.title('dark')
         with sns.axes_style('white'):  # 使用white主题
             pic.add_subplot(2, 3, 4)
             showLine()
             plt.title('white')
         with sns.axes_style('ticks'):  # 使用ticks主题
             pic.add_subplot(2, 3, 5)
             showLine()
```

```
      plt.title('ticks')
sns.set_style(style='darkgrid', rc={'font.sans-serif': ['Microsoft
YaHei', 'SimHei'], 'grid.color': 'black'})  # 修改主题中的参数
pic.add_subplot(2, 3, 6)
showLine()
plt.title('修改默认参数')
plt.show()
```

Out[4]:

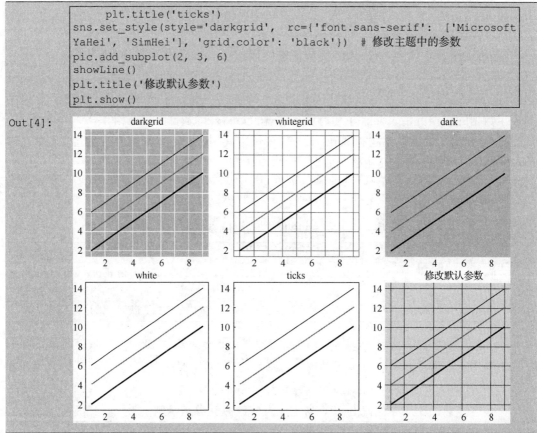

由代码 5-15 运行结果可知，通过 set_style 函数修改 axes_style 函数的参数，展示了在各主题风格下绘制的偏移直线。虽然在 seaborn 库中切换主题相对容易，但是使用 with()方法临时设置主题将会更方便。

（2）元素缩放

在 seaborn 库中通过 set_context 函数可以设置输出图片元素的尺寸。set_context 函数的基本使用格式如下。

```
seaborn.set_context(context=None, font_scale=1, rc=None)
```

set_context 函数的常用参数及其说明如表 5-16 所示。

表 5-16　set_context 函数的常用参数及其说明

| 参数名称 | 参数说明 |
| --- | --- |
| context | 接收 str。表示设置的缩放类型，可选 paper、notebook、talk，poster。默认为 None |
| font_scale | 接收 float。表示单独的缩放因子，以独立缩放字体元素的大小。默认为 1 |
| rc | 接收 dict。表示参数映射，以覆盖预设的 context 的值。默认为 None |

使用 set_context 函数只能修改 plotting_context 函数的参数，plotting_context 函数通过调整参数改变图中标签、线条或其他元素的大小，但不会影响整体样式。例如，使用偏移直线展示 4 种不同大小的图形，如代码 5-16 所示。

代码 5-16　绘制不同大小的偏移直线图形

```
In[5]:    sns.set()
          x = np.arange(1, 10, 2)
          y1 = x + 1
          y2 = x + 3
          y3 = x + 5
          def showLine(flip=1):
              sns.lineplot(x, y1)
              sns.lineplot(x, y2)
              sns.lineplot(x, y3)
          # 恢复默认参数
          pic = plt.figure(figsize=(8, 8), dpi=100)
          with sns.plotting_context('paper'):     # 选择 paper 类型
              pic.add_subplot(2, 2, 1)
              showLine()
              plt.title('paper')
          with sns.plotting_context('notebook'):  # 选择 notebook 类型
              pic.add_subplot(2, 2, 2)
              showLine()
              plt.title('notebook')
          with sns.plotting_context('talk'):      # 选择 talk 类型
              pic.add_subplot(2, 2, 3)
              showLine()
              plt.title('talk')
          with sns.plotting_context('poster'):    # 选择 poster 类型
              pic.add_subplot(2, 2, 4)
              showLine()
              plt.title('poster')
          plt.show()
```

Out[5]:

由代码 5-16 的运行结果可知，4 种不同的缩放类型直观的区别在于字号的不同，而其他方面也均略有差异。

（3）边框控制

在 seaborn 库中，可以使用 despine 函数移除任意位置的边框、调节边框的位置、修改边框的长短。despine 函数的基本使用格式如下。

```
seaborn.despine(fig=None, ax=None, top=True, right=True, left=False, bottom=False,
offset=None, trim=False)
```

despine 函数的常用参数及其说明如表 5-17 所示。

表 5-17　despine 函数的常用参数及其说明

| 参数名称 | 参数说明 |
| --- | --- |
| top | 接收 bool。表示删除顶部边框。默认为 True |
| right | 接收 bool。表示删除右侧边框。默认为 True |
| left | 接收 bool。表示删除左侧边框。默认为 False |
| bottom | 接收 bool。表示删除底部边框。默认为 False |
| offset | 接收 int 或 dict。表示边框与轴的距离。无默认值 |
| trim | 接收 bool。表示是否将边框的最小和最大刻度限制在非指定轴上。默认为 False |

使用 despine 函数绘制不同边框图形，如代码 5-17 所示。

**代码 5-17　控制图形边框**

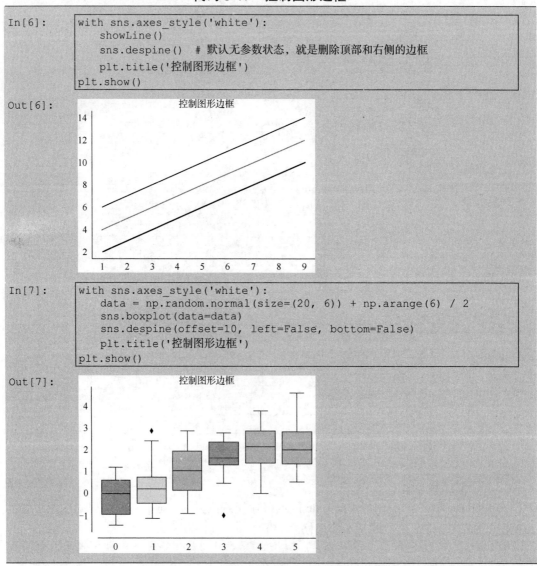

由代码 5-17 可知，使用 despine 函数可以绘制具有不同边框的图形以及改变坐标轴与

144

原点的距离。

### 3. 熟悉 seaborn 的调色板

颜色在可视化中非常重要，可用于代表各种特征，并且提高整个图的观赏性。如果有效地使用颜色，那么可以显示数据中的图案；如果颜色使用不当，那么将会隐藏数据中图案。在 seaborn 中颜色由调色板控制，因此调色板是 seaborn 库中绘制图形的基础。

常用于调色板的函数及其作用如表 5-18 所示。

表 5-18　常用于调色板的函数及其作用

| 函数名称 | 函数作用 |
| --- | --- |
| hls_palette | 用于控制调色板颜色的亮度和饱和 |
| xkcd_palette | 使用 xkcd 颜色中的颜色名称创建调色板 |
| cubehelix_palette | 用于创建连续调色板 |
| light_palette | 用于创建颜色从浅色到深色的连续调色板 |
| dark_palette | 用于创建颜色从深色到深色混合的连续调色板 |
| choose_light_palette | 启动交互式小部件以创建浅色连续调色板 |
| choose_dark_palette | 启动交互式小部件以创建深色连续调色板 |
| diverging_palette | 用于创建离散调色板 |
| choose_diverging_palette | 启动交互式小部件选择不同的调色板，与 diverging_palette 函数功能相对应 |
| color_palette | 用于返回定义调色板的颜色列表或连续颜色图 |
| set_palette | 用于设置调色板，为所有图设置默认颜色周期 |

通常在不知道数据具体特征的情况下，是无法得知使用什么类型的调色板或颜色映射最优的。因此，将使用定性调色板、连续调色板和离散调色板 3 种不同类型的调色板，用于区分使用 color_palette 函数的不同情况。除此之外，还可以使用 set_palette 函数将调色板设置为默认调色板。

### （1）定性调色板

当需要区分没有固有顺序的离散数据区块时，定性（或分类）调色板是较佳选择。在导入 seaborn 库后，默认颜色周期将更改为 10 种颜色，如代码 5-18 所示。

代码 5-18　seaborn 默认颜色周期

```
In[8]:    sns.palplot(sns.color_palette())
Out[8]:
```

默认颜色主题有 deep、muted、pastel、bright、dark 和 colorblind 等，默认为 deep。读者可以使用代码 5-19 所示的方式导入不同的颜色主题。

代码 5-19　导入不同的颜色主题

```
In[9]:    palette = sns.color_palette('muted')
          sns.palplot(palette)
```

Out[9]:

在使用定性调色板时，可对调色板进行调整，具体如下。

① 使用圆形颜色系统

当有任意数量的类别需要区分时，较简单的方法是在圆形颜色空间中绘制均匀间隔的颜色（色调在保持亮度和饱和度不变的同时变化）。在需要使用的颜色比默认颜色周期中设置的颜色更多时，常使用圆形颜色系统设置图案颜色。

较常用的方法是使用 HLS（H 表示色调、L 表示亮度、S 表示饱和度）颜色空间，可由 RGB（R 代表红色、G 代表绿色、B 代表蓝色）颜色空间经过简单转换得到，如代码 5-20 所示。

代码 5-20　HLS 颜色空间

In[10]:
```
sns.palplot(sns.color_palette('hls', 8))
```

Out[10]:

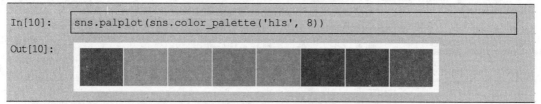

使用 hls_palette 函数可以控制颜色的亮度和饱和度，如代码 5-21 所示。

代码 5-21　控制颜色亮度和饱和度

In[11]:
```
sns.palplot(sns.hls_palette(8, l=.3, s=.8))    # l 控制亮度，s 控制饱和度
```

Out[11]:

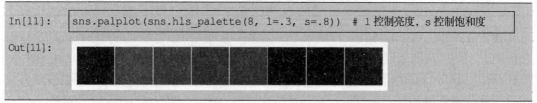

人类视觉系统的工作方式，会导致尽管在 RGB 度量上颜色的强度是一致的，但在人类视觉中并不平衡。例如，人们认为黄色和绿色是相对较亮的颜色，而蓝色则相对较暗，这可能会出现视觉系统与 HLS 系统不一致的问题。

为了解决这一问题，seaborn 库提供了一个 HSluv 色彩模型的接口，这也使得选择均匀间隔的色彩变得更加容易，同时保持亮度和饱和度更加一致，如代码 5-22 所示。

代码 5-22　调节亮度和饱和度在视觉一致

In[12]:
```
sns.palplot(sns.color_palette('husl', 8))
```

Out[12]:

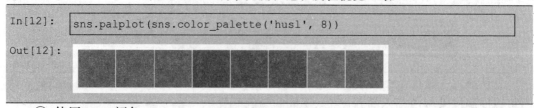

② 使用 xkcd 颜色

xkcd 颜色是通过对上万名参与者进行调查而总结得出的，产生了 954 个最常用的颜色。可以随时通过 xkcd_rgb 字典装饰器调用这些颜色，也可以通过 xkcd_palette 函数自定义调色板。xkcd 颜色的使用如代码 5-23 所示。

代码 5-23　xkcd 颜色使用示例

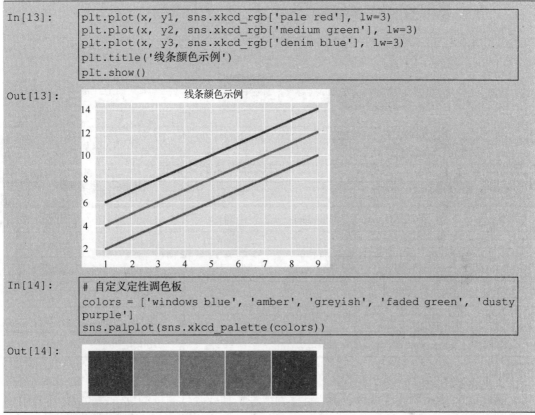

```
In[13]:  plt.plot(x, y1, sns.xkcd_rgb['pale red'], lw=3)
         plt.plot(x, y2, sns.xkcd_rgb['medium green'], lw=3)
         plt.plot(x, y3, sns.xkcd_rgb['denim blue'], lw=3)
         plt.title('线条颜色示例')
         plt.show()
```

Out[13]:

```
In[14]:  # 自定义定性调色板
         colors = ['windows blue', 'amber', 'greyish', 'faded green', 'dusty
         purple']
         sns.palplot(sns.xkcd_palette(colors))
```

Out[14]:

（2）连续调色板

当数据存在一定顺序时，通常使用连续映射。对于连续的数据，使用在色调上有相对细微变化、在亮度和饱和度上有很大变化的调色板，将会自然地展现数据中相对重要的部分。连续调色板的设置方法如下。

① Color Brewer 库

在 Color Brewer 库中有大量的连续调色板，以调色板中的主色（或颜色）命名。如果需要反转亮度，那么可以为调色板名称添加后缀 "_r" 实现。如果觉得颜色鲜艳的线难以区分，那么可以使用 seaborn 库增加的一个没有动态范围的 "dark" 面板。只需为调色板名称添加后缀 "_d"，即可切换至 "dark" 面板。绘制连续调色板、亮度反转及切换面板如代码 5-24 所示。

代码 5-24　绘制连续调色板、亮度反转及切换面板

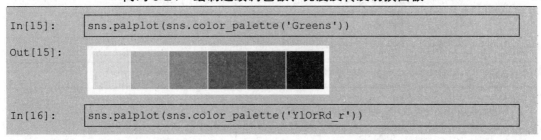

```
In[15]:  sns.palplot(sns.color_palette('Greens'))
```

Out[15]:

```
In[16]:  sns.palplot(sns.color_palette('YlOrRd_r'))
```

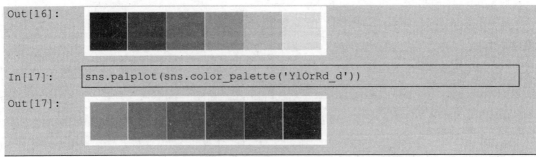

Out[16]:

In[17]:
```
sns.palplot(sns.color_palette('YlOrRd_d'))
```

Out[17]:

在 Color Brewer 库中，连续调色板名称及渐变顺序如表 5-19 所示。

表 5-19　连续调色板名称及渐变顺序

| 名称 | 渐变顺序 | 名称 | 渐变顺序 | 名称 | 渐变顺序 |
|------|---------|------|---------|------|---------|
| YlOrRd | 黄橙红 | Purples | 紫 | Greys | 灰色 |
| YlOrBr | 黄橙棕 | PuRd | 紫红 | Greens | 绿 |
| YlGnBu | 黄绿蓝 | PuBuGn | 紫蓝绿 | GnBu | 绿蓝 |
| YlGn | 黄绿 | PuBu | 紫蓝 | BuP | 蓝紫 |
| Reds | 红 | OrRd | 橙红 | BuGn | 蓝绿 |
| RdPu | 红紫 | Oranges | 橙色 | Blues | 蓝 |

② cubehelix 调色板

通过 cubehelix 制作连续调色板，将得到线性增加或降低亮度的色图，这意味着映射信息会在用黑色和白色保存（如用于印刷）时或被色盲的人浏览时得以保留。在 seaborn 库中，可使用 cubehelix_palette 函数制作 cubehelix 调色板。cubehelix_palette 函数的基本使用格式如下。

```
seaborn.cubehelix_palette(n_colors=6, start=0, rot=0.4, gamma=1.0, hue=0.8, light=0.85, dark=0.15, reverse=False, as_cmap=False)
```

cubehelix_palette 函数的常用参数及其说明如表 5-20 所示。

表 5-20　cubehelix_palette 函数的常用参数及其说明

| 参数名称 | 参数说明 |
|---------|---------|
| n_color | 接收 int。表示调色板中颜色的数目。默认为 6 |
| start | 接收 0～3 的 float。表示调色板开头的色调。默认为 0 |
| rot | 接收 float。表示在调色板范围内，围绕色相轮旋转的次数。默认为 0.4 |
| light | 接收 0～1 的 float。表示颜色明亮程度。默认为 0.85 |
| dark | 接收 0～1 的 float。表示颜色深暗程度。默认为 0.15 |
| as_cmap | 接收 bool。表示是否返回 Matplotlib 颜色映射对象。默认为 False |

使用 cubehelix_palette 函数生成调色板对象并传入绘图函数，如代码 5-25 所示。

代码 5-25　使用 cubehelix_palette 函数生成调色板对象并传入绘图函数

```
In[18]:    sns.palplot(sns.cubehelix_palette(8, start=1, rot=0))

Out[18]:
```

```
In[19]:    x, y = np.random.multivariate_normal([0, 0], [[1, -.5], [-.5, 1]],
           size=300).T
           cmap = sns.cubehelix_palette(as_cmap=True)   # 生成调色板对象
           sns.kdeplot(x, y, cmap=cmap, shade=True)
           plt.title('连续调色板')
           plt.show()
```

Out[19]:

③ 自定义连续调色板

对于自定义连续调色板，可以调用 light_palette 函数和 dark_palette 函数进行单一颜色"播种"，"种子"可以用于产生单一颜色从浅色到深色的调色板。如果使用的是 IPython Notebook（供 Jupyter Notebook 使用的一个 Jupyter 内核组件），那么 light_palette 函数和 dark_palette 函数还可以分别与 choose_light_palette 函数和 choose_dark_palette 函数启动交互式小部件创建单一颜色的调色板。

任何有效的 Matplotlib 颜色都可以传递给 light_palette 函数和 dark_palette 函数，包括 HLS 颜色空间或 HUSL 颜色空间的 RGB 元组和 xkcd 颜色。自定义连续调色板并将其传入绘图函数，如代码 5-26 所示。

代码 5-26　自定义连续调色板并将其传入绘图函数

```
In[20]:    sns.palplot(sns.light_palette('blue'))

Out[20]:
```

```
In[21]:    sns.palplot(sns.dark_palette('yellow'))

Out[21]:
```

```
In[22]:    # 使用 HUSL 颜色空间作为种子
```

```
In[22]:     pal = sns.dark_palette((200, 80, 60), input='husl', reverse=True,
            as_cmap=True)
            sns.kdeplot(x, y, cmap=pal)
            plt.title('自定义连续调色板')
            plt.show()
```

Out[22]:

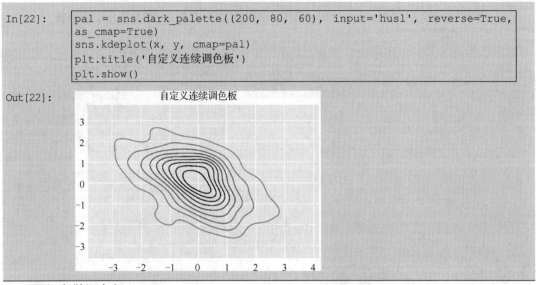

（3）离散调色板

离散调色板用于数据的高值和低值都有非常重要的数据意义的情况下，这些数据通常有一个定义明确的中点。例如，如果需要绘制某个基线时间点的温度变化，那么使用离散调色板显示相对减少的区域或相对增加的区域将会得到相对较好的效果。

选择离散调色板的原则是，起始色调和结束色调具有相似的亮度和饱和度，并且经过色调偏移后在中点处和谐相遇。同时，需要尽量避免使用红色与绿色，离散调色板的设置情况如下。

① 默认的离散调色板

在 Color Brewer 库中有一组精心设计的离散调色板，如代码 5-27 所示。

代码 5-27　Color Brewer 库中的离散调色板

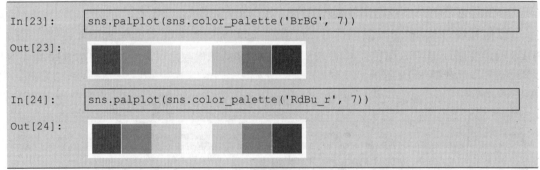

在 Matplotlib 库中内置了 coolwarm 离散调色板，但是它的中点和极值之间的对比度较小，如代码 5-28 所示。

代码 5-28　coolwarm 离散调色板

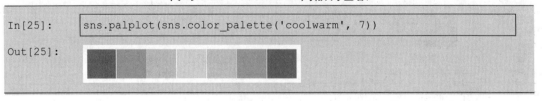

② 自定义离散调色板

在 seaborn 库中可以使用 diverging_palette 函数（及 choose_diverging_palette 函数启动交互式小部件）为离散数据创建自定义调色板。diverging_palette 函数可使用 HULS 颜色空间创建不同的调色板。diverging_palette 函数的基本使用格式如下。

```
seaborn.diverging_palette(h_neg, h_pos, s=75, l=50, sep=1, n=6, center='light',
as_cmap=False)
```

diverging_palette 函数的常用参数及其说明如表 5-21 所示。

表 5-21　diverging_palette 函数的常用参数及其说明

| 参数名称 | 参数说明 |
|---|---|
| h_neg | 接收 0～359 的 float。表示调色板的正范围的色调。无默认值 |
| h_pos | 接收 0～359 的 float。表示调色板的负范围的色调。无默认值 |
| s | 接收 0～100 的 float。表示两个范围的色调饱和度。默认为 75 |
| l | 接收 0～100 的 float。表示两个范围的色调亮度。默认为 50 |
| n | 接收 int。表示调色板颜色数目。默认值为 6 |
| center | 接收 str。表示调色板中心明暗，可选 light、dark。默认为 light |
| as_cmap | 接收 bool。表示是否返回 Matplotlib 颜色映射对象。默认为 False |

diverging_palette 函数使用 HUSL 颜色空间的离散调色板，可以任意接收两种颜色，也可以设定亮度和饱和度。diverging_palette 函数在两个 HUSL 颜色之间制作调色板。使用 diverging_palette 函数自定义离散调色板，如代码 5-29 所示。

代码 5-29　使用 diverging_palette 函数自定义离散调色板

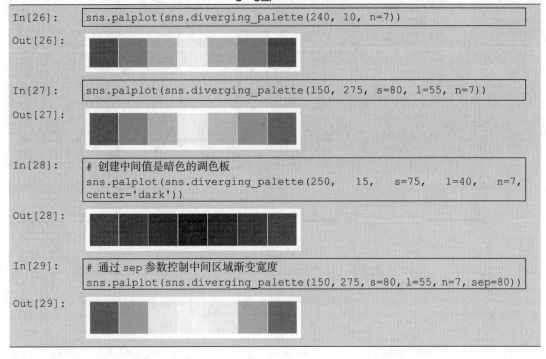

（4）设置默认调色板

color_palette 函数还有一个与之相对应的函数，即 set_palette 函数。set_palette 函数接受与 color_palette 函数相同的参数，可更改默认的 Matplotlib 调色板参数，更改后所有的调色板配置将变为设置的调色板配置。使用 set_palette 函数设置调色板，如代码 5-30 所示。

代码 5-30　使用 set_palette 函数设置调色板

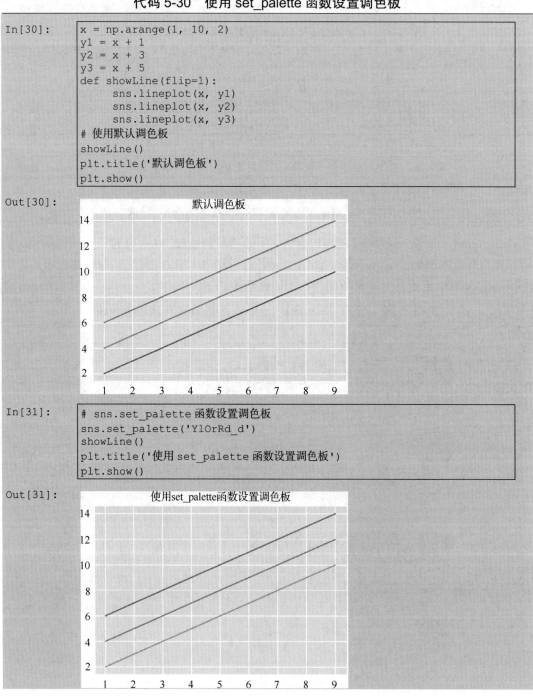

```
In[30]:    x = np.arange(1, 10, 2)
           y1 = x + 1
           y2 = x + 3
           y3 = x + 5
           def showLine(flip=1):
               sns.lineplot(x, y1)
               sns.lineplot(x, y2)
               sns.lineplot(x, y3)
           # 使用默认调色板
           showLine()
           plt.title('默认调色板')
           plt.show()
```

Out[30]:

```
In[31]:    # sns.set_palette 函数设置调色板
           sns.set_palette('YlOrRd_d')
           showLine()
           plt.title('使用 set_palette 函数设置调色板')
           plt.show()
```

Out[31]:

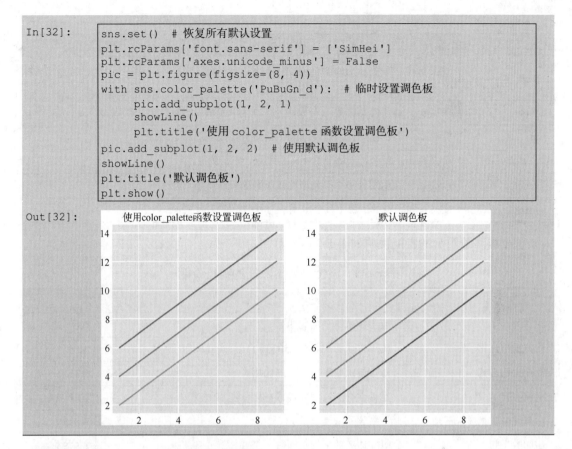

```
In[32]:     sns.set()  # 恢复所有默认设置
            plt.rcParams['font.sans-serif'] = ['SimHei']
            plt.rcParams['axes.unicode_minus'] = False
            pic = plt.figure(figsize=(8, 4))
            with sns.color_palette('PuBuGn_d'):  # 临时设置调色板
                pic.add_subplot(1, 2, 1)
                showLine()
                plt.title('使用color_palette 函数设置调色板')
            pic.add_subplot(1, 2, 2)  # 使用默认调色板
            showLine()
            plt.title('默认调色板')
            plt.show()
```

Out[32]:

## 5.2.2　使用 seaborn 绘制基础图形

热力图可用于了解数据集中的变量间是否存在相关关系，分类散点图可以将分类变量的每个级别显示出来，回归拟合图可以判断变量间是否具有相互依赖的定量关系。

### 1.绘制热力图

热力图（Heat Map）通过颜色的深浅表示数据的分布，颜色越浅数据越大，读者可以从中一眼就分辨出数据的分布情况，非常方便。

在 seaborn 库中，可以使用 heatmap 函数绘制热力图。heatmap 函数的基本使用格式如下。

```
seaborn.heatmap(data, vmin=None, vmax=None, cmap=None, center=None, robust=False,
annot=None, fmt='.2g', annot_kws=None, linewidths=0, linecolor='white', cbar=True,
cbar_kws=None, cbar_ax=None, square=False, xticklabels='auto', yticklabels='auto',
mask=None, ax=None, **kwargs)
```

heatmap 函数的主要参数及说明如表 5-22 所示。

表 5-22　heatmap 函数的主要参数及说明

| 参数名称 | 参数说明 |
| --- | --- |
| data | 接收可转换为 ndarray 的二维矩阵数据集。表示用于绘图的数据集。无默认值 |
| vmin，vmax | 接收 float。表示颜色映射的值的范围。默认为 None |
| cmap | 接收颜色映射或颜色列表。表示数值到颜色空间的映射。默认为 None |
| center | 接收 float。表示以 0 为中心发散颜色。默认为 None |

| 参数名称 | 参数说明 |
| --- | --- |
| robust | 接收 bool。如果为 True 且 vmin 参数或 vmax 参数为 None，则使用分位数表示映射范围。默认为 False |
| annot | 接收 bool 或矩阵数据集。表示是否在每个单元格中显示数值。默认为 None |
| fmt | 接收 str。表示添加注释时使用的字符串格式代码。默认为.2g |
| linewidths | 接收 float。表示划分每个单元格的线宽。默认为 0 |
| linecolor | 接收 str。表示划分每个单元格的线条颜色。默认为 white |
| square | 接收 bool。表示是否使每个单元格为方形。默认为 False |

波士顿房价数据的特征说明如表 5-23 所示。

表 5-23　波士顿房价数据的特征说明

| 特征名称 | 特征含义 | 示例 |
| --- | --- | --- |
| 犯罪率 | 波士顿城镇平均犯罪率 | 0.00632 |
| 居住面积占比 | 住房占地面积超过 $25000ft^2(1ft^2 \approx 0.09m^2)$ 的住宅用地比例 | 18.0 |
| 商业用地占比 | 每个城镇非零售业务的比例 | 2.31 |
| 河流穿行 | 是否被查尔斯河穿过，1 表示是，0 表示否 | 0 |
| 一氧化氮含量（ppm） | 一氧化氮浓度 | 0.538 |
| 房间数（间） | 每间住宅的平均房间数 | 6.575 |
| 住宅占比 | 早于 1940 年建造的住宅单位比例 | 65.2 |
| 平均距离 | 距离 5 个就业中心区域的加权平均距离 | 4.0900 |
| 可达性指数 | 径向高速公路的可达性指数 | 1 |
| 财产税 | 每 1 万美元的全额物业税率 | 296 |
| 学生与老师占比 | 城镇中的学生与老师的比例 | 15.3 |
| 低收入人群 | 反映当地低收入人群占总人口的比例 | 4.98 |
| 房屋价格（美元） | 自住房屋价格的中位数（单位：美元） | 24000 |

基于表 5-23 的波士顿房价数据特征绘制热力图，如代码 5-31 所示。

代码 5-31　绘制热力图

```
In[33]:    boston = pd.read_csv('../data/boston_house_prices.csv', encoding=
           'gbk')
           plt.rcParams['axes.unicode_minus'] = False
           corr = boston.corr()  # 特征的相关系数矩阵
           sns.heatmap(corr)
           plt.title('特征矩阵热力图')
           plt.show()
```

Out[33]:

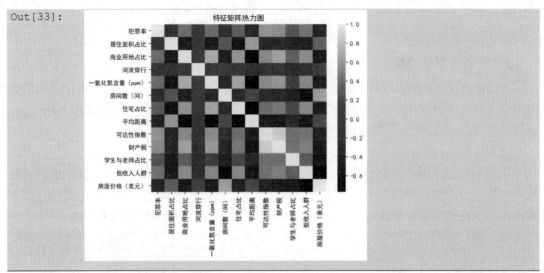

　　由代码 5-31 的运行结果可知波士顿房价数据中各变量之间的相关关系，而图中最右侧线条的作用是量化特征之间的相关性。以 0 为分界点，数值越接近 1，则正相关性越强，颜色就越浅；反之，数值越接近-1，则负相关性越强，颜色就越深。

　　为了更加清楚地显示出数据特点，可以添加数据标记，即设置参数 annot=True，辅助增强显示效果，如代码 5-32 所示。

代码 5-32　添加数据标记

In[34]:

```python
plt.figure(figsize=(10, 10))
sns.heatmap(corr, annot=True, fmt='.2f')
plt.title('特征矩阵热力图')
plt.show()
```

Out[34]:

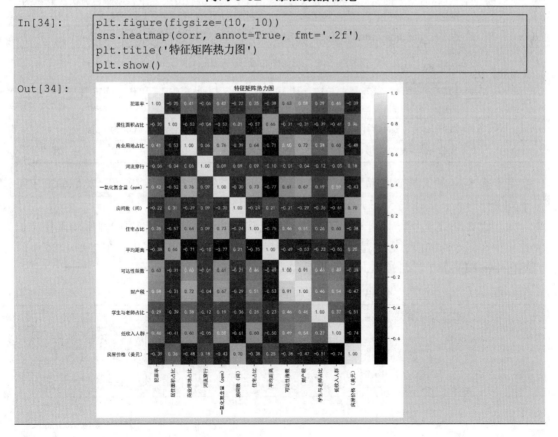

由代码 5-32 的运行结果可知，为热力图添加数据标记，可以更清晰地观察到不同变量之间的相关性大小。

**2. 绘制分类散点图**

分类散点图（Categorical Scatterplot）的某一维表示分类，另一维为每一类中分布的数值，分类散点图可以用于表示各类别的分布情况。读者可使用 stripplot 函数和 swarmplot 函数绘制分类散点图，不同的函数的作用有所不同，具体的介绍如下。

（1）stripplot 函数

使用 stripplot 函数绘制分类散点图，是显示分类变量级别中某些定量变量的值的一种简单方法。分类散点图可以单独显示，但是有时候也可以作为其他分类图的辅助图，用于显示所有的观察结果和数据的基本分布。stripplot 函数的基本使用格式如下。

```
seaborn.stripplot(x=None, y=None, hue=None, data=None, order=None, hue_order=None,
jitter=True, dodge=False, orient=None, color=None, palette=None, size=5,
edgecolor='gray', linewidth=0, ax=None, **kwargs)
```

stripplot 函数接收多种数据，包括 NumPy 数组、数据框、序列等。当使用数据框和序列时，会添加相关联的名称到坐标轴标签上。

stripplot 函数的部分参数及说明如表 5-24 所示。

表 5-24  stripplot 函数的部分参数及说明

| 参数名称 | 参数说明 |
|---|---|
| x，y，hue | 接收 data 中的变量。表示选入的绘图变量，hue 接收分类变量，以颜色分类。默认为 None |
| data | 接收 DataFrame、array、list、Series。表示用于绘图的数据集。默认为 None |
| order，hue_order | 接收 str、list。表示指定绘图分类级别。默认为 None |
| jitter | 接收 float、True、1。表示添加均匀随机噪声（仅改变图形）以优化图形显示。默认为 True |
| dodge | 接收 bool。表示当使用分类嵌套时变量是否沿着分类轴分离。默认为 False |
| orient | 接收 str。表示图形的方向，可选 v、h。默认为 None |

基于表 5-14 的人员离职率数据，绘制简单水平分类散点图分析销售部已离职的员工每月平均工作时长，如代码 5-33 所示。

由代码 5-33 的运行结果可知，在销售部且已离职的员工中，员工每个月平均工作时长大致集中在两个时间段，分别是 125～165 小时和 210～250 小时，其中，在 210～250 小时时间段中离职的员工相对较多，可能是受加班时长的影响。

代码 5-33  绘制简单水平分类散点图

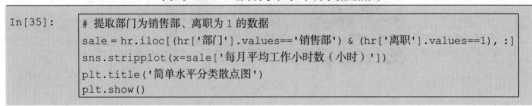

```
In[35]:    # 提取部门为销售部、离职为 1 的数据
           sale = hr.iloc[(hr['部门'].values=='销售部') & (hr['离职'].values==1), :]
           sns.stripplot(x=sale['每月平均工作小时数（小时）'])
           plt.title('简单水平分类散点图')
           plt.show()
```

Out[35]:

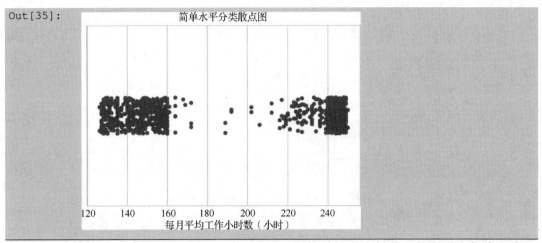

通过分类变量对条带进行分组，并对比展示添加随机噪声抖动后的图形，如代码 5-34 所示。

**代码 5-34　添加随机噪声**

In[36]:
```
# 提取离职为 1 的数据
hr1 = hr.iloc[hr['离职'].values==1, :]
plt.figure(figsize=(10, 5))
plt.subplot(121)
plt.xticks(rotation=70)
sns.stripplot(x='部门', y='每月平均工作小时数（小时）', data=hr1)  # 默
认添加随机噪声
plt.title('默认随机噪声')
plt.subplot(122)
plt.xticks(rotation=70)
sns.stripplot(x='部门', y='每月平均工作小时数（小时）',
                data=hr1, jitter=False)  # 不添加随机噪声
plt.title('无随机噪声')
plt.show()
```

Out[36]:

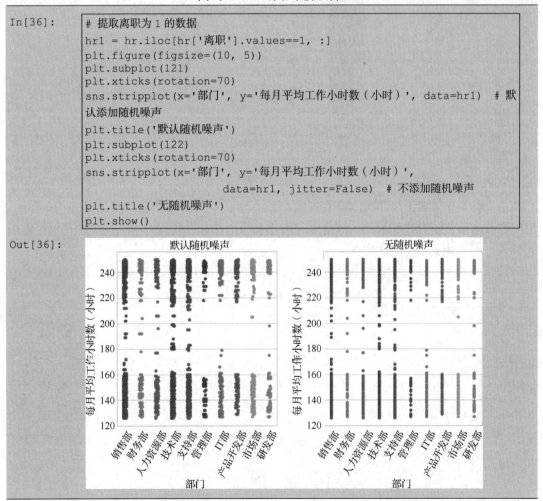

由代码 5-34 的运行结果可知，添加随机噪声与不添加随机噪声的图形不一致，没有添

加噪声的图形相对较平滑。

　　基于表 5-14 的人员离职率数据，绘制图形分析高薪的在职员工在 5 年内是否晋升与每月平均工作时长的关系，并使用多分类功能，将一个分类变量嵌套进另一个分类变量，用颜色区别第二个分类条件的数据，如代码 5-35 所示。

代码 5-35　用颜色区别第二个分类条件的数据

| In[37]: | ```# 提取高薪在职员工的数据
hr2 = hr.iloc[(hr['薪资'].values=='高') & (hr['离职'].values==0), :]
sns.stripplot(x='5 年内升职', y='每月平均工作小时数（小时）',
                      hue='部门', data=hr2, jitter=True)
plt.title('5 年内是否晋升与每月平均工作时长')
plt.show()``` |
|---|---|

Out[37]:

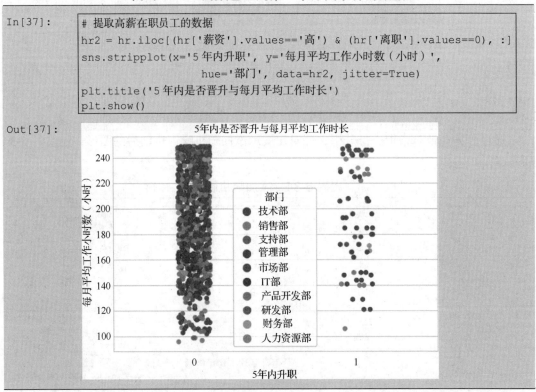

　　由代码 5-35 的运行结果可知，在高薪在职的员工中，5 年内得以晋升的员工相对较少，得以晋升的员工多数在管理部，其他部门的很多员工没有得到晋升。这样容易导致企业员工流失，提高企业员工的离职率。

　　修改 dodge 参数，使变量沿分类轴方向分类而不重叠，如代码 5-36 所示。

代码 5-36　使变量沿分类轴方向分类

| In[38]: | ```plt.figure(figsize=(10, 13))
plt.subplot(211)
plt.xticks(rotation=70)
plt.title('不同部门的每月平均工作时长')
sns.stripplot(x='部门', y='每月平均工作小时数（小时）', hue='5 年内升职',
data=hr2)
plt.subplot(212)
plt.xticks(rotation=70)
sns.stripplot(x='部门', y='每月平均工作小时数（小时）', hue='5 年内     升
职', data=hr2, dodge=True)

plt.show()``` |
|---|---|

Out[38]:

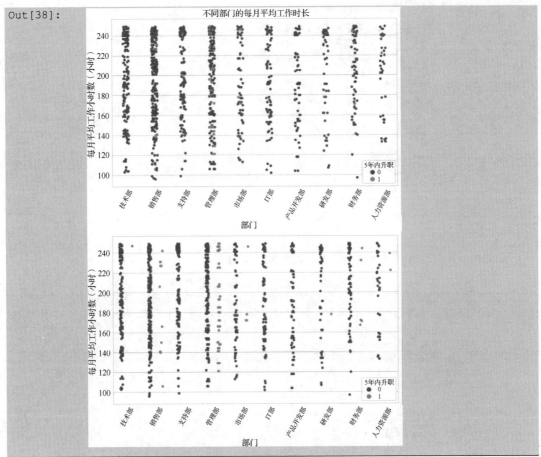

由代码 5-36 的运行结果可知，修改 dodge 参数之后，变量沿分类轴方向分类而不重叠，这将会使分类结果更加清晰。

（2）swarmplot 函数

stripplot 函数添加随机噪声以增加图形抖动，将变量沿着分类轴绘制后，图形仍然有重叠的可能。而使用 swarmplot 函数可以避免这种情况，它能够绘制出具有非重叠点的分类散点图。swarmplot 函数的基本使用格式如下。

```
seaborn.swarmplot(x=None, y=None, hue=None, data=None, order=None, hue_order=None,
dodge=False, orient=None, color=None, palette=None, size=5, edgecolor='gray',
linewidth=0, ax=None, **kwargs)
```

swarmplot 函数和 stripplot 函数在参数上基本一致，只是 swarmplot 函数缺少了 jitter 参数。因为 swarmplot 函数显示的是分布密度，所以不需要添加随机噪声。基于表 5-14 的人员离职率数据，根据高薪在职员工的数据，使用 swarmplot 函数绘制简单的分类散点图，如代码 5-37 所示。

代码 5-37　绘制简单的分类散点图

```
In[39]:
sns.swarmplot(x='部门', y='每月平均工作小时数（小时）', data=hr2)
plt.xticks(rotation=70)
plt.title('不同部门的每月平均工作时长')
plt.show()
```

Out[39]:

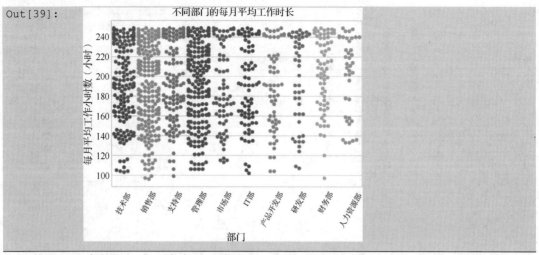

传入 hue 参数添加多个嵌套的分类变量，如代码 5-38 所示。

**代码 5-38　添加多个嵌套分类变量**

```
In[40]:    sns.swarmplot(x='部门', y='每月平均工作小时数（小时）',
                          hue='5 年内升职', data=hr2)
           plt.xticks(rotation=30)
           plt.title('不同部门的每月平均工作时长')
           plt.show()
```

Out[40]:

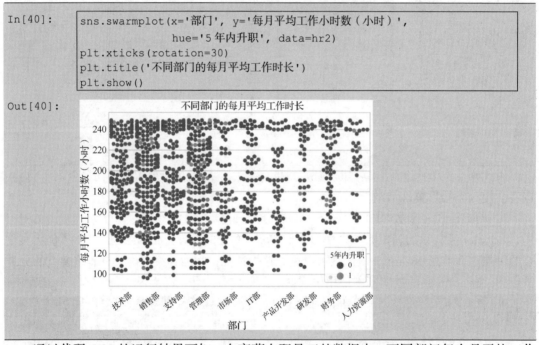

通过代码 5-38 的运行结果可知，在高薪在职员工的数据中，不同部门每个月平均工作时长和五年内是否得到晋升。其中，销售部、管理部、市场部和财务部有少数员工晋升，其他部门员工基本没有得到晋升。

### 3. 绘制线性回归拟合图

线性回归拟合图（Linear Fit Chart）可以对具有一定数值关系的两个一维数据进行数值展示并找出一条最佳的拟合直线，通过回归确定两个变量之间的线性关系，观察其关联性。

在 seaborn 库中，可以使用 regplot 函数绘制线性回归拟合图。regplot 函数的基本使用格式如下。

```
seaborn.regplot(*, x=None, y=None, data=None, x_estimator=None, x_bins=None,
x_ci='ci', scatter=True, fit_reg=True, ci=95, n_boot=1000, units=None, seed=None,
order=1, logistic=False, lowess=False, robust=False, logx=False, x_partial=None,
y_partial=None, truncate=True, dropna=True, x_jitter=None, y_jitter=None,
label=None, color=None, marker='o', scatter_kws=None, line_kws=None, ax=None)
```

regplot 函数的主要参数及说明如表 5-25 所示。

表 5-25　regplot 函数的主要参数及其说明

| 参数名称 | 参数说明 |
| --- | --- |
| x、y | 接收 array、str、Series。表示输入变量、字符串应该是 data 参数中对应的列名，使用 Series 将会在轴上显示名称。默认为 None |
| data | 接收 DataFrame。表示传入的数据，列为特征。默认为 None |
| x_estimator | 接收可调用的映射向量。表示应用于每一个 x 值并绘制估计图形，如果输入 x_ci，那么将会绘制一个置信区间。默认为 None |
| x_ci | 接收 str、0～100 的 int。表示离散值集中趋势的置信区间大小，str 的值可选 ci、sd。默认为 ci |
| ci | 接收 0～100 的 int。表示 y 轴置信区间大小。默认为 95 |
| scatter | 接收 bool。表示是否绘制散点图。默认为 True |
| logistic | 接收 bool。表示是否使用逻辑回归。默认为 False |
| lowess | 接收 bool。表示是否使用局域回归。默认为 False |
| robust | 接收 bool。表示是否使用稳定回归。默认为 False |
| logx | 接收 bool。表示是否使用对数回归。默认为 False |
| x_jitter、y_jitter | 接收 float。表示将均匀随机噪声添加到 x 或 y 变量中，只改变图形外观。默认为 None |

基于表 5-23 的波士顿房价数据，利用 regplot 函数绘制修改置信区间参数 ci 前后的线性回归拟合图，如代码 5-39 所示。

代码 5-39　修改置信区间参数 ci 前后的线性回归拟合图对比

| In[41]: | ```fig, axes = plt.subplots(1, 2, figsize=(8, 4))
axes[0].set_title('修改前的线性回归拟合图')
axes[1].set_title('修改后的线性回归拟合图')
sns.regplot(x='房间数（间）', y='房屋价格（美元）', data=boston,
ax=axes[0])
sns.regplot(x='房间数（间）', y='房屋价格（美元）', data=boston, ci=50,
ax=axes[1])
plt.show()``` |
| --- | --- |

Out[41]:

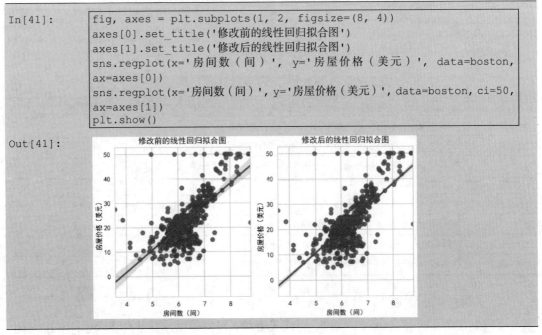

由代码 5-39 的运行结果可知，房间数和房屋价格有线性相关关系。其中，修改置信区间参数 ci 前后得到的线性回归拟合图基本一致，准确度也基本相同。

## 任务 5.3　掌握 pyecharts 基础绘图

### 任务描述

掌握 pyecharts
基础绘图

pyecharts 库凭借着良好的交互性、精巧的图表设计，得到了众多开发者的认可。使用 pyecharts 库绘制图形的大致步骤可以分为：创建图形对象、添加数据、配置系列参数、配置全局参数和渲染图片。在 pyecharts 库中可以通过链式调用的方式设置初始配置项、系列配置项和全局配置项。使用 pyecharts 库绘制交互式图形，包括 3D 散点图、漏斗图和词云图，将数据以图形的形式展示出来，可以让人们快速地理解数据，抓住数据的关键点。

### 任务分析

（1）了解 pyecharts 库的初始配置项、系列配置项和全局配置项的设置方法。

（2）使用 pyecharts 库绘制 3D 散点图、漏斗图和词云图等交互式图形。

### 5.3.1　熟悉 pyecharts 绘图基础

在使用 pyecharts 库绘制图形之前需要了解其初始配置项、系列配置项和全局配置项。

#### 1. 了解初始配置项

初始配置项是在初始化对象中进行配置的，可以设置画布的长与宽、网页标题、图表主题、背景色等。初始配置项是通过 options 模块中的 InitOpts 类实现的，可以将 init_opts（初始化的对象）作为参数传递。InitOpts 类的基本使用格式如下。

```
class InitOpts(width='900px', height='500px', chart_id=None, renderer= RenderType.
CANVAS, page_title='Awesome-pyecharts', theme='white', bg_color=None, js_host='',
animation_opts=AnimationOpts())
```

InitOpts 类的部分参数及其说明如表 5-26 所示。

表 5-26　InitOpts 类的部分参数及其说明

| 参数名称 | 参数说明 |
| --- | --- |
| width | 接收 str。表示图表画布宽度。默认为 900px |
| height | 接收 str。表示图表画布高度。默认为 500px |
| chart_id | 接收 str。表示图表 ID，是图表唯一标识，可用于在多个图表合并时进行图表之间的区分。默认为 None |
| renderer | 接收 str。表示渲染风格，可选 canvas 或 svg。默认为 Render Type.CANVAS |
| page_title | 接收 str。表示网页标题。默认为 Awesome-pyecharts |
| theme | 接收 str。表示图表主题。默认为 white |
| bg_color | 接收 str。表示图表背景颜色。默认为 None |

#### 2. 了解系列配置项

系列配置项是通过 set_series_opts()方法设置的，可以对文字样式配置项、标签配置项、线样式配置项、标记点配置项等进行配置。

（1）文字样式配置项

文字样式配置项是通过 options 模块中的 TextStyleOpts 类实现的，可以将 text_style_opts 作为参数传递给 set_series_opts()方法。TextStyleOpts 类的基本使用格式如下。

```
class     TextStyleOpts(color=None,      font_style=None,      font_weight=None,
font_family=None,     font_size=None,      align=None,      vertical_align=None,
line_height=None, background_color=None, border_color=None, border_width=None,
border_radius=None, padding=None, shadow_color=None, shadow_blur=None, width=None,
height=None, rich=None)
```

TextStyleOpts 类的部分参数及其说明如表 5-27 所示。

表 5-27　TextStyleOpts 类的部分参数及其说明

| 参数名称 | 参数说明 |
| --- | --- |
| color | 接收 str。表示文字颜色。默认为 None |
| font_style | 接收 str。表示文字字体风格，可选 normal、italic、oblique。默认为 None |
| font_weight | 接收 str。表示文字字体的粗细，可选 normal、bold、bolder、lighter。默认为 None |
| font_family | 接收 str。表示文字的字体系列。默认为 None |
| font_size | 接收 Numeric。表示文字的字号。默认为 None |
| align | 接收 str。表示文字水平对齐方式。默认为 None |
| vertical_align | 接收 str。表示文字垂直对齐方式。默认为 None |
| line_height | 接收 str。表示行高。默认为 None |
| background_color | 接收 str。表示文字块背景色。默认为 None |
| border_color | 接收 str。表示文字块边框颜色。默认为 None |
| border_width | 接收 Numeric 数值。表示文字块边框宽度。默认为 None |

（2）标签配置项

标签配置项是通过 options 模块中的 LabelOpts 类实现的，可以将 label_opts（配置标签对象）作为参数传递给 set_series_opts()方法。LabelOpts 类的基本使用格式如下。

```
class    LabelOpts(is_show=True,     position='top',     color=None,     distance=None,
font_size=12, font_style=None, font_weight=None, font_family=None, rotate=None,
margin=8, interval=None, horizontal_align=None vertical_align=None, formatter=None,
rich=None)
```

LabelOpts 类的部分参数名称及其说明如表 5-28 所示。

表 5-28　LabelOpts 类的部分参数及其说明

| 参数名称 | 参数说明 |
| --- | --- |
| is_show | 接收 bool。表示是否显示标签。默认为 True |
| position | 接收 str、sequence。表示标签的位置。默认为 top |
| color | 接收 str。表示文字的颜色。默认为 None |
| font_family | 接收 str。表示文字的字体系列。默认为 None |
| font_size | 接收 Numeric。表示文字的字号。默认为 12 |
| font_weight | 接收 str。表示文字字体的粗细，可选 normal、bold、bolder、lighter。默认为 None |
| rotate | 接收 Numeric。表示标签旋转角度，从-90°到 90°。默认为 None |
| horizontal_align | 接收 str。表示文字水平对齐方式。默认为 None |

（3）线样式配置项

线样式配置项是通过 options 模块中的 LineStyleOpts 类实现的，可以将 line_style_opts（配置线样式对象）作为参数传递给 set_series_opts()方法。LineStyleOpts 类的基本使用格式如下。

```
class LineStyleOpts(is_show=True, width=1, opacity=1, curve=0, type_='solid',
color=None)
```

LineStyleOpts 类的参数及其说明如表 5-29 所示。

表 5-29　LineStyleOpts 类的参数及其说明

| 参数名称 | 参数说明 |
| --- | --- |
| is_show | 接收 bool。表示是否显示线。默认为 True |
| width | 接收 Numeric。表示线的宽度。默认为 1 |
| opacity | 接收 Numeric。表示图形透明度，支持 0~1 的数字。默认为 1 |
| curve | 接收 Numeric。表示线的弯曲度，0 表示完全不弯曲。默认为 0 |
| type_ | 接收 str。表示线的类型，常用 solid、dashed、dotted。默认为 solid |
| color | 接收 str。表示线的颜色。默认为 None |

（4）标记点配置项

标记点配置项是通过 options 模块中的 MarkPointOpts 类实现的，可以将 markpoint_opts（配置标记点对象）作为参数传递给 set_series_opts()方法。MarkPointOpts 类的基本使用格式如下。

```
class MarkPointOpts(data=None, symbol=None, symbol_size=None, label_opts=opts.
LabelOpts(position='inside', color='#fff')
```

MarkPointOpts 类的参数及其说明如表 5-30 所示。

表 5-30　MarkPointOpts 类的参数及其说明

| 参数名称 | 参数说明 |
| --- | --- |
| data | 接收 sequence。表示标记点数据。默认为 None |
| symbol | 接收 str。表示标记的图形，提供的标记类型包括 circle、rect、roundrect、triangle、diamond、pin、arrow、None。默认为 None |
| symbol_size | 接收 Numeric。表示标记的大小，可以设置成单一的数字，如 10；也可以使用数组分别表示宽和高，例如，[20, 10]表示标记宽为 20、高为 10。默认为 None |

**3. 了解全局配置项**

全局配置项是通过 set_global_opts()方法设置的，可以对标题配置项、图例配置项、坐标轴配置项等进行配置。

（1）标题配置项

标题配置项是通过 options 模块中的 TitleOpts 类实现的，可以将 title_opts（配置标题对象）作为参数传递给 set_global_opts()方法。TitleOpts 类的基本使用格式如下。

```
class TitleOpts(title=None, title_link=None, title_target=None, subtitle=None,
subtitle_link=None,   subtitle_target=None,   pos_left=None,   pos_right=None,
pos_top=None, pos_bottom=None, padding=5, item_gap=10, title_textstyle_opts=None,
subtitle_textstyle_opts=None)
```

TitleOpts 类的部分参数及其说明如表 5-31 所示。

表 5-31　TitleOpts 类的部分参数及其说明

| 参数名称 | 参数说明 |
| --- | --- |
| title | 接收 str。表示主标题文本，支持使用\n 换行。默认为 None |
| title_link | 接收 str。表示主标题跳转 URL 链接。默认为 None |
| title_target | 接收 str。表示主标题跳转链接方式，可选 self、blank，self 表示当前窗口打开，blank 表示新窗口打开。默认为 None |
| subtitle | 接收 str。表示副标题文本，支持使用\n 换行。默认为 None |
| subtitle_link | 接收 str。表示副标题跳转 URL 链接。默认为 None |
| subtitle_target | 接收 str。表示副标题跳转链接方式。默认为 None |
| item_gap | 接收 Numeric。表示主、副标题之间的间距。默认为 10 |
| title_textstyle_opts | 接收 dict。表示主标题字体样式。默认为 None |
| subtitle_textstyle_opts | 接收 dict。表示副标题字体样式。默认为 None |

（2）图例配置项

图例配置项是通过 options 模块中的 LegendOpts 类实现的，可以将 legend_opts（配置图例对象）作为参数传递给 set_global_opts()方法。LegendOpts 类的基本使用格式如下。

```
class LegendOpts(type_=None, selected_mode=None, is_show=True, pos_left=None,
pos_right=None, pos_top=None, pos_bottom=None, orient=None, align=None, padding=5,
item_gap=10, item_width=25, item_height=14, inactive_color=None,
textstyle_opts=None, legend_icon=None)
```

LegendOpts 类的参数及其说明如表 5-32 所示。

表 5-32　LegendOpts 类的参数及其说明

| 参数名称 | 参数说明 |
| --- | --- |
| type_ | 接收 str。表示图例的类型，可选 plain、scroll，plain 表示普通图例，scroll 表示可滚动翻页的图例。默认为 None |
| is_show | 接收 bool。表示是否显示图例组件，默认为 True |
| orient | 接收 str。表示图例列表的布局朝向，可选 horizontal、vertical。默认为 None |
| item_gap | 接收 int。表示图例每项之间的间隔。默认为 10 |
| pos_left | 接收 str、Numeric。表示图例组件离容器左侧的距离。默认为 None |
| pos_right | 接收 str、Numeric。表示图例组件离容器右侧的距离。默认为 None |
| pos_top | 接收 str、Numeric。表示图例组件离容器上侧的距离。默认为 None |
| pos_bottom | 接收 str、Numeric。表示图例组件离容器下侧的距离。默认为 None |

（3）坐标轴配置项

坐标轴配置项是通过 options 模块中的 AxisOpts 类实现的，可以将 xaxis_opts（配置 x 坐标轴对象）或 yaxis_opts（配置 y 坐标轴对象）作为参数传递给 set_global_opts()方法。AxisOpts 类的基本使用格式如下。

```
class AxisOpts(type_=None, name=None, is_show=True, is_scale=False, is_inverse=
False, name_location='end', name_gap=15, name_rotate=None, interval= None,
```

```
grid_index =0, position=None, offset=0, split_number=5, boundary_gap=None, min_=None,
max_=None, min_interval=0, max_interval=None, axisline_opts=None, axistick_opts=
None,    axislabel_opts=None,    axispointer_opts=None,    name_textstyle_opts=None,
splitarea_opts=None,    splitline_opts=    SplitLineOpts(),    minor_tick_opts=None,
minor_split_line_opts=None)
```

AxisOpts 类的部分参数及其说明如表 5-33 所示。

表 5-33　AxisOpts 类的部分参数及其说明

| 参数名称 | 参数说明 |
| --- | --- |
| type_ | 接收 str。表示坐标轴类型，可选 value、category、time、log，value 表示数值轴，适用于连续数据；category 表示类目轴，适用于离散的类目数据；time 表示时间轴，适用于连续的时序数据；log 表示对数轴，适用于对数数据。默认为 None |
| name | 接收 str。表示坐标轴标签。默认为 None |
| is_show | 接收 bool。表示是否显示 x 轴。默认为 True |
| is_inverse | 接收 bool。表示是否反向坐标轴。默认为 False |
| name_gap | 接收 Numeric。表示坐标轴标签与轴线之间的距离。默认为 15 |
| name_rotate | 接收 Numeric。表示坐标轴标签旋转角度值。默认为 None |
| position | 接收 str。表示 x 轴的位置，可选 top、bottom，top 表示在上侧，bottom 表示在下侧。默认为 None |
| split_number | 接收 Numeric。表示坐标轴的分割段数。默认为 5 |
| min_ | 接收 str、Numeric。表示坐标轴刻度最小值。默认为 None |
| max_ | 接收 str、Numeric。表示坐标轴刻度最大值。默认为 None |

## 5.3.2　使用 pyecharts 绘制交互式图形

pyecharts 库可以快速高效地绘制交互式图形，其中包括 3D 散点图、漏斗图和词云图等。

### 1. 3D 散点图

3D 散点图（3D Scatter）与基本散点图类似，区别主要是 3D 散点图是在三维空间中的散点图，基本散点图是在二维平面上的散点图。

在 pyecharts 库中，可使用 Scatter3D 类绘制 3D 散点图，Scatter3D 类的基本使用格式如下。

```
class Scatter3D(init_opts=opts.InitOpts())
.add(series_name, data, grid3d_opacity=1, shading=None, itemstyle_opts=None,
xaxis3d_opts=opts.Axis3DOpts(), yaxis3d_opts=opts.Axis3DOpts(),
 zaxis3d_opts=opts. Axis3DOpts(), grid3d_opts=opts.Grid3DOpts(), encode=None)
.set_series_opts()
.set_global_opts()
```

init_opts=opts.InitOpts()表示通过 InitOpts 类初始化配置项，即创建初始化对象 int opts；add()方法用于添加数据；set series opts()方法用于设置系列配置项；set global opts()方法用于设置全局配置项。其中，Scatter3D 类中 add()方法的常用参数及其说明如表 5-34 所示。

表 5-34　Scatter3D 类中 add()方法的常用参数及其说明

| 参数名称 | 参数说明 |
| --- | --- |
| series_name | 接收 str，表示系列名称。无默认值 |
| data | 接收 Sequence，表示系列数据，每一行是一个数据项，每一列表示一个维度的数据。无默认值 |
| grid3d_opacity | 接收 float。表示 3D 笛卡儿坐标系的透明度（点的透明度）。默认为 1，表示完全不透明 |
| xaxis3d_opts | 表示添加 $x$ 轴数据项 |
| yaxis3d_opts | 表示添加 $y$ 轴数据项 |
| zaxis3d_opts | 表示添加 $z$ 轴数据项 |

某运动会各运动员的最大携氧能力、体重和运动后心率部分数据，如表 5-35 所示。

表 5-35　最大携氧能力、体重和运动后心率部分数据

| 最大携氧能力（ml/min） | 体重（kg） | 运动后心率（次/min） |
| --- | --- | --- |
| 55.79 | 70.47 | 150 |
| 35.00 | 70.34 | 144 |
| 42.93 | 87.65 | 162 |
| 28.30 | 89.80 | 129 |
| 40.56 | 103.02 | 143 |

基于表 5-35 所示的数据，绘制 3D 散点图，如代码 5-40 所示。

代码 5-40　绘制 3D 散点图

```
In[1]:    import pandas as pd
          import numpy as np
          from pyecharts import options as opts
          from pyecharts.charts import Scatter3D

          # 最大携氧能力、体重和运动后心率的 3D 散点图
          player_data = pd.read_excel('../data/运动员的最大携氧能力、体重和运动后
          心率数据.xlsx')
          player_data = [player_data['体重（kg）'], player_data['运动后心率（次
          /min）'],
                              player_data['最大携氧能力（ml/min）']]
          player_data = np.array(player_data).T.tolist()
          s = (Scatter3D()
            .add('',player_data, xaxis3d_opts=opts.Axis3DOpts(name='体重（kg）'),
                 yaxis3d_opts=opts.Axis3DOpts(name='运动后心率（次/min）'),
                 zaxis3d_opts=opts.Axis3DOpts(name='最大携氧能力（ml/min）')
              )
            .set_global_opts(title_opts=opts.TitleOpts(
                 title='最大携氧能力、体重和运动后心率的 3D 散点图'),
                              visualmap_opts=opts.VisualMapOpts
                              (range_color=[
                              '#1710c0', '#0b9df0', '#00fea8',
```

```
                          '#00ff0d', '#f5f811', '#f09a09',
                          '#fe0300']) ))
      s.render_notebook()
```

Out[1]:

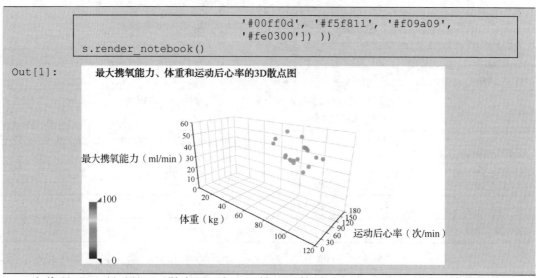

最大携氧能力、体重和运动后心率的3D散点图

由代码 5-40 所示的 3D 散点图可知，$x$ 轴表示体重，$z$ 轴表示最大携氧能力，$y$ 轴表示运动后心率。

### 2. 漏斗图

漏斗图（Funnel Chart）也称倒三角图，漏斗图将数据呈现为几个阶段，每个阶段的数据都是整体的一部分，从一个阶段到另一个阶段，数据自上而下逐渐下降。漏斗图适用于业务流程比较规范、周期长、环节多的流程分析，通过漏斗图对各环节业务数据进行比较，能够直观地体现问题。

在 pyecharts 库中，可使用 Funnel 类绘制漏斗图。Funnel 类的基本使用格式如下。

```
class Funnel(init_opts=opts.InitOpts())
.add(series_name, data_pair, is_selected=True, color=None, sort_='descending',
gap=0, label_opts=opts.LabelOpts(), tooltip_opts=None, itemstyle_opts=None)
.set_series_opts()
.set_global_opts()
```

在 Funnel 类的基本使用格式中，int opts=pots.InitOpts()、add 方法、set series opts()方法和 set global opts()方法的作用与 Scatter 3D 类所介绍到的作用相同，但 add()方法中的参数与 Scatter 3D 类中 add()方法的参数存在差异。Funnel 类中 add()方法的常用参数及其说明如表 5-36 所示。

表 5-36　Funnel 类常用参数及其说明

| 参数名称 | 参数说明 |
| --- | --- |
| series_name | 接收 str，表示系列名称，可用于显示 tooltip，以及筛选 legend 图例。无默认值 |
| data_pair | 接收 Sequence，表示数据项，格式为[(键 1, 值 1), (键 2, 值 2)]。无默认值 |
| is_selected | 接收 bool，表示是否选中图例。默认为 True |
| color | 接收 str，表示系列名称颜色。默认为 None |
| sort_ | 接收 str，表示数据排序，可以取 ascending、descending、None（按 data 顺序）。默认为 descending |
| gap | 接收 Numeric，表示数据图形间距。默认为 0 |

某淘宝店铺的订单转化率统计数据，如表 5-37 所示。

表 5-37　某淘宝店铺的订单转化率统计数据

| 网购环节 | 人数（人） |
| --- | --- |
| 浏览商品 | 2000 |
| 加入购物车 | 900 |
| 生成订单 | 400 |
| 支付订单 | 320 |
| 完成交易 | 300 |

基于表 5-37 所示的数据，绘制漏斗图，如代码 5-41 所示。

代码 5-41　绘制漏斗图

```
In[2]:    from pyecharts.charts import Funnel
          data = pd.read_excel('../data/某淘宝店铺的订单转化率统计数据.xlsx')
          x_data = data['网购环节'].tolist()
          y_data = data['人数（人）'].tolist()
          data = [[x_data[i], y_data[i]] for i in range(len(x_data))]
          funnel = (Funnel()
              .add('', data_pair=data,label_opts=opts. LabelOpts(
                  position='inside', formatter='{b}:{d}%'), gap=2,
                  tooltip_opts=opts.TooltipOpts(trigger='item'),
                  itemstyle_opts=opts.ItemStyleOpts(border_color='#fff',
                  border_width=1))
              .set_global_opts(title_opts=opts.TitleOpts(title='某淘宝店铺的
              订单转化率漏斗图'),
                                    legend_opts=opts.LegendOpts(pos_left=
                                    '40%')))
          funnel.render_notebook()
```

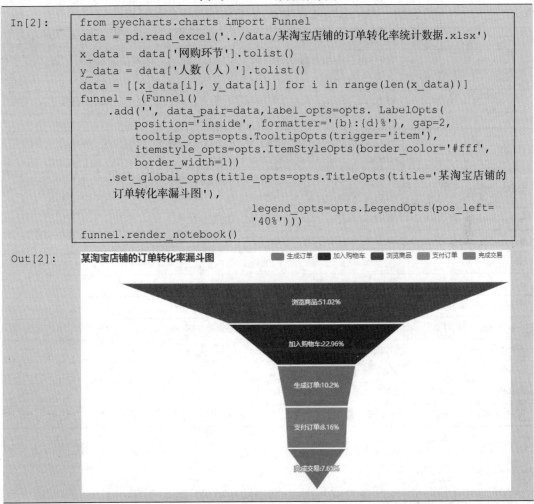

由代码 5-41 所示的漏斗图可以直观地查看各个网购环节订单的转化率情况。

## 3. 词云图

词云图（WordCloud）可对文字中出现频率较高的"关键词"予以视觉上的突出，形成"关键词云层"或"关键词渲染"。词云图过滤掉大量的文本信息，使浏览网页者只要一眼扫过文本即可领会文本的主旨。词云图提供了某种程度的"第一印象"，常使用的词会一目了然。

在 pyecharts 库中，可使用 WordCloud 类绘制词云图。WordCloud 类的基本使用格式如下。

```
class WordCloud(init_opts=opts.InitOpts())
.add(series_name,    data_pair,    shape='circle',    mask_image=None,    word_gap=20,
word_size_range=None, rotate_step=45, pos_left=None, pos_top=None, pos_right=None,
pos_bottom=None, width=None, height=None, is_draw_out_of_bound=False, tooltip_
opts=None,    textstyle_opts=None,    emphasis_shadow_blur=None,    emphasis_shadow_
color=None)
.set_series_opts()
.set_global_opts()
```

同样的，WordCloud 类中的 int opts=opts.InitOpts()、add()方法、set series opts()方法和 set global opts()方法的作用与 Scatter3D 类所介绍到的作用相同，但 add()方法中的参数与 Scatter3D 类中 add()方法的参数不同。WordCloud 类中 add()方法的常用参数及其说明如表 5-38 所示。

表 5-38　WordCloud 类中 add()方法的常用参数及其说明

| 参数名称 | 参数说明 |
|---|---|
| series_name | 接收 str，表示系列名称，可用于显示 tooltip，以及筛选 legend 图例。无默认值 |
| data_pair | 接收 Sequence，表示系列数据项，形如[(词 1，频数 1)，(词 2，频数 2)]。无默认值 |
| shape | 接收 str，表示词云图轮廓，可选 circle、cardioid、diamond、triangle-forward、triangle、pentagon。默认是 circle |
| mask_image | 接收 str，表示自定义的图片（目前支持 JPG、JPEG、PNG、ICO 等格式）。默认为 None |
| word_gap | 接收 Numeric，表示单词间隔。默认为 20 |
| word_size_range | 接收 Numeric 序列，表示单词字号范围。默认为 None |
| rotate_step | 接收 Numeric，表示单词的旋转角度。默认为 45 |
| pos_left | 接收 str，表示距离左侧的距离。默认为 None |
| pos_top | 接收 str，表示距离顶部的距离。默认为 None |
| pos_right | 接收 str，表示距离右侧的距离。默认为 None |
| pos_bottom | 接收 str，表示距离底部的距离。默认为 None |
| width | 接收 str，表示词云图的宽度。默认为 None |
| height | 接收 str，表示词云图的高度。默认为 None |
| is_draw_out_of_bound | 接收 bool，表示是否允许词云图的数据展示在画布范围之外。默认为 False |

在绘制词云图前，需要统计各词的词频，所需用到的宋词词频数据的特征说明如表 5-39 所示。

表 5-39　宋词词频数据的特征说明

| 特征名称 | 特征含义 | 示例 |
|---|---|---|
| 词语 | 单个词语 | 东风 |
| 频数 | 词语出现的频数 | 1379 |

基于表 5-39 统计的部分宋词词频数据，绘制的词云图，如代码 5-42 所示。

**代码 5-42　绘制词云图**

```
In[3]:  from pyecharts.charts import WordCloud
        data_read = pd.read_csv('../data/worldcloud.csv', encoding='gbk')
        words = list(data_read['词语'].values)
        num = list(data_read['频数'].values)
        data = [k for k in zip(words, num)]
        data = [(i,str(j)) for i, j in data]
        wordcloud = (WordCloud()
                    .add(data_pair=data, word_ size_range=[10, 100])
                    .set_global_opts(title_opts=opts.TitleOpts(
                        title='部分宋词词频词云图', title_textstyle_
        opts=
                        opts.TextStyleOpts(font_size=23)),
                                tooltip_opts=opts.TooltipOpts
                                (is_show=True))
            )
        wordcloud.render_notebook()
```

Out[3]:
**部分宋词词频词云图**

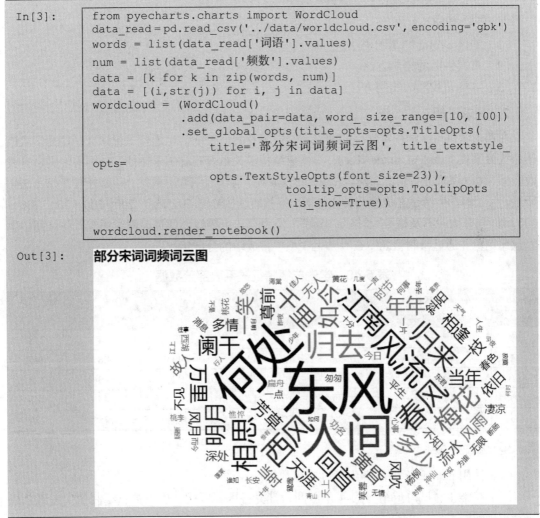

由代码 5-42 所示的词云图可知，宋词中使用"东风""人间""何处"的次数相对较多。

## 小结

本章介绍了 pyplot 绘图的基础语法和常用参数，并通过 Matplotlib 库绘制体现特征间相关关系的散点图、体现特征间趋势关系的折线图、体现特征内部数据分布的柱形图和饼图，以及体现特征内部数据分散情况的箱线图；还介绍了 seaborn 库的基础图形、绘图风格和调色板，并通过 seaborn 库绘制热力图、分类散点图和线型回归拟合图；最后介绍了 pyecharts 绘图的初始配置项、系列配置项和全局配置项，并介绍了 3D 散点图、漏斗图和词云图交互式图形的绘制方法。

## 实训

### 实训 1　分析学生考试成绩特征的分布与分散情况

#### 1. 训练要点

（1）掌握 pyplot 的基础语法。

（2）掌握饼图的绘制方法。

（3）掌握箱线图的绘制方法。

#### 2. 需求说明

在期末考试后，学校对学生的期末考试成绩及其他特征信息进行了统计，并存为学生成绩特征关系表（student_grade.xlsx）。学生成绩特征关系表共有 7 个特征，分别为性别、自我效能感、考试课程准备情况、数学成绩、阅读成绩、写作成绩和总成绩，其部分数据如表 5-40 所示。为了解学生考试总成绩的分布情况，将总成绩按 0～150、150～200、200～250、250～300 区间划分为"不及格""及格""良好""优秀"4 个等级，通过绘制饼图查看各区间学生人数比例，并通过绘制箱线图查看学生 3 项单科成绩的分散情况。

表 5-40　学生成绩特征关系表部分数据

| 性别 | 自我效能感 | 考试课程准备情况 | 数学成绩 | 阅读成绩 | 写作成绩 | 总成绩 |
|---|---|---|---|---|---|---|
| 女 | 中 | 未完成 | 72 | 72 | 74 | 218 |
| 女 | 高 | 完成 | 69 | 90 | 88 | 247 |
| 女 | 高 | 未完成 | 90 | 95 | 93 | 278 |
| 男 | 低 | 未完成 | 47 | 57 | 44 | 148 |
| 男 | 中 | 未完成 | 76 | 78 | 75 | 229 |

#### 3. 实现步骤

（1）使用 pandas 库读取学生考试成绩数据。

（2）将学生考试总成绩分为 4 个区间，计算各区间下的学生人数，绘制学生考试总成绩分布饼图。

（3）提取学生 3 项单科成绩的数据，绘制学生各项考试成绩分散情况箱线图。

（4）分析学生考试总成绩的分布情况和 3 项单科成绩的分散情况。

### 实训 2　分析学生考试成绩与各个特征之间的关系

#### 1. 训练要点

（1）掌握子图的绘制方法。

（2）掌握柱形图的绘制方法。

（3）掌握 NumPy 库中相关函数的使用方法。

#### 2. 需求说明

为了了解学生自我效能感、考试课程准备情况这两个特征与总成绩之间是否存在某些关系，基于实训 1 的数据，对这两个特征下不同值所对应的学生总成绩求均值，绘制柱形图分别查看自我效能感、考试课程准备情况与总成绩的关系，并对结果进行分析。

### 3．实现步骤

（1）创建画布，并添加子图。

（2）使用 NumPy 库中的均值函数求学生自我效能感、考试课程准备情况两个特征下对应学生总成绩的均值。

（3）在子图上绘制对应内容的柱形图。

（4）分析两个特征与考试总成绩的关系。

## 实训 3　分析各空气质量指数之间的相关关系

### 1．训练要点

（1）掌握分类散点图的绘制方法。

（2）掌握线性回归拟合图的绘制方法。

（3）掌握热力图的绘制方法。

### 2．需求说明

"推动绿色发展，促进人与自然和谐共生"是人类共同的责任。近年来，我国生态环境得到显著改善。2021 年全国地级及以上城市细颗粒物（PM2.5）平均浓度比 2015 年下降了34.8%。空气质量指数（Air Quality Index，AQI）是能够对空气质量进行定量描述的数据。空气质量（Air quality）反映了空气污染程度，它是依据空气中污染物浓度来判断的。空气污染是一个复杂的现象，空气污染物浓度受到许多因素影响。

某市 2020 年 1 月—9 月 AQI 的部分数据如表 5-41 所示。

表 5-41　某市 2020 年 1 月—9 月 AQI 的部分数据

| 日期 | AQI | 质量等级 | PM2.5浓度（ppm） | PM10浓度（ppm） | $SO_2$浓度（ppm） | CO浓度（ppm） | $NO_2$浓度（ppm） | $O_3$浓度（ppm） |
|---|---|---|---|---|---|---|---|---|
| 2020/1/1 | 79 | 良好 | 58 | 64 | 8 | 0.7 | 57 | 23 |
| 2020/1/2 | 112 | 轻度 | 84 | 73 | 10 | 1 | 71 | 7 |
| 2020/1/3 | 68 | 良好 | 49 | 51 | 7 | 0.8 | 49 | 3 |
| 2020/1/4 | 90 | 良好 | 67 | 57 | 7 | 1.2 | 53 | 18 |
| 2020/1/5 | 110 | 轻度 | 83 | 65 | 7 | 1 | 51 | 46 |
| 2020/1/6 | 65 | 良好 | 47 | 58 | 6 | 1 | 43 | 6 |
| 2020/1/7 | 50 | 优秀 | 18 | 19 | 5 | 1.5 | 40 | 43 |
| 2020/1/8 | 69 | 良好 | 50 | 49 | 7 | 0.9 | 39 | 45 |
| 2020/1/9 | 69 | 良好 | 50 | 40 | 6 | 0.9 | 47 | 33 |
| 2020/1/10 | 57 | 良好 | 34 | 28 | 5 | 0.8 | 45 | 21 |

本实训将基于表 5-41 所示的数据绘制分类散点图、回归拟合图，分析 PM2.5 浓度与AQI 的关系，以及 AQI 的分类情况。同时绘制热力图，分析各空气质量指标与 AQI 的相关性。

### 3. 实现步骤

（1）使用 pandas 库读取某市 2020 年 1 月—9 月 AQI 统计数据。

（2）解决中文显示问题，设置字体为黑体，并解决保存图像时负号"-"显示为方块的问题。

（3）绘制质量等级分类散点图。

（4）绘制 PM2.5 浓度与 AQI 线性回归拟合图。

（5）计算相关系数。

（6）绘制空气质量特征相关性热力图。

## 实训 4　绘制交互式基础图形

### 1. 训练要点

（1）掌握漏斗图的绘制方法。

（2）掌握词云图的绘制方法。

### 2. 需求说明

某商场在不同地点投放了 5 台自动售货机，编号分别为 A、B、C、D、E，同时记录了 2017 年 6 月每台自动售货机的商品销售数据。为了了解各商品的销售情况，以二级类别进行分类，统计排名前 5 的商品类别销售额，并绘制漏斗图，同时根据商品销售数量、商品名称绘制词云图。

### 3. 实现步骤

（1）获取商品销售数据。

（2）按照二级类别统计商品类别销售额。

（3）统计商品销售数量。

（4）设置系列配置项和全局配置项，绘制销售额前 5 的商品类别漏斗图。

（5）设置系列配置项和全局配置项，绘制商品销售数量和商品名称的词云图。

# 课后习题

### 1. 选择题

（1）下列关于绘图的标准流程说法错误的是（　　　）。

    A. 绘图之前必须先创建画布，不可省略

    B. 添加图例必须在绘制图形之后进行

    C. 绘图流程的最后部分是保存和显示图形

    D. 添加标题、坐标轴标签，绘制图形等步骤没有先后顺序

（2）pyplot 使用 rc 配置文件来自定义图形的各种默认属性，用于修改线条上点的形状的 rc 参数名称是（　　　）。

    A. lines.linewidth　B. lines.markersize　C. lines.linestyle　　D. lines.marker

（3）下列代码中能够为图形添加图例的是（　　　）。

    A. plt.xticks([0, 1, 2, 3, 4])　　　　　　B. plt.plot(x, y)

C.　plt.legend('y = cos x')　　　　　　D.　plt.title('散点图')

（4）下列图形常用于分析各分组数据在总数据中所占比例的是（　　　）。

　　A.　折线图　　　　B.　饼图　　　　　C.　柱形图　　　　D.　箱线图

（5）下列说法不正确的是（　　　）。

　　A.　散点图可以用于查看数据中的离群值

　　B.　折线图可以用于查看数据的数量差异和变化趋势

　　C.　柱形图可以用于查看整体数据的数量分布

　　D.　箱线图可以用于查看特征间的相关关系

（6）下列有关 seaborn 库说法正确的是（　　　）。

　　A.　在 seaborn 库的主题样式中 darkgrid 表示黑色背景

　　B.　使用 set_context 函数可以设置主题样式

　　C.　使用 despine 函数可以设置图形的边框

　　D.　seaborn 库是 Matplotlib 库的替代者

（7）HLS 颜色空间中的 H 表示为（　　　）。

　　A.　亮度　　　　　　B.　色调　　　　　C.　饱和度　　　　D.　空间大小

（8）下列不是系列配置项的是（　　　）。

　　A.　标记点配置项　　　　　　　　　　B.　标签配置项

　　C.　文本样式配置项　　　　　　　　　D.　标题配置项

（9）下列有关全局配置项说法错误的是（　　　）。

　　A.　全局配置项可以对标题、图例、坐标轴等的配置项进行配置

　　B.　使用 TitleOpts 类配置标题配置项

　　C.　TitleOpts 类和 AxisOpts 类的参数设置完全相同

　　D.　使用 LegendOpts 类配置图例配置项

（10）下列说法正确的是（　　　）。

　　A.　基本散点图和 3D 散点图的绘制方法相同

　　B.　热力图可用于了解数据集中的变量的相关关系

　　C.　stripplot 函数接收的数据只能是列表和数据框

　　D.　使用 stripplot 函数可以绘制线性回归拟合图

2．操作题

（1）某地区房地产商对近几年的房屋交易情况进行了统计，并将统计结果存放在房价特征关系表（house_price.npz）中，数据共 414 条，其特征包括交易年份、房屋年龄、离地铁站的距离、附近的商店个数和单位面积的房价。房价特征关系表的部分数据如表 5-42 所示。

表 5-42　房价特征关系表的部分数据

| 交易年份 | 房屋年龄（年） | 离地铁站的距离（米） | 附近的商店个数（个） | 单位面积的房价（元） |
|---|---|---|---|---|
| 2018 | 16 | 84.88 | 10 | 5685 |
| 2018 | 9.8 | 306.59 | 9 | 6330 |

| 交易年份 | 房屋年龄（年） | 离地铁站的距离（米） | 附近的商店个数（个） | 单位面积的房价（元） |
|---|---|---|---|---|
| 2020 | 6.7 | 561.98 | 5 | 7095 |
| 2020 | 6.7 | 561.98 | 5 | 8220 |
| 2018 | 2.5 | 390.57 | 5 | 6465 |

为了更好地查看近几年的房屋销售情况以及了解房屋相关特征与单位面积的房价间的关系，需要对房价特征关系表的数据进行可视化展示，其主要步骤如下。

① 读取房价特征关系表（house_price.npz），绘制离地铁站的距离与单位面积的房价的散点图，并对其进行分析。

② 创建新画布，将附近的商店个数划分为"0~3""4~7""8~10" 3 个区间，并根据个数贴上对应标签："较少""中等""较多"。分别计算 3 个区间下单位面积的房价的均值，绘制附近商店的个数与单位面积的房价的柱形图，并进行分析。

③ 创建新画布，根据交易年份绘制饼图，并查看交易年份的分布情况。

④ 创建新画布，在子图上分别绘制房屋年龄、离地铁站的距离、附近商店的个数、单位面积的房价 4 个特征的箱线图，查看是否存在异常值。

（2）在鸢尾花数据集中包含 3 种类型的鸢尾花，共 150 条记录，每条记录均有 4 个特征：花萼长度、花萼宽度、花瓣长度、花瓣宽度。现为了了解花萼、花瓣长度与鸢尾花类型之间的关系，分别使用 Matplotlib 库和 seaborn 库绘制花萼长度、花瓣长度和鸢尾花类型的散点图，并进行分析。

# 第 ⑥ 章 使用scikit-learn 构建模型

　　scikit-learn（以下简称 sklearn）库整合了多种机器学习算法，可以帮助使用者在数据分析过程中快速建立模型，且模型接口统一，使用起来非常方便。同时，sklearn 拥有优秀的官方文档，该文档知识点详尽、内容丰富，是入门学习 sklearn 的较佳内容。本章将基于官方文档，介绍 sklearn 的基础语法、数据处理等知识。

## 学习目标

（1）掌握 sklearn 转换器、估计器的使用方法。
（2）掌握 sklearn 数据标准化与数据划分。
（3）掌握 sklearn 中聚类、分类、回归模型的构建方法。
（4）掌握 sklearn 中聚类、分类、回归模型的评价方法。

## 思维导图

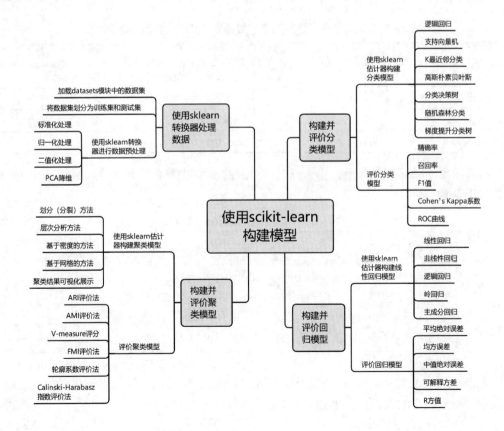

## 任务 6.1　使用 sklearn 转换器处理数据

使用 sklearn 转换器
处理数据

### 任务描述

　　sklearn 提供了 datasets 经典数据集加载模块、model_selection 模型选择模块、preprocessing 数据预处理模块与 decomposition 特征分解模块。通过这 4 个模块能够实现加载经典的数据集和数据的预处理，如模型构建前的数据标准化和二值化、数据集的分割、交叉验证和主成分分析（Principal Component Analysis，PCA）降维等工作。

### 任务分析

　　（1）使用 datasets 模块中常用的加载函数加载数据集。
　　（2）使用 model_selection 模块将数据集划分为训练集和测试集。
　　（3）使用 sklearn 转换器进行数据预处理。

### 6.1.1　加载 datasets 模块中的数据集

　　sklearn 库的 datasets 模块集成了部分用于数据分析的经典数据集，读者可以使用这些数据集进行数据预处理、建模等操作，并熟悉 sklearn 的数据处理流程和建模流程。datasets 模块中常用数据集的加载函数及其解释如表 6-1 所示。使用 sklearn 进行数据预处理时需要用到 sklearn 提供的统一接口——转换器（Transformer）。

表 6-1　datasets 模块中常用数据集的加载函数及其解释

| 数据集加载函数 | 数据集任务类型 | 数据集加载函数 | 数据集任务类型 |
| --- | --- | --- | --- |
| load_boston | 回归 | load_breast_cancer | 分类、聚类 |
| fetch_california_housing | 回归 | load_iris | 分类、聚类 |
| load_digits | 分类 | load_wine | 分类 |
| load_diabetes | 回归 | load_linnerud | 回归 |

　　如果需要加载某个数据集，那么可以将对应的函数赋值给某个变量。加载 diabetes 数据集如代码 6-1 所示。

代码 6-1　加载 diabetes 数据集

```
In[1]:    from sklearn.datasets import load_diabetes
          diabetes = load_diabetes()  # 将数据集赋值给 diabetes 变量
          print('diabetes 数据集的长度为: ', len(diabetes))
          print('diabetes 数据集的类型为: ', type(diabetes))
Out[1]:   diabetes 数据集的长度为: 7
          diabetes 数据集的类型为: <class 'sklearn.utils.Bunch'>
```

　　加载后的数据集可以视为一个字典，几乎所有的 sklearn 数据集均可以使用 data、target、feature_names、DESCR 属性分别获取数据集的数据、标签数组、特征名和描述信息。获取 sklearn 自带数据集的内部信息如代码 6-2 所示。

代码 6-2　获取 sklearn 自带数据集的内部信息

| In[2]: | `diabetes_data = diabetes['data']` # 获取数据集的数据 <br> `print('diabetes 数据集的数据为: ','\n', diabetes_data)` |
|---|---|

Out[2]:
```
diabetes 数据集的数据为:
 [[ 0.03807591  0.05068012  0.06169621 ... -0.00259226  0.01990842
   -0.01764613]
 [-0.00188202 -0.04464164 -0.05147406 ... -0.03949338 -0.06832974
   -0.09220405]
 [ 0.08529891  0.05068012  0.04445121 ... -0.00259226  0.00286377
   -0.02593034]
 ...
 [ 0.04170844  0.05068012 -0.01590626 ... -0.01107952 -0.04687948
    0.01549073]
 [-0.04547248 -0.04464164  0.03906215 ...  0.02655962  0.04452837
   -0.02593034]
 [-0.04547248 -0.04464164 -0.0730303  ... -0.03949338 -0.00421986
    0.00306441]]
```

| In[3]: | `diabetes_target = diabetes['target']` # 获取数据集的标签 <br> `print('diabetes 数据集的标签为: \n', diabetes_target)` |
|---|---|

Out[3]:
```
diabetes 数据集的标签为:
 [151.  75. 141. 206. 135.  97. 138.  63. 110. 310. 101.  69. 179. 185.
  118. 171. 166. 144.  97. 168.  68.  49.  68. 245. 184. 202. 137.  85.
  131. 283. 129.  59. 341.  87.  65. 102. 265. 276. 252.  90. 100.  55.
   61.  92. 259.  53. 190. 142.  75. 142. 155. 225.  59. 104. 182. 128.
   52.  37. 170. 170.  61. 144.  52. 128.  71. 163. 150.  97. 160. 178.
   48. 270. 202. 111.  85.  42. 170. 200. 252. 113. 143.  51.  52. 210.
   65. 141.  55. 134.  42. 111.  98. 164.  48.  96.  90. 162. 150. 279.
   92.  83. 128. 102. 302. 198.  95.  53. 134. 144. 232.  81. 104.  59.
  246. 297. 258. 229. 275. 281. 179. 200. 200. 173. 180.  84. 121. 161.
   99. 109. 115. 268. 274. 158. 107.  83. 103. 272.  85. 280. 336. 281.
  118. 317. 235.  60. 174. 259. 178. 128.  96. 126. 288.  88. 292.  71.
  197. 186.  25.  84.  96. 195.  53. 217. 172. 131. 214.  59.  70. 220.
  268. 152.  47.  74. 295. 101. 151. 127. 237. 225.  81. 151. 107.  64.
  138. 185. 265. 101. 137. 143. 141.  79. 292. 178.  91. 116.  86. 122.
   72. 129. 142.  90. 158.  39. 196. 222. 277.  99. 196. 202. 155.  77.
  191.  70.  73.  49.  65. 263. 248. 296. 214. 185.  78.  93. 252. 150.
   77. 208.  77. 108. 160.  53. 220. 154. 259.  90. 246. 124.  67.  72.
  257. 262. 275. 177.  71.  47. 187. 125.  78.  51. 258. 215. 303. 243.
   91. 150. 310. 153. 346.  63.  89.  50.  39. 103. 308. 116. 145.  74.
   45. 115. 264.  87. 202. 127. 182. 241.  66.  94. 283.  64. 102. 200.
  265.  94. 230. 181. 156. 233.  60. 219.  80.  68. 332. 248.  84. 200.
   55.  85.  89.  31. 129.  83. 275.  65. 198. 236. 253. 124.  44. 172.
  114. 142. 109. 180. 144. 163. 147.  97. 220. 190. 109. 191. 122. 230.
  242. 248. 249. 192. 131. 237.  78. 135. 244. 199. 270. 164.  72.  96.
  306.  91. 214.  95. 216. 263. 178. 113. 200. 139. 139.  88. 148.  88.
  243.  71.  77. 109. 272.  60.  54. 221.  90. 311. 281. 182. 321.  58.
  262. 206. 233. 242. 123. 167.  63. 197.  71. 168. 140. 217. 121. 235.
  245.  40.  52. 104. 132.  88.  69. 219.  72. 201. 110.  51. 277.  63.
  118.  69. 273. 258.  43. 198. 242. 232. 175.  93. 168. 275. 293. 281.
   72. 140. 189. 181. 209. 136. 261. 113. 131. 174. 257.  55.  84.  42.
  146. 212. 233.  91. 111. 152. 120.  67. 310.  94. 183.  66. 173.  72.
   49.  64.  48. 178. 104. 132. 220.  57.]
```

| In[4]: | `diabetes_names = diabetes['feature_names']` # 获取数据集的特征名 <br> `print('diabetes 数据集的特征名为: \n', diabetes_names)` |
|---|---|

Out[4]:
```
diabetes 数据集的特征名为:
 ['age', 'sex', 'bmi', 'bp', 's1', 's2', 's3', 's4', 's5', 's6']
```

179

```
In[5]:    diabetes_desc = diabetes['DESCR']   # 获取数据集的描述信息
          print('diabetes 数据集的描述信息为: \n', diabetes_desc)
```

Out[5]:    diabetes 数据集的描述信息为:
           .. _diabetes_dataset:

           Diabetes dataset
           ----------------

           Ten baseline variables, age, sex, body mass index, average blood
           pressure, and six blood serum measurements were obtained for each of n =
           442 diabetes patients, as well as the response of interest, a
           quantitative measure of disease progression one year after baseline.

           **Data Set Characteristics:**

             :Number of Instances: 442

             :Number of Attributes: First 10 columns are numeric predictive values

             :Target: Column 11 is a quantitative measure of disease progression
           one year after baseline

             :Attribute Information:
                 - Age
                 - Sex
                 - Body mass index
                 - Average blood pressure
                 - S1
                 - S2
                 - S3
                 - S4
                 - S5
                 - S6

           Note: Each of these 10 feature variables have been mean centered and
           scaled by the standard deviation times 'n_samples' (i.e. the sum of
           squares of each column totals 1).

           Source URL:
           https://www4.stat.ncsu.edu/~boos/var.select/diabetes.html

           For more information see:
           Bradley Efron, Trevor Hastie, Iain Johnstone and Robert Tibshirani
           (2004) "Least Angle Regression," Annals of Statistics (with discussion),
           407-499.
           (https://web.stanford.edu/~hastie/Papers/LARS/LeastAngle_2002.pdf)

## 6.1.2　将数据集划分为训练集和测试集

在数据分析过程中，为了保证模型在实际系统中能够起到预期作用，一般需要将总样本划分成独立的 3 部分：训练集（Train Set）、验证集（Validation Set）和测试集（Test Set）。其中，训练集用于估计模型，验证集用于确定网络结构或控制模型复杂程度的参数，而测试集则用于检验最优模型的性能。典型的划分方式是训练集数据量占总样本数据量的 50%，而验证集数据量和测试集数据量各占总样本数据量的 25%。

当总样本数据较少时，使用上面的方法将总样本数据划分为 3 部分是不适合的。常用的方法是留少部分样本数据作为测试集，然后对其余 $N$ 个样本采用 $K$ 折交叉验证法。其基本步骤是将样本打乱，然后均匀分成 *K* 份，轮流选择其中 *K*-1 份作为训练集，剩余的一份作为验证集，计算预测误差平方和，最后将 *K* 次的预测误差平方和的均值作为选择最优模型结构的依据。在 sklearn 的 model_selection 模块中提供了 train_test_split 函数，可对数据集进行划分，train_test_split 函数的基本使用格式如下。

```
sklearn.model_selection.train_test_split(*arrays, test_size=None, train_size=None,
random_state=None, shuffle=True, stratify=None)
```

train_test_split 函数的常用参数及其说明如表 6-2 所示。

表 6-2　train_test_split 函数的常用参数及其说明

| 参数名称 | 参数说明 |
| --- | --- |
| *arrays | 接收 list、数组、矩阵、pandas 数据帧。表示需要划分的数据集。若为分类、回归，则分别传入数据和标签；若为聚类，则传入数据。无默认值 |
| test_size | 接收 float、int。表示测试集的大小。若传入 float 型参数值，则应为 0~1 之间值，表示测试集在总数据集中的占比；若传入 int 型参数值，则表示测试样本的绝对数量。默认为 None |
| train_size | 接收 float、int。表示训练集的大小，传入的参数值说明与 test_size 参数的参数值说明相似。默认为 None |
| random_state | 接收 int。表示用于随机抽样的伪随机数生成器的状态。默认为 None |
| shuffle | 接收 bool。表示在划分数据集前是否对数据进行混洗。默认为 True |
| stratify | 接收 array。表示保持划分前类的分布平衡。默认为 None |

train_test_split 函数可将传入的数据集分别划分为训练集和测试集。如果传入的是一组数据集，那么生成的就是这一组数据集随机划分后的训练集和测试集，总共两组。如果传入的是两组数据集，则生成的训练集和测试集分别有两组，总共 4 组。将 diabetes 数据集划分为训练集和测试集，如代码 6-3 所示。

代码 6-3　使用 train_test_split 函数划分数据集

```
In[6]:   print('原始数据集数据的形状为：', diabetes_data.shape)
         print('原始数据集标签的形状为：', diabetes_target.shape)

Out[6]:  原始数据集数据的形状为： (442, 10)
         原始数据集标签的形状为： (442,)

In[7]:   from sklearn.model_selection import train_test_split
         diabetes_data_train, diabetes_data_test, \
         diabetes_target_train, diabetes_target_test = \
         train_test_split(diabetes_data, diabetes_target, \
             test_size=0.2, random_state=42)
         print('训练集数据的形状为：', diabetes_data_train.shape)
         print('训练集标签的形状为：', diabetes_target_train.shape)
         print('测试集数据的形状为：', diabetes_data_test.shape)
         print('测试集标签的形状为：', diabetes_target_test.shape)

Out[7]:  训练集数据的形状为： (353, 10)
         训练集标签的形状为： (353,)
         测试集数据的形状为： (89, 10)
         测试集标签的形状为： (89,)
```

Python 数据分析与应用（第 2 版）（微课版）

train_test_split 函数是非常常用的数据划分方法，model_selection 模块还提供了其他划分数据集的函数，如 PredefinedSplit 函数、ShuffleSplit 函数等。读者可以通过查看官方文档学习其使用方法。

## 6.1.3　使用 sklearn 转换器进行数据预处理

为了帮助用户实现对大量的特征进行处理的相关操作，sklearn 将相关的功能封装为 sklearn 转换器。sklearn 转换器主要包括 3 个方法：fit()、transform() 和 fit_transform()。sklearn 转换器的 3 个方法及其说明如表 6-3 所示。

表 6-3　sklearn 转换器的 3 个方法及其说明

| 方法 | 方法说明 |
| --- | --- |
| fit() | fit() 方法主要通过分析特征和目标值来提取有价值的信息，这些信息可以是统计量、权值系数等 |
| transform() | transform() 方法主要用于对特征进行转换。从可利用信息的角度，转换分为无信息转换和有信息转换。无信息转换是指不利用任何其他信息进行转换，如指数函数转换和对数函数转换等。有信息转换根据是否利用目标值向量又可分为无监督转换和有监督转换。无监督转换指只利用特征的统计信息的转换，如标准化和 PCA 降维等。有监督转换指既利用特征信息又利用目标值信息的转换，如通过模型选择特征和线性判别分析（Linear Discriminant Analysis，LDA）降维等 |
| fit_transform() | fit_transform() 方法即先调用 fit() 方法，然后调用 transform() 方法 |

目前，使用 sklearn 转换器能够实现对传入的 NumPy 数组进行标准化处理、归一化处理、二值化处理和 PCA 降维等操作。本文主要详细介绍数据处理中的标准化处理和 PCA 降维。

在第 4 章中，基于 pandas 库介绍了标准化处理的原理、概念与方法。但是在数据分析过程中，各类与特征处理相关的操作都需要对训练集和测试集分开进行，需要将训练集的操作规则、权重系数等应用到测试集中。如果使用 pandas，那么将操作规则、权重系数等应用至测试集的过程相对烦琐，使用 sklearn 转换器可以解决这一困扰。

使用 skearn 转换器对 iris 数据集进行离差标准化，如代码 6-4 所示。

代码 6-4　离差标准化

```
In[8]:   import numpy as np
         from sklearn.preprocessing import MinMaxScaler
         Scaler = MinMaxScaler().fit(diabetes_data_train)  # 生成规则
         # 将规则应用于训练集
         diabetes_trainScaler = Scaler.transform(diabetes_data_train)
         # 将规则应用于测试集
         diabetes_testScaler = Scaler.transform(diabetes_data_test)
         print('离差标准化前训练集数据的最小值为: ', np.min(diabetes_data_train))
         print('离差标准化后训练集数据的最小值为: ', np.min(diabetes_trainScaler))
         print('离差标准化前训练集数据的最大值为: ', np.max(diabetes_data_train))
         print('离差标准化后训练集数据的最大值为: ', np.max(diabetes_trainScaler))
         print('离差标准化前测试集数据的最小值为: ', np.min(diabetes_data_test))
         print('离差标准化后测试集数据的最小值为: ', np.min(diabetes_testScaler))
         print('离差标准化前测试集数据的最大值为: ', np.max(diabetes_data_test))
         print('离差标准化后测试集数据的最大值为: ', np.max(diabetes_testScaler))
```

182

```
Out[8]:   离差标准化前训练集数据的最小值为: -0.137767225690012
          离差标准化后训练集数据的最小值为: 0.0
          离差标准化前训练集数据的最大值为: 0.198787989657293
          离差标准化后训练集数据的最大值为: 1.0
          离差标准化前测试集数据的最小值为: -0.126780669916514
          离差标准化后测试集数据的最小值为: -0.06806282722513224
          离差标准化前测试集数据的最大值为: 0.17055522598066
          离差标准化后测试集数据的最大值为: 1.0387931034482794
```

由代码 6-4 的运行结果可知，离差标准化之后的训练集数据的最小值、最大值的确限定在了[0,1]区间内，同时由于测试集应用了训练集的离差标准化规则，数据超出了[0,1]的范围。这也从侧面证明了此处应用了训练集的规则。如果对两个数据集单独做离差标准化，或将两个数据集合并做离差标准化，根据公式，取值范围仍会限定为[0,1]区间。

sklearn 除了提供离差标准化函数 MinMaxScaler 外，还提供了一系列数据预处理函数，具体如表 6-4 所示。

表 6-4　sklearn 部分数据预处理函数及其说明

| 函数名称 | 函数说明 |
| --- | --- |
| StandardScaler | 对特征进行标准差标准化 |
| Normalizer | 对特征进行归一化 |
| Binarizer | 对定量特征进行二值化 |
| OneHotEncoder | 对定性特征进行独热编码处理 |
| FunctionTransformer | 对特征进行自定义函数变换 |

sklearn 除了提供基本的特征变换函数外，还提供了降维算法、特征选择算法，这些算法的使用也是通过转换器的方式进行的。sklearn 的 decomposition 模块提供了 PCA 类，可用于对数据集进行 PCA 降维，PCA 类的基本使用格式如下。

```
class sklearn.decomposition.PCA(n_components=None, *, copy=True, whiten=False,
svd_solver='auto', tol=0.0, iterated_power='auto', random_state=None)
```

PCA 类常用参数及其说明如表 6-5 所示。

表 6-5　PCA 类常用参数及其说明

| 参数名称 | 参数说明 |
| --- | --- |
| n_components | 接收 int、float、"mle"（最大似然估计值）。表示降维后要保留的特征维度数目。若未指定参数值，则表示所有特征均会被保留下来；若传入 int 型参数值，则表示将原始数据降低到 $n$ 个维度；若传入 float 型参数值，则将根据样本特征方差来决定降维后的维度数目；若赋值为"mle"，则将使用最大似然估计（Maximum Likelihood Estimation，MLE）算法来根据特征的方差分布情况自动选择一定数量的主成分特征来降维。默认为 None |
| copy | 接收 bool。表示是否在运行算法时对原始训练数据进行复制。若为 True，则运行算法后原始训练数据的值不会有任何改变；若为 False，则运行算法后原始训练数据的值将会发生改变。默认为 True |
| whiten | 接收 bool。表示对降维后的特征进行标准化处理，使得特征具有相同的方差。默认为 False |

续表

| 参数名称 | 参数说明 |
|---|---|
| svd_solver | 接收 str。表示使用的奇异值分解（Singular Value Decomposition，SVD）算法，可选 randomized、full、arpack、auto。randomized 一般适用于数据量大、数据维度多，同时主成分数目比例又较低的 PCA 降维。full 是使用 SciPy 库实现的传统 SVD 算法。arpack 和 randomized 的适用场景类似，区别在于，randomized 使用的是 sklearn 自己的 SVD 算法实现，而 arpack 直接使用 SciPy 库的稀疏版本 SVD 算法实现。auto 则代表 PCA 类会自动在上述 3 种算法中去权衡，选择一个合适的 SVD 算法来降维。默认为 auto |

使用 PCA 类对 diabetes 数据集进行 PCA 降维，如代码 6-5 所示。

**代码 6-5　对 diabetes 数据集进行 PCA 降维**

```
In[9]:    from sklearn.decomposition import PCA
          pca_model = PCA(n_components=8).fit(diabetes_trainScaler)
          # 将规则应用于训练集
          diabetes_trainPca = pca_model.transform(diabetes_trainScaler)
          # 将规则应用于测试集
          diabetes_testPca = pca_model.transform(diabetes_testScaler)
          print('PCA 降维前训练集数据的形状为：', diabetes_trainScaler.shape)
          print('PCA 降维后训练集数据的形状为：', diabetes_trainPca.shape)
          print('PCA 降维前测试集数据的形状为：', diabetes_testScaler.shape)
          print('PCA 降维后测试集数据的形状为：', diabetes_testPca.shape)

Out[9]:   PCA 降维前训练集数据的形状为： (353, 10)
          PCA 降维后训练集数据的形状为： (353, 8)
          PCA 降维前测试集数据的形状为： (89, 10)
          PCA 降维后测试集数据的形状为： (89, 8)
```

由代码 6-5 可知，当将 n_components 参数设置为 8 时，训练集和测试集的维度都由原来的 10 下降为了 8。

## 任务 6.2　构建并评价聚类模型

构建并评价聚类模型

### 任务描述

聚类分析是在没有给定划分类别的情况下，根据数据相似度进行样本分组的一种方法。聚类模型可以将无类标签的数据聚集为多个簇，是一种非监督的学习算法。在商业上，聚类可以帮助市场分析人员从消费者数据库中区分出不同的消费群体，并且概括出每一类消费群体的消费模式或消费习惯。同时，聚类分析也可以作为数据分析算法中其他分析算法的一个预处理步骤，用于异常值识别、连续型特征离散化等。

### 任务分析

（1）使用 sklearn 估计器构建 K-Means 聚类模型。
（2）根据聚类模型评价方法评价 K-Means 聚类模型。

## 6.2.1　使用 sklearn 估计器构建聚类模型

聚类的输入是一组未被标记的样本，聚类根据数据自身的距离或相似度将它们划分为若干组，划分的原则是组内（内部）距离最小化，而组间（外部）距离最大化，如图 6-1 所示。

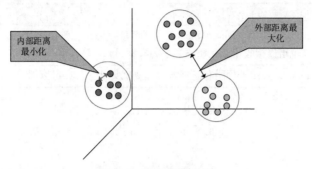

图 6-1　聚类原理示意

常用的聚类算法及其类别如表 6-6 所示。

表 6-6　常用的聚类算法及其类别

| 算法类别 | 包括的主要算法 |
| --- | --- |
| 划分（分裂）方法 | K-Means 算法（K-平均算法）、K-MEDOIDS 算法（K-中心点算法）和 CLARANS 算法（基于选择的算法） |
| 层次分析方法 | BIRCH 算法（平衡迭代归约和聚类）、CURE 算法（代表点聚类）和 CHAMELEON 算法（动态模型） |
| 基于密度的方法 | DBSCAN 算法（基于高密度连接区域）、DENCLUE 算法（密度分布函数）和 OPTICS 算法（对象排序识别） |
| 基于网格的方法 | STING 算法（统计信息网络）、CLIOUE 算法（聚类高维空间）和 WAVE-CLUSTER 算法（小波变换） |

sklearn 常用的聚类算法模块 cluster 提供的聚类算法及其适用范围如表 6-7 所示。

表 6-7　cluster 模块提供的聚类算法及其适用范围

| 算法名称 | 参数 | 适用范围 | 距离度量 |
| --- | --- | --- | --- |
| K-Means | 簇数 | 可用于样本数目很大、聚类数目中等的场景 | 点之间的距离 |
| Spectral clustering | 簇数 | 可用于样本数目中等、聚类数目较小的场景 | 图距离 |
| Ward hierarchical clustering | 簇数 | 可用于样本数目较大、聚类数目较大的场景 | 点之间的距离 |
| Agglomerative clustering | 簇数、链接类型、距离 | 可用于样本数目较大、聚类数目较大的场景 | 任意成对点线图间的距离 |
| DBSCAN | 半径大小、最低成员数目 | 可用于样本数目很大、聚类数目中等的场景 | 最近的点之间的距离 |
| Birch | 分支因子、阈值、可选全局集群 | 可用于样本数目很大、聚类数目较大的场景 | 点之间的欧氏距离 |

聚类算法实现需要使用 sklearn 估计器（Estimator）。sklearn 估计器拥有 fit()和 predict()两个方法，其说明如表 6-8 所示。

表 6-8　sklearn 估计器两个方法的说明

| 方法名称 | 方法说明 |
| --- | --- |
| fit() | fit()方法主要用于训练算法。该方法可接收用于有监督学习的训练集及其标签两个参数，也可以接收用于无监督学习的数据 |
| predict() | predict()方法用于预测有监督学习的测试集标签，亦可以用于划分传入数据的类别 |

某公司为了划分客户类别，对客户的基本信息情况进行调查，存为 customer 数据集，包括年龄、薪资、在职情况 3 个特征和 1 个客户类别标签。客户基本信息数据的特征/标签说明如表 6-9 所示。

表 6-9　客户基本信息数据的特征/标签说明

| 特征/标签名称 | 特征/标签含义 | 示例 |
| --- | --- | --- |
| 年龄 | 客户的年龄 | 18 |
| 薪资（万元） | 客户当前每月薪资（单位：万元） | 20 |
| 在职情况 | 客户当前的在职情况（0 表示离职，1 表示在职） | 0 |
| 客户类别 | 客户所属的类别，分为 1~4 共 4 类 | 1 |

使用 customer 数据集，通过 sklearn 估计器构建 K-Means 聚类模型，对客户群体进行划分，并使用 sklearn 的 manifold 模块中的 TSNE 类实现多维数据的可视化展现功能，查看聚类效果，TSNE 类的基本使用格式如下。

```
class        sklearn.manifold.TSNE(n_components=2,        *,        perplexity=30.0,
early_exaggeration=12.0,           learning_rate=200.0,           n_iter=1000,
n_iter_without_progress=300,      min_grad_norm=1e-07,      metric='euclidean',
init='random',  verbose=0,  random_state=None,  method='barnes_hut',  angle=0.5,
n_jobs=None, square_distances='legacy')
```

TSNE 类常用参数及其说明如表 6-10 所示。

表 6-10　TSNE 类常用参数及其说明

| 参数名称 | 参数说明 |
| --- | --- |
| n_components | 接收 int。表示要嵌入空间中的维度。默认为 2 |
| perplexity | 接收 float。表示在优化过程中邻近点的数量。默认为 30.0 |
| early_exaggeration | 接收 float。表示嵌入空间中簇的紧密程度及簇之间的空间大小。默认为 12.0 |
| learning_rate | 接收 float。表示梯度下降的速率。默认为 200.0 |
| metric | 接收 str、callable 对象。表示用于计算特征数组中实例之间的距离时使用的度量方式。默认为 euclidean |
| init | 接收 str、ndarray 对象。表示嵌入的初始化方式。默认为 random |
| random_state | 接收 int。表示所确定的随机数生成器。默认为 None |
| method | 接收 str。表示在进行梯度计算时所选用的优化方法。默认为 barnes_hut |

使用 sklearn 估计器构建聚类模型，并运用 TSNE 类对聚类结果进行可视化，如代码 6-6 所示。

代码 6-6　构建聚类模型并对聚类结果进行可视化

```
In[1]:    import pandas as pd
          from sklearn.manifold import TSNE
          import matplotlib.pyplot as plt
          # 读取数据集
          customer = pd.read_csv('../data/customer.csv', encoding='gbk')
          customer_data = customer.iloc[:, :-1]
          customer_target = customer.iloc[:, -1]
          # K-Means 聚类
          from sklearn.cluster import KMeans
          kmeans = KMeans(n_clusters=4, random_state=6).fit(customer_data)
          # 使用 TSNE 进行数据降维，降成 2 维
          tsne = TSNE(n_components=2, init='random',
                      random_state=2). fit(customer_data)
          df = pd.DataFrame(tsne.embedding_)  # 将原始数据转换为 DataFrame
          df['labels'] = kmeans.labels_  # 将聚类结果存储进 df 数据表
          # 提取不同标签的数据
          df1 = df[df['labels'] == 0]
          df2 = df[df['labels'] == 1]
          df3 = df[df['labels'] == 2]
          df4 = df[df['labels'] == 3]
          # 绘制图形
          fig = plt.figure(figsize=(9, 6))  # 设定空白画布，并设定大小
          # 用不同的颜色表示不同数据
          plt.plot(df1[0], df1[1], 'bo', df2[0], df2[1], 'r*',
                  df3[0], df3[1], 'gD', df4[0], df4[1], 'kD')
          plt.show()  # 显示图片
```

Out[1]:

由代码 6-6 的运行结果可知，本次聚类类别分布比较均匀，不同类别数目差别不大。除个别点外，类与类间的界限明显，聚类效果良好。

## 6.2.2　评价聚类模型

聚类评价的标准是组内的对象之间是相似的（相关的），而不同组中的对象是不同的（不相关的），即组内的相似度越大，组间差别越大，聚类效果就越好。

sklearn 的 metrics 模块提供的聚类模型评价方法如表 6-11 所示。

表 6-11　metrics 模块提供的聚类模型评价方法

| 方法名称 | 真实值 | 最佳值（效果） | sklearn 函数 |
|---|---|---|---|
| ARI 评价法 | 需要 | 1.0 | adjusted_rand_score |
| AMI 评价法 | 需要 | 1.0 | adjusted_mutual_info_score |
| V-measure 评分 | 需要 | 1.0 | completeness_score |
| FMI 评价法 | 需要 | 1.0 | fowlkes_mallows_score |
| 轮廓系数评价法 | 不需要 | 1.0 | silhouette_score |
| Calinski-Harabasz 指数评价法 | 不需要 | 相交程度最大 | calinski_harabaz_score |

在表 6-11 中总共列出了 6 种评价的方法。其中，前 4 种方法均需要真实值的配合才能够评价聚类算法的优劣，后两种则不需要真实值的配合。但是前 4 种方法评价的效果更具有说服力，并且在实际运行的过程中，在有真实值进行参考的情况下，聚类算法的评价可以等同于分类算法的评价。

除了轮廓系数评价法以外的评价方法，在不考虑业务场景的情况下都是得分越高，其效果越好，最高分值为 1.0。而轮廓系数评价法则需要判断不同类别数目情况下的轮廓系数的走势，寻找最优的聚类数目。

在需要真实值配合的聚类评价方法中选取 FMI 评价法评价 K-Means 聚类模型，如代码 6-7 所示。

代码 6-7　使用 FMI 评价法评价 K-Means 聚类模型

```
In[2]:    from sklearn.metrics import fowlkes_mallows_score
          for i in range(1, 7):
              # 构建并训练模型
              kmeans = KMeans(n_clusters=i,
                      random_state=6).fit(customer_data)
              score = fowlkes_mallows_score(customer_target, kmeans.labels_)
              print('customer 数据聚%d 类 FMI 评价法分值为：%f' % (i, score))

Out[2]:   customer 数据聚 1 类 FMI 评价法分值为：0.500815
          customer 数据聚 2 类 FMI 评价法分值为：0.638073
          customer 数据聚 3 类 FMI 评价法分值为：0.841093
          customer 数据聚 4 类 FMI 评价法分值为：0.907249
          customer 数据聚 5 类 FMI 评价法分值为：0.817502
          customer 数据聚 6 类 FMI 评价法分值为：0.789369
```

由代码 6-7 的运行结果可知，customer 数据聚 4 类的时候 FMI 评价法分值最高，故聚类为 4 类的时候 K-Means 聚类模型最好。

使用轮廓系数评价法评价 K-Means 模型，然后绘制出轮廓系数走势图，根据图形判断聚类效果，如代码 6-8 所示。

代码 6-8　使用轮廓系数评价法评价 K-Means 聚类模型

```
In[3]:    from sklearn.metrics import silhouette_score
          silhouettteScore = []
```

```
for i in range(2, 10):
        # 构建并训练模型
kmeans = KMeans(n_clusters=i,
                random_state=6).fit(customer_data)
        score = silhouette_score(customer_data, kmeans.labels_)
        silhouetteScore.append(score)
plt.figure(figsize=(10, 6))
plt.plot(range(2, 10), silhouetteScore,
linewidth=1.5, linestyle='-')
plt.show()
```

Out[3]:

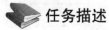

由代码 6-8 的运行结果可知，聚类数目为 3、4 时平均畸变程度最大。

使用 Calinski-Harabasz 指数评价法评价 K-Means 聚类模型，其分值越高，聚类效果越好，如代码 6-9 所示。

代码 6-9　使用 Calinski-Harabasz 指数评价法评价 K-Means 聚类模型

In[4]:
```
from sklearn.metrics import calinski_harabasz_score
for i in range(2, 5):
        # 构建并训练模型
        kmeans = KMeans(n_clusters=i,
                        random_state=2).fit(customer_data)
        score = calinski_harabasz_score(customer_data, kmeans.labels_)
        print('customer 数据聚%d 类 Calinski_Harabaz 指数为: %f' % (i, score))
```

Out[4]:
```
customer 数据聚 2 类 Calinski_Harabaz 指数为: 160.059079
customer 数据聚 3 类 Calinski_Harabaz 指数为: 146.644857
customer 数据聚 4 类 Calinski_Harabaz 指数为: 198.251158
```

由代码 6-9 可知，当使用 Calinski-Harabasz 指数评价法评价 K-Means 聚类模型时，聚类数目为 4 的时候得分最高，所以可以认为 customer 数据聚类为 4 类的时候模型效果最优。

综合以上聚类评价方法，在真实值作为参考的情况下，FMI 评价法、轮廓系数评价法和 Calinski-Harabasz 指数评价法均可以很好地评估聚类模型。在没有真实值作为参考的时候，轮廓系数评价法和 Calinski-Harabasz 指数评价法可以结合使用。

# 任务 6.3　构建并评价分类模型

## 任务描述

分类是指构造一个分类模型，输入样本的特征值，输出对应的类别，

构建并评价分类
模型

即将每个样本映射到预先定义好的类别。分类模型建立在已有类标签的数据集上，属于有监督学习。在实际应用场景中，分类算法用于行为分析、物品识别、图像检测等。

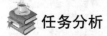

## 任务分析

（1）使用 sklearn 估计器构建支持向量机（Support Vector Machine，SVM）模型。

（2）根据分类模型的评价方法评价支持向量机模型。

### 6.3.1　使用 sklearn 估计器构建分类模型

在数据分析领域，分类算法很多，其原理千差万别，有基于样本距离的最近邻算法，有基于特征信息熵的决策树算法，有基于 bagging 的随机森林算法，有基于 boosting 的梯度提升分类树算法，但其实现过程相差不大，如图 6-2 所示。

sklearn 库提供的分类算法非常多，分别存在于不同的模块中。sklearn 库的常用分类算法如表 6-12 所示。

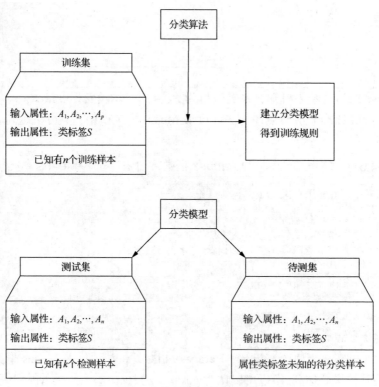

图 6-2　分类模型的实现过程

表 6-12　sklearn 库的常用分类算法

| 模块名称 | 函数名称 | 算法名称 |
| --- | --- | --- |
| linear_model | LogisticRegression | 逻辑回归 |
| svm | SVC | 支持向量机 |
| neighbors | KNeighborsClassifier | K 最近邻分类 |
| naive_bayes | GaussianNB | 高斯朴素贝叶斯 |

续表

| 模块名称 | 函数名称 | 算法名称 |
|---|---|---|
| tree | DecisionTreeClassifier | 分类决策树 |
| ensemble | RandomForestClassifier | 随机森林分类 |
| ensemble | GradientBoostingClassifier | 梯度提升分类树 |

　　quit_job 数据集为某公司调查统计的员工在职和离职情况，其中记录了满意度、评分、总项目数、每月平均工作小时数（小时）、工龄（年）、工作事故、5 年内升职、薪资 8 个特征信息和 1 个离职类别信息。其中，人员离职率数据的特征与类别信息已在第 5 章中的表 5-14 进行说明。

　　为了对员工离职情况进行预测，对 quit_job 数据集使用 sklearn 估计器构建支持向量机模型，如代码 6-10 所示。

代码 6-10　使用 sklearn 估计器构建支持向量机模型

```
In[1]:    import pandas as pd
          # 读取数据集
          quit_job = pd.read_csv('../data/quit_job.csv', encoding='gbk')
          # 划分数据和标签
          quit_job_data = quit_job.iloc[:, :-1]
          quit_job_target = quit_job.iloc[:, -1]
          # 划分训练集和测试集
          from sklearn.model_selection import train_test_split
          quit_job_data_train, quit_job_data_test, \
          quit_job_target_train, quit_job_target_test = \
          train_test_split(quit_job_data, quit_job_target,
                                test_size=0.2, random_state=66)
          # 标准化数据集
          from sklearn.preprocessing import StandardScaler
          stdScale = StandardScaler().fit(quit_job_data_train)
          quit_job_trainScaler = stdScale.transform(quit_job_data_train)
          quit_job_testScaler = stdScale.transform(quit_job_data_test)
          # 构建支持向量机模型，并预测测试集结果
          from sklearn.svm import SVC
          svm = SVC().fit(quit_job_trainScaler, quit_job_target_train)
          # 预测训练集结果
          quit_job_target_pred = svm.predict(quit_job_testScaler)
          print('预测的前 20 个结果为：\n', quit_job_target_pred[: 20])

Out[1]:   预测的前 20 个结果为：
          [0 0 0 0 0 0 0 0 1 0 0 0 0 1 0 0 0 1 0 0]
```

　　将预测结果和真实结果做比对，求出预测对的结果和预测错的结果，并求出准确率，如代码 6-11 所示。

代码 6-11　分类结果的准确率

```
In[2]:    import numpy as np
          # 求出预测结果和真实结果一样的结果数目
          true = np.sum(quit_job_target_pred == quit_job_target_test )
          print('预测对的结果数目为：', true)
          print('预测错的结果数目为：', quit_job_target_test.shape[0] - true)
          print('预测结果准确率为：', true / quit_job_target_test.shape[0])
```

```
Out[2]:   预测对的结果数目为： 2888
          预测错的结果数目为： 112
          预测结果准确率为： 0.9626666666666667
```

由代码 6-11 的运行结果可知，支持向量机模型预测结果的准确率约为 96.3%，在 3000 条测试数据中只有 112 条数据识别错误，说明了整体模型效果比较理想。

## 6.3.2　评价分类模型

分类模型对测试集进行预测而得出的准确率并不能很好地反映模型的性能，为了有效判断一个预测模型的性能表现，需要结合真实值计算出精确率、召回率、F1 值和 Cohen's Kappa 系数等指标来衡量。

分类模型的常规评价方法如表 6-13 所示。

### 表 6-13　分类模型的常规评价方法

| 方法名称 | 最佳值（效果） | sklearn 函数 |
| --- | --- | --- |
| 精确率 | 1.0 | metrics.precision_score |
| 召回率 | 1.0 | metrics.recall_score |
| F1 值 | 1.0 | metrics.f1_score |
| Cohen's Kappa 系数 | 1.0 | metrics.cohen_kappa_score |
| ROC 曲线 | 最接近 $y$ 轴 | metrics. roc_curve |

对于表 6-14 中的分类模型评价方法，前 4 种都是分值越高越好，其使用方法基本相同。利用精确率、召回率、F1 值和 Cohen's Kappa 系数评价方法对代码 6-10 中建立的支持向量机模型进行评价如代码 6-12 所示。

### 代码 6-12　评价支持向量机模型

```
In[3]:  from sklearn.metrics import accuracy_score,precision_score, \
        recall_score,f1_score,cohen kappa_score
        print('使用支持向量机预测 quit_job 数据的准确率为： ',
                accuracy_score(quit_job_target_test, quit_job_target_pred))
        print('使用支持向量机预测 quit_job 数据的精确率为： ',
                precision_score(quit_job_target_test, quit_job_target_pred))
        print('使用支持向量机预测 quit_job 数据的召回率为： ',
                recall_score(quit_job_target_test, quit_job_target_pred))
        print('使用支持向量机预测 quit_job 数据的 F1 值为： ',
                f1_score(quit_job_target_test, quit_job_target_pred))
        print('使用支持向量机预测 quit_job 数据的 Cohen's Kappa 系数为： ',
                cohen_kappa_score(quit_job_target_test,
                        quit_job_target_pred))

Out[3]:  使用支持向量机预测 quit_job 数据的准确率为： 0.9626666666666667
         使用支持向量机预测 quit_job 数据的精确率为： 0.9501466275659824
         使用支持向量机预测 quit_job 数据的召回率为： 0.8925619834710744
         使用支持向量机预测 quit_job 数据的 F1 值为： 0.9204545454545454
         使用支持向量机预测 quit_job 数据的 Cohen's Kappa 系数为： 0.8960954140968836
```

由代码 6-12 的运行结果可知，多种评价方法的指标得分十分接近 1，说明了建立的支持向量机模型的效果相对较好。sklearn 的 metrics 模块除了提供计算精确率等单一评价方法的函数外，还提供一个能够输出分类模型评价报告的函数 classification_report。使用 classification_report 函数输出支持向量机模型评价报告如代码 6-13 所示。

代码 6-13　输出支持向量机模型评价报告

```
In[4]:    from sklearn.metrics import classification_report
          print('使用支持向量机预测 quit_job 数据的分类报告为: ', '\n',
                  classification_report(quit_job_target_test,
                                    quit_job_target_pred))

Out[4]:   使用支持向量机预测 quit_job 数据的分类报告为:
                        precision     recall    f1-score     support

                0        0.97         0.99       0.98         2274
                1        0.95         0.89       0.92         726

          accuracy                               0.96         3000
          macro avg      0.96         0.94       0.95         3000
       weighted avg      0.96         0.96       0.96         3000
```

除了使用数值、表格形式评价分类模型的性能，还可通过绘制 ROC 曲线的方式来评价分类模型，如代码 6-14 所示。

代码 6-14　绘制 ROC 曲线

```
In[5]:    from sklearn.metrics import roc_curve
          import matplotlib.pyplot as plt
          # 求出 ROC 曲线的 x 轴和 y 轴
          fpr, tpr, thresholds = \
          roc_curve(quit_job_target_test, quit_job_target_pred)
          plt.figure(figsize=(10, 6))
          plt.rcParams['font.sans_serif']=["SimHei"]
          plt.xlim(0, 1)   # 设定 x 轴的范围
          plt.ylim(0.0, 1.1)   # 设定 y 轴的范围
          plt.xlabel('1-特异性')
          plt.ylabel('灵敏度')
          plt.plot(fpr, tpr, linewidth=2, linestyle='-', color='red')
          plt.plot([0, 1], [0, 1], linestyle='-.', color='blue')
          plt.show()
```

Out[5]:

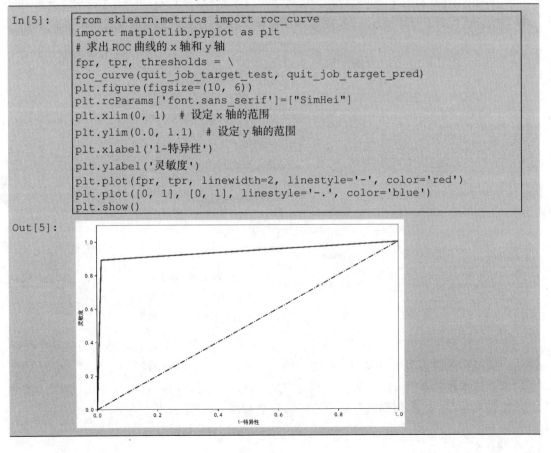

ROC 曲线横、纵坐标范围为[0,1]，通常情况下，ROC 曲线与 x 轴围成的面积越大，表示模型性能越好。当 ROC 曲线如代码 6-14 结果中的虚线所示时，表明了模型的计算结果基本都是随机得来的，在此情况下，模型起到的作用几乎为零。故在实际中，ROC 曲线离代码 6-14 中的虚线越远，表示模型效果越好。

## 任务 6.4　构建并评价回归模型

构建并评价回归模型

### 📖 任务描述

回归算法的实现过程与分类算法类似，原理相差不大。分类算法和回归算法的主要区别在于，分类算法的标签是离散的，但是回归算法的标签是连续的。回归算法在交通、物流、社交网络和金融等领域都能发挥巨大作用。

### ☕ 任务分析

（1）使用 sklearn 估计器构建线性回归（Linear Regression）模型。
（2）根据回归模型评价方法评价线性回归模型。

### 6.4.1　使用 sklearn 估计器构建线性回归模型

从 19 世纪初高斯提出最小二乘估计法起，回归分析的历史已有 200 多年。从经典的回归分析方法到近代的回归分析方法，按照研究方法划分，回归分析研究的范围大致如图 6-3 所示。

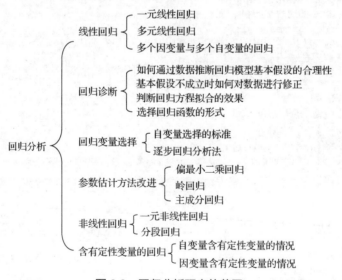

图 6-3　回归分析研究的范围

在回归模型中，自变量与因变量具有相关关系，自变量的值是已知的，因变量是要预测的。回归算法的实现步骤和分类算法的基本相同，分为学习和预测两个步骤。学习是指通过训练样本数据来拟合回归方程；预测则是指利用学习过程中拟合出的回归方程，将测试数据放入方程中求出预测值。常用的回归模型如表 6-14 所示。

表 6-14　常用的回归模型

| 回归模型名称 | 适用条件 | 算法描述 |
|---|---|---|
| 线性回归 | 因变量与自变量有线性关系 | 对一个或多个自变量和因变量之间的线性关系进行建模，可用最小二乘估计法求解模型系数 |
| 非线性回归 | 因变量与自变量没有线性关系 | 对一个或多个自变量和因变量之间的非线性关系进行建模。如果非线性关系可以通过简单的函数变换转化成线性关系，那么可用线性回归的思想求解；如果不能转化，那么可用非线性最小二乘估计法求解模型系数 |
| 逻辑回归 | 因变量一般有 1 和 0（是与否）两种取值 | 利用逻辑回归相关函数将因变量的取值范围控制在 0～1，表示取值为 1 的概率 |
| 岭回归 | 参与建模的自变量之间具有多重共线性 | 是一种改进最小二乘估计法的方法 |
| 主成分回归 | 参与建模的自变量之间具有多重共线性 | 主成分回归是根据 PCA 的思想提出来的，是对最小二乘估计法的一种改进，它是参数估计的一种有偏估计。可以消除自变量之间的多重共线性 |

sklearn 库内部有不少回归算法，常用的如表 6-15 所示。

表 6-15　sklearn 库内部的常用回归算法

| 模块名称 | 函数名称 | 算法名称 |
|---|---|---|
| linear_model | LinearRegression | 线性回归 |
| svm | SVR | 支持向量回归 |
| neighbors | KNeighborsRegressor | 最近邻回归 |
| tree | DecisionTreeRegressor | 回归决策树 |
| ensemble | RandomForestRegressor | 随机森林回归 |
| ensemble | GradientBoostingRegressor | 梯度提升回归树 |

concrete 数据集为某建筑公司研究分析的不同成分的混凝土强度情况，包括水泥含量、矿渣含量、石灰含量、水含量等 8 个输入特征和 1 个混凝土抗压强度输出标签，部分数据信息如表 6-16 所示。

表 6-16　部分混凝土成分数据信息

| 水泥含量（kg/m³） | 矿渣含量（kg/m³） | 石灰含量（kg/m³） | 水含量（kg/m³） | 超塑化剂含量（kg/m³） | 粗骨料含量（kg/m³） | 细骨料含量（kg/m³） | 达到特定抗压强度所需天数（天） | 混凝土抗压强度（MPa） |
|---|---|---|---|---|---|---|---|---|
| 540.0 | 0 | 0 | 162 | 2.5 | 1040.0 | 676.0 | 28 | 79.99 |
| 540.0 | 0 | 0 | 162 | 2.5 | 1055.0 | 676.0 | 28 | 61.89 |
| 332.5 | 142.5 | 0 | 228 | 0 | 932.0 | 594.0 | 270 | 40.27 |

| 水泥含量<br>（kg/m³） | 矿渣含量<br>（kg/m³） | 石灰含量<br>（kg/m³） | 水含量<br>（kg/m³） | 超塑化剂<br>含量<br>（kg/m³） | 粗骨料<br>含量<br>（kg/m³） | 细骨料<br>含量<br>（kg/m³） | 达到特定<br>抗压强度<br>所需天数<br>（天） | 混凝土抗<br>压强度<br>（MPa） |
|---|---|---|---|---|---|---|---|---|
| 332.5 | 142.5 | 0 | 228 | 0 | 932.0 | 594.0 | 365 | 41.05 |
| 198.6 | 132.4 | 0 | 192 | 0 | 978.4 | 825.5 | 360 | 44.30 |
| 266.0 | 114.0 | 0 | 228 | 0 | 932.0 | 670.0 | 90 | 47.03 |
| 380.0 | 95.0 | 0 | 228 | 0 | 932.0 | 594.0 | 365 | 43.70 |
| 380.0 | 95.0 | 0 | 228 | 0 | 932.0 | 594.0 | 28 | 36.45 |
| 266.0 | 114.0 | 0 | 228 | 0 | 932.0 | 670.0 | 28 | 45.85 |

为了对混凝土的强度进行预测，对 concrete 数据集使用 sklearn 估计器构建线性回归模型，如代码 6-15 所示。

代码 6-15　使用 sklearn 估计器构建线性回归模型

```
In[1]:    import pandas as pd
          # 读取数据集
          concrete = pd.read_csv('../data/concrete.csv', encoding='gbk')
          # 划分数据和标签
          concrete_data = concrete.iloc[:, :-1]
          concrete_target = concrete.iloc[:, -1]
          # 划分训练集和测试集
          from sklearn.model_selection import train_test_split
          concrete_data_train, concrete_data_test, \
          concrete_target_train, concrete_target_test = \
          train_test_split(concrete_data, concrete_target,
                            test_size=0.2, random_state=20)
          from sklearn.linear_model import LinearRegression
          concrete_linear = LinearRegression().fit(concrete_data_train,
                                          concrete_target_train)
          # 预测测试集结果
          y_pred = concrete_linear.predict(concrete_data_test)
          print('预测的前 20 个结果为: ','\n', y_pred[: 20])
Out[1]:   预测的前 20 个结果为:
          [19.81028428   17.3151452    30.53534308   23.98192714   53.18933559
           30.57631518   12.35744614   24.61923422   24.45495639   31.20651327
           43.87924638   53.90881503   37.38608652   31.74830703   44.37240085
           59.65671572   23.77370353   29.18579391   48.52149378   30.74767163]
```

利用预测结果和真实结果画出折线图，能较为直观地体现线性回归模型效果，如代码 6-16 所示。

代码 6-16　回归结果可视化

```
In[2]:    import matplotlib.pyplot as plt
          from matplotlib import rcParams
          rcParams['font.sans-serif'] = 'SimHei'
          fig = plt.figure(figsize=(12, 6))  # 设定空白画布，并设定大小
          plt.plot(range(concrete_target_test.shape[0]),
                   list(concrete_target_test), color='blue')
          plt.plot(range(concrete_target_test.shape[0]),
                   y_pred, color='red', linewidth=1.5, linestyle='-.')
```

```
plt.xlabel('结果数值')
plt.ylabel('强度（Pa）')
plt.legend(['真实结果', '预测结果'])
plt.savefig('../tmp/回归结果.jpg')
plt.show()  # 显示图片
```

Out[2]:

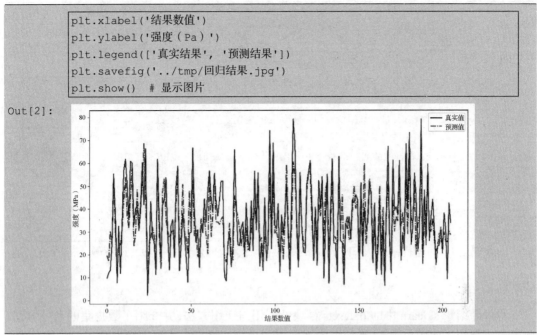

　　代码 6-16 运行得到的折线图说明了除了部分预测结果和真实结果相差较大外，整体拟合效果良好，即说明模型的效果相对较好。

## 6.4.2　评价回归模型

　　回归模型的性能评价不同于分类模型的性能评价，虽然都是对照真实值进行评价，但由于回归模型的预测结果和真实结果都是连续的，所以不能够求取精确率、召回率和 F1 值等评价指标。回归模型拥有一套独立的评价方法。

　　常用的回归模型评价方法如表 6-17 所示。

表 6-17　常用的回归模型评价方法

| 方法名称 | 最优值 | sklearn 函数 |
| --- | --- | --- |
| 平均绝对误差 | 0.0 | metrics. mean_absolute_error |
| 均方误差 | 0.0 | metrics. mean_squared_error |
| 中值绝对误差 | 0.0 | metrics. median_absolute_error |
| 可解释方差 | 1.0 | metrics. explained_variance_score |
| $R^2$ 值 | 1.0 | metrics. r2_score |

　　平均绝对误差、均方误差和中值绝对误差的值越接近 0，模型性能越好。可解释方差和 $R^2$ 值越接近 1，模型性能越好。对 6.4.1 小节中的线性回归模型使用表 6-18 中的评价方法进行评价，如代码 6-17 所示。

代码 6-17　线性回归模型评价

In[3]:
```
from sklearn.metrics import explained_variance_score,\
mean_absolute_error, mean_squared_error,\
median_absolute_error, r2_score
print('concrete 数据线性回归模型的平均绝对误差为：',
```

```
              mean_absolute_error(concrete_target_test, y_pred))
print('concrete 数据线性回归模型的均方误差为：',
              mean_squared_error(concrete_target_test, y_pred))
print('concrete 数据线性回归模型的中值绝对误差为：',
              median_absolute_error(concrete_target_test, y_pred))
print('concrete 数据线性回归模型的可解释方差为：',
              explained_variance_score(concrete_target_test, y_pred))
print('concrete 数据线性回归模型的 R² 值为：',
              r2_score(concrete_target_test, y_pred))
```

Out[3]:　　concrete 数据线性回归模型的平均绝对误差为：7.825592863407587

　　　　　　concrete 数据线性回归模型的均方误差为：93.08098484719206

　　　　　　concrete 数据线性回归模型的中值绝对误差为：6.245315189356777

　　　　　　concrete 数据线性回归模型的可解释方差为：0.6730854439765637

　　　　　　concrete 数据线性回归模型的 R² 值为：0.6678152427265549

由代码 6-17 的运行结果可知，建立的线性回归模型拟合效果一般，还有较大的改进余地。

## 小结

本章介绍了 sklearn 中的 datasets 模块的作用与使用方法，并介绍了数据集的划分方法。此外，还介绍了使用 sklearn 转换器实现数据预处理。最后，还根据数据分析的应用分类，包括聚类、分类和回归 3 类，重点介绍了对应的数据分析建模方法及实现过程，以及对应的多种评估方法。

## 实训

### 实训 1　使用 sklearn 处理竞标行为数据集

#### 1. 训练要点

（1）掌握 sklearn 转换器的用法。

（2）掌握训练集、测试集划分的方法。

（3）掌握使用 sklearn 进行 PCA 降维的方法。

#### 2. 需求说明

竞标行为数据集（shill_bidding.csv）是网络交易平台 eBay 为了分析竞标者的竞标行为而收集整理的部分拍卖数据，包括记录 ID、竞标者倾向、竞标比率等 11 个输入特征和 1个类别标签，共 6321 条记录，其特征/标签说明如表 6-18 所示。通过读取竞标行为数据集，进行训练集和测试集的划分，为后续的模型构建提供训练数据和测试数据；并对数据集进行降维，以适当减少数据的特征维度。

表 6-18　竞标行为数据集的特征/标签说明

| 特征/标签名称 | 特征/标签含义 | 示例 |
| --- | --- | --- |
| 记录 ID | 数据集中记录的唯一标识符 | 1 |
| 拍卖 ID | 拍卖的唯一标识符 | 732 |
| 竞标者倾向 | 竞标者参加人数少于卖方的拍卖情况，该情况更有可能发生欺诈和同谋串通的行为 | 0.2 |

| 特征/标签名称 | 特征/标签含义 | 示例 |
|---|---|---|
| 竞标比率 | 竞标者参与报价的情况 | 0.4 |
| 连续竞标 | 竞标者在第一次中标的情况下，再中第二次乃至第 $n$ 次标的情况 | 0 |
| 上次竞标 | 在竞标的最后时间（超过竞标持续时间的 90%），竞标者参与竞标的情况。一般情况下，恶意竞标者一般不会在竞标的最后时间参与竞标，以避免中标 | 0.0000278 |
| 竞标量 | 竞标者的平均竞标量情况 | 0 |
| 拍卖起拍 | 竞标者首先发起竞标的情况 | 0.993592814 |
| 早期竞标 | 在开始竞标时（少于竞标持续时间的 25%），竞标者参与竞标的情况。一般情况下，恶意竞标者偏向于在竞标的早期参与竞标，吸引其他竞标者注意 | 0.0000278 |
| 胜率 | 竞标者成功赢得拍卖的情况 | 0.666666667 |
| 拍卖持续时间（小时） | 拍卖持续了多少时间（单位：小时） | 5 |
| 类别 | 0 表示正常竞标行为，否则为 1 | 0 |

### 3．实现思路及步骤

（1）使用 pandas 库读取竞标行为数据集。

（2）对竞标行为数据集的数据和标签进行划分。

（3）将竞标行为数据集划分为训练集和测试集，测试集数据量占总样本数据量的 20%。

（4）对竞标行为数据集进行 PCA 降维，设定 n_components=0.999，即降维后数据能保留的信息为原来的 99.9%，并查看降维后的训练集、测试集的大小。

## 实训 2　构建基于竞标行为数据集的 K-Means 聚类模型

### 1．训练要点

（1）了解 sklearn 估计器的用法。

（2）掌握聚类模型的构建方法。

（3）掌握聚类模型的评价方法。

### 2．需求说明

使用实训 1 中的竞标行为数据集，竞标行为标签总共分为 2 种（0 表示正常竞标行为，1 表示非止常竞标行为），为了通过竞标者的行为特征将竞标行为划分为簇，选择数据集中的竞标者倾向、竞标比率、连续竞标 3 个特征，构建 K-Means 模型，对这 3 个特征的数据进行聚类，聚集为 2 个簇，实现竞标行为的类别划分，并对聚类模型进行评价，确定最优聚类数目。

### 3．实现思路及步骤

（1）选取竞标行为数据集中的竞标者倾向、竞标比率、连续竞标、类别特征。

（2）使用划分后的训练集构建 K-Means 模型。

（3）使用 ARI 评价法评价建立的 K-Means 模型。

（4）使用 V-measure 评分评价建立的 K-Means 模型。

（5）使用 FMI 评价法评价建立的 K-Means 模型，并在聚类数目为 1～3 类时，确定最优聚类数目。

### 实训 3　构建基于竞标行为数据集的支持向量机分类模型

#### 1. 训练要点

（1）掌握 sklearn 估计器的用法。

（2）掌握分类模型的构建方法。

（3）掌握分类模型的评价方法。

#### 2. 需求说明

对实训 1 中的竞标行为数据集进行训练集和测试集的划分，为了对竞标者的竞标行为进行类别判断，根据训练集构建支持向量机分类模型，通过训练完成的模型判断测试集的竞标行为类别归属，并对分类模型性能进行评价。

#### 3. 实现思路及步骤

（1）标准差标准化构建的训练集和测试集。

（2）构建支持向量机模型，并预测测试集前 10 个数据的结果。

（3）打印分类模型评价报告，评价分类模型性能。

### 实训 4　构建基于竞标行为数据集的回归模型

#### 1. 训练要点

（1）熟练 sklearn 估计器的用法。

（2）掌握回归模型的构建方法。

（3）掌握回归模型的评价方法。

#### 2. 需求说明

对实训 1 中的竞标行为数据集进行训练集和测试集的划分，为了对竞标者的竞标行为进行预测，构建线性回归模型，用训练集对线性回归模型进行训练，并对测试集进行预测；计算回归模型评价指标得分，通过得分评价回归模型的优劣。

#### 3. 实现思路及步骤

（1）根据竞标行为训练集构建线性回归模型，并预测测试集结果。

（2）分别计算线性回归模型各自的平均绝对误差、均方误差、$R^2$ 值。

（3）根据得分，判定模型的性能优劣。

## 课后习题

#### 1. 选择题

（1）sklearn 转换器的主要方法不包括（　　　）。

    A. fit()　　　　　B. transform()　　　　　C. fit_transform()　　　D. fit_transforms()

（2）sklearn 中用于对特征进行归一化的函数是（　　　）。

　　A. StandardScaler　B. Normalizer　　　C. Binarizer　　　　D. MinMaxScaler

（3）下列算法中属于分类方法的是（　　　）。

　　A. SVC 算法　　　　　　　　　　B. CLIQUE 算法

　　C. CLARANS 算法　　　　　　　　D. K-MEDOIDS 算法

（4）classification_report 函数用于输出分类模型评价报告，其内容不包括（　　　）。

　　A. precision　　　　　　　　　　B. recall

　　C. f1-score　　　　　　　　　　　D. true_postive_rate

（5）下列关于回归模型评价指标说法不正确的是（　　　）。

　　A. 平均绝对误差的值越接近 0，模型性能越好

　　B. $R^2$ 值越接近 1，模型性能越好

　　C. 可解释方差越接近 0，模型性能越差

　　D. 均方误差越接近 0，模型性能越差

### 2．操作题

某加工厂采购了一批玻璃，玻璃的特性及元素成分存储于玻璃类别数据集（glass.csv）中。数据集包括折射率、钠含量、镁含量、铝含量等 9 个输入特征和 1 个类别标签，类别标签包括 1、2、3、4（代表 4 种玻璃），数据集共 192 条数据。玻璃类别数据集的部分数据如表 6-19 所示。

表 6-19　玻璃类别数据集的部分数据

| 折射率（%） | 钠含量（%） | 镁含量（%） | 铝含量（%） | 硅含量（%） | 钾含量（%） | 钙含量（%） | 钡含量（%） | 铁含量（%） | 类别 |
|---|---|---|---|---|---|---|---|---|---|
| 1.52101 | 13.64 | 4.49 | 1.10 | 71.78 | 0.06 | 8.75 | 0 | 0 | 1 |
| 1.51761 | 13.89 | 3.60 | 1.36 | 72.73 | 0.48 | 7.83 | 0 | 0 | 1 |
| 1.51618 | 13.53 | 3.55 | 1.54 | 72.99 | 0.39 | 7.78 | 0 | 0 | 1 |
| 1.51766 | 13.21 | 3.69 | 1.29 | 72.61 | 0.57 | 8.22 | 0 | 0 | 1 |
| 1.51742 | 13.27 | 3.62 | 1.24 | 73.08 | 0.55 | 8.07 | 0 | 0 | 1 |

为了实现根据玻璃的特征对玻璃进行类别判定，需要通过玻璃类别数据集构建分类模型，具体步骤如下。

（1）加载玻璃类别数据集，划分训练集、测试集。

（2）对训练集、测试集进行标准差标准化，并分别输出标准化之后的训练集、测试集的方差和均值。

（3）使用支持向量机对玻璃类别数据集进行分类，输出分类模型评价报告。

（4）使用梯度提升回归树对玻璃类别数据集进行回归，并计算回归模型的 5 项评价指标得分。

# 第 **7** 章 竞赛网站用户行为分析

　　我国正从网络大国向网络强国迈进，截至 2021 年 12 月，我国网民规模达 10.32 亿。互联网是信息时代人类生活的重要组成部分，也是信息传播的主要渠道。网站运营商对于网站的运营也越发重要。网站运营包括用户行为分析、网站页面布局、服务器维护等。运营商可以通过分析用户的行为特征，对不同用户群提供差异化的服务，以达到增加访问量的目的。

　　本章依据竞赛网站的用户访问数据，构建用于聚类的特征，结合 K-Means 聚类算法将用户按一定的规律聚成不同的群体，分析每一类用户的特点以便网站运营商对用户进行个性化营销。

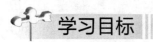

（1）熟悉竞赛网站用户行为分析的步骤和流程。
（2）掌握竞赛网站用户访问数据的预处理方法。
（3）掌握 K-Means 聚类算法的使用方法。
（4）针对模型的聚类结果为网站运营商提供建议。

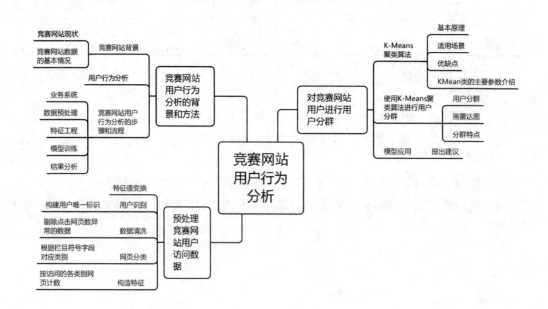

## 任务 7.1　了解竞赛网站用户行为分析的背景和方法

了解竞赛网站用户
行为分析的背景和
方法

### 任务描述

互联网的用户规模已不容小视，因此互联网市场的价值巨大。为了充分利用互联网市场的价值，某竞赛网站的运营商需要积极采取措施，分析用户的行为特征，对不同用户群提供差异化的服务。

### 任务分析

（1）了解竞赛网站的现状和数据的基本情况。
（2）认识用户行为分析以及用户行为分析的意义。
（3）熟悉竞赛网站用户行为分析的步骤与流程。

### 7.1.1　了解竞赛网站背景

根据竞赛网站提供的数据，使用用户行为分析的方法，解决根据竞赛网站现状提出的对网站用户进行差异化服务以增加访问量的问题。

#### 1. 分析竞赛网站现状

本案例的研究对象是广东泰迪智能科技股份有限公司旗下的"泰迪杯"竞赛网站。广东泰迪智能科技股份有限公司是一家专门从事大数据挖掘研发、咨询和培训服务的高科技企业。"泰迪杯"竞赛网站致力于为用户提供丰富的"泰迪杯"竞赛信息、竞赛优秀作品，以及面向高校的丰富教学资源，如案例教程、图书配套资料、建模工具等。丰富的网站内容与服务使得网站面向的用户群体多种多样，如参加比赛的学生、需求教学资源的老师和参加合作的企业或院校等。

互联网市场环境的变化，既给网站运营商带来机会，也形成某种威胁。随着大数据的兴起，以及各种大数据产品企业层出不穷，网站的访问量出现了小幅度的下降。在信息时代，访问量的降低对于运营商的影响是巨大的。

因此竞赛网站运营商想要对网站用户进行差异化服务以增加访问量，但是想要在多种多样的互联网用户中精确定位到各种用户存在一定的困难，运营商需使用快速有效的方法解决用户分群问题。传统的用户分群主要根据用户的注册资料，包括性别、年龄、区域等信息，但这种分群方式是"粗犷"的，未能考虑到用户的行为特征和兴趣偏好，分群结果会出现较大偏差，难以为差异化服务提供决策的支持。

本案例依据用户的历史访问记录，研究用户的兴趣偏好，分析需求并发现用户的兴趣点，从而将用户分成不同群体。后续可以针对不同群体提供差异化的服务，提高用户的使用体验。

#### 2. 了解竞赛网站数据的基本情况

竞赛网站的系统数据库中积累了大量的用户访问数据。当用户访问网站时，系统将会自动记录用户访问网站的日志。本案例主要对提取的竞赛网站 2021 年 1 月共 200196 条数据进行分析。用户访问表特征说明如表 7-1 所示。

表 7-1 用户访问表特征说明

| 特征名称 | 特征说明 | 示例 |
|---|---|---|
| page_path | 网址 | /ts/578.jhtml |
| userid | 用户 ID | 4187 |
| ip | IP 地址 | 220.181.108.112 |
| sessionid | 单次访问 ID | 8C6E30E3355675932AA9EF78AAF87346 |
| date_time | 访问时间 | 2021/1/1　0:00:00 |
| uniqueVisitorId | 唯一访问 ID | 9db6b30b-9443-071d-edbf-5d3a20e6148b |

表 7-1 中 userid、sessionid、uniqueVisitorId 的解释如下。

userid：在网站上，每个用户都有一个唯一的 ID，这个 ID 用于标识用户，通常是在网站上注册时获得。本章中将 ID 记录为 userid。

sessionid：可以理解为商场的购物车。当进入一家商场时，会获得一个购物车，这个购物车用于购物过程中放置产品。当完成购物后离开商场时，购物车也会被清理。在互联网上，sessionid 就像这个购物车一样，它会在用户的一次访问过程中保持唯一，用于存储用户的相关信息。关闭浏览器后再次打开网站，sessionid 会进行更新。

uniqueVisitorId：uniqueVisitorId 通常用于标识用户的多次访问行为，以便跟踪用户的访问历史和偏好。uniqueVisitorId 会基于用户的 Cookie 信息生成，Cookie 可以储存用户账号、密码、浏览记录等信息，保存在浏览器创建的文件夹中。当一个新的 Cookie 生成时，uniqueVisitorId 也会随之更新。更换浏览器、清除浏览器记录和更换设备都可能生成新的 Cookie。

### 7.1.2　认识用户行为分析

用户行为包括时间、地点、人物、交互内容等元素。用户行为分析的意义在于，分析用户行为数据能够为运营商提供稳定已有用户和增加新用户的策略。通过分析用户访问网站的内容、时间可以得到用户的习惯、偏好等，并且用户的性别、年龄、职位等基本属性都会在用户行为上有一定的体现。当下，产品的同质化以及竞争对手的增加，导致用户的流失现象加剧和网站运营成本升高。为了减少用户流失可以根据用户行为制定精准的营销方案，例如，对可能成为稳定用户的对象及时进行电话跟进，对已经稳定的用户也要偶尔进行满意度调查以便让用户保持长期稳定。

用户行为在本章中主要表现为用户在竞赛网站的访问行为，用户访问网页的类别体现了用户的关注点，而且用户在网站中下意识的操作更能表现出用户的真实感受。

### 7.1.3　熟悉竞赛网站用户行为分析的步骤与流程

通过对竞赛网站用户访问数据进行分析，使用预处理后的数据构建特征，调用 sklearn 库的 KMeans 类对用户进行聚类，以便网站运营商得出差异化服务的策略。竞赛网站用户行为分析流程如图 7-1 所示，主要包括以下步骤。

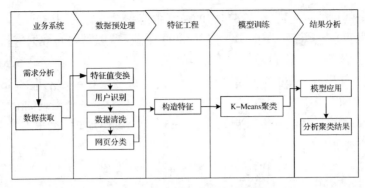

图 7-1　竞赛网站用户行为分析流程

（1）从数据库中读取竞赛网站的用户访问数据。

（2）对数据进行特征值变换、用户识别、数据清洗、网页分类，得到拥有用户唯一标识和网页分类的数据。

（3）对预处理后的数据进行特征构造，构建用户访问不同类别网页的次数的特征。

（4）使用 K-Means 聚类算法根据构造的特征对用户进行分群。

（5）对不同的分类人群进行分析并提出建议。

## 任务 7.2　预处理竞赛网站用户访问数据

### 任务描述

观察竞赛网站的用户访问表后发现，数据结构虽然完整，但是难以直接用于分析。根据用户聚类的要求，通过特征值变换、用户识别、数据清洗得到用户唯一标识，通过网页分类、构造特征得到网页类别。

### 任务分析

（1）连接数据库，读取数据库中的竞赛网站数据。

（2）对用户标识进行处理。通过运用不同的特征构建用户的唯一标识，同时删除点击网页数异常的数据。

（3）对网址进行处理。对访问的网站进行分类并构造新的特征。

### 7.2.1　特征值变换

因为原始的数据中并没有可以唯一标识用户的特征，所以需要从原始的数据中构建新的特征。在构建用户的唯一标识时发现用户访问表中存在同一个 sessionid 对应不同的 ip 或 userid 的数据。相同 sessionid 对应不同的 ip 的示例如表 7-2 所示。

表 7-2　相同 sessionid 对应不同的 ip 的示例

| sessionid | ip |
| --- | --- |
| B5C85D6967DD059EBDA718EEEDE442C3 | 157.255.172.14 |
| B5C85D6967DD059EBDA718EEEDE442C3 | 157.255.172.16 |
| B5C85D6967DD059EBDA718EEEDE442C3 | 157.255.172.17 |
| B5C85D6967DD059EBDA718EEEDE442C3 | 157.255.193.24 |

由实际点击网页的行为可知，在单次的访问中若用户没有关闭访问界面，则 sessionid 不变。因为不同的 ip 会将同一用户识别为不同的用户，所以需要对数据进行变换，使同一个 sessionid 只对应一个 ip 和 userid。

读取数据后，以 sessionid 为主键进行分组，统计每个 sessionid 对应的 ip 的个数，并选取 ip 个数不为 1 的 sessionid，将 sessionid 的 ip 统一修改为第一个出现的 ip。在 userid 的处理中，若 sessionid 的 userid 个数不为 1，则 userid 统一修改为第一个出现的非空 userid 值。对特征值进行变换如代码 7-1 所示。

**代码 7-1　对特征值进行变换**

```
In[1]:  import pandas as pd
        import numpy as np
        from sqlalchemy import create_engine

        # 连接数据库
        engine = create_engine('mysql+pymysql://root:mysql@localhost/test?
        charset=gbk')
        tipdm_data = pd.read_sql_table('website_user', con=engine, index_col=None)
        tipdm_data.fillna(np.nan, inplace=True)

        ip_sessionid = tipdm_data[['ip', 'sessionid']].drop_duplicates()
        # 按 sessionid 统计对应的 ip 个数
        sessionid_count = pd.DataFrame(ip_sessionid.groupby(['sessionid'])
        ['ip'].count())
        sessionid_count['sessionid'] = sessionid_count.index.tolist()

        # 选取 ip 个数大于 1 的 sessionid
        rept_sessionid = sessionid_count[['sessionid']][sessionid_count.ip >
        1].iloc[:, 0].tolist()

        # 将同一个 sessionid 对应的不同的 ip 用 sessionid 对应的第一个 ip 替换
        for i in range(len(rept_sessionid)):
            rept_num    =    tipdm_data[tipdm_data['sessionid']    ==    rept_
        sessionid[i]].index.tolist()
            tipdm_data['ip'].iloc[rept_num]  =  tipdm_data.loc[rept_num[0],
        'ip']
        # 将一次点击中不同的 userid 换成同一个 userid
        # 寻找 userid、sessionid 的全部组合
        userid_sessionid = tipdm_data[['userid', 'sessionid']]
        userid_sessionid = userid_sessionid.drop_duplicates().reset_index
        (drop=True)

        # 按 sessionid 统计对应的 userid 个数
        sessionid_count_1 = pd.DataFrame(userid_sessionid.groupby(['sessionid'])
        ['userid'].count())
        sessionid_count_1['sessionid'] = sessionid_count_1.index.tolist()
        sessionid_count_1.columns = ['count', 'sessionid']

        # 选取 userid 个数大于 1 的 sessionid
        rept_sessionid_1 = sessionid_count_1[['sessionid']]
        rept_sessionid_1 = rept_sessionid_1[sessionid_count_1['count'] >
        1].iloc[:, 0].tolist()

        # 将同一个 sessionid 对应的不同 userid 用 sessionid 对应的第一个非空 userid 替换
        for i in range(len(rept_sessionid_1)):
```

```
        ind = tipdm_data.loc[:, 'sessionid'] == rept_sessionid_1[i]
        rept_num_1 = tipdm_data[ind].index.tolist()
        rept_data = tipdm_data['userid'].iloc[rept_num_1]
        tipdm_data['userid'].iloc[rept_num_1]=rept_data
        [rept_data.isnull() == False].iloc[0]

    print(tipdm_data[tipdm_data['sessionid']==
            'B5C85D6967DD059EBDA718EEEDE442C3'][['sessionid', 'ip']].
    iloc[:5, :])
```

```
Out[1]:                       sessionid                 ip
    20541   B5C85D6967DD059EBDA718EEEDE442C3   58.250.137.191
    20542   B5C85D6967DD059EBDA718EEEDE442C3   58.250.137.191
    20545   B5C85D6967DD059EBDA718EEEDE442C3   58.250.137.191
    20546   B5C85D6967DD059EBDA718EEEDE442C3   58.250.137.191
    20548   B5C85D6967DD059EBDA718EEEDE442C3   58.250.137.191
```

由代码 7-1 可知，sessionid 对应不同的 ip 的示例在经过特征值变换后符合一个 sessionid 对应一个 ip 的关系，可以进行下一步的用户识别处理。

### 7.2.2　用户识别

用户识别的前提是原始数据拥有区分用户的特征。因此，用户识别的作用在于构建唯一识别用户的特征。

在原始的特征中，ip 代表用户的 IP 地址，但使用同一局域网访问的用户拥有相同的 ip，仅用 ip 作为用户唯一标识并不严谨。sessionid 表示单次访问的 id，关闭网页又重新打开网页后 sessionid 会发生变化，同一 ip 对应不同的 sessionid 的示例如表 7-3 所示，选 sessionid 作为用户的唯一标识会将同一用户在不同时间段内的访问记录识别成不同的用户的访问记录。

表 7-3　同一 ip 对应不同的 sessionid 的示例

| ip | sessionid |
| --- | --- |
| 112.94.22.73 | A784AEA509EA8DC60DB8B3DC18A31F64 |
| 112.94.22.73 | 77E3EDBB70FF89B185F6A18AF56D2A76 |
| 112.94.22.73 | E3D8840029B49481A74F7C1732CCEBDC |

userid 可以作为注册用户的唯一标识，但非注册用户的 userid 为 NA，因此它不能作为非注册用户的唯一标识。uniqueVisitorId 是用户的唯一访问 ID，但在原始数据中 uniqueVisitorId 特征有较多的缺失值，单独作为识别非注册用户的标识也并不严谨。userid 和 uniqueVisitorId 中空值与非空值占比如图 7-2 所示。

图 7-2　userid 和 uniqueVisitorId 中空值与非空值占比

综合考虑，最终选取 ip、userid、uniqueVisitorId 这 3 个特征构建用户的唯一标识 reallID，具体的构建规则如下。

（1）当 userid 不为 NA 时，使用 userid 作为用户唯一标识。

（2）当 userid 为 NA 且 uniqueVisitorId 不为 NA 时，使用 uniqueVisitorId 作为用户唯一标识。

（3）当 userid 与 uniqueVisitorId 都为 NA 时，使用 ip 作为用户的唯一标识。

根据这 3 条规则，进行用户识别如代码 7-2 所示。

**代码 7-2　进行用户识别**

```
In[2]:    df['reallID'] = np.nan
          # 当 userid 不为 NA 时，使用 userid 作为用户唯一标识
          df.loc[df['userid'].notnull(),'reallID'] = df.loc[
              df['userid'].notnull(),'userid']
          # 当 userid 为 NA 且 uniqueVisitorId 不为 NA 时，使用 uniqueVisitorId 作为用户
          唯一标识
          df.loc[df['userid'].isnull() & df['uniqueVisitorId'].notnull(),
                 'reallID'] = df.loc[df['userid'].isnull() &
                                     df['uniqueVisitorId'].notnull(),
                                     'uniqueVisitorId']
          # 当 userid 与 uniqueVisitorId 都为 NA 时，使用 ip 作为用户的唯一标识
          df.loc[df['userid'].isnull() & df['uniqueVisitorId'].isnull(),
                 'reallID'] = df.loc[df['userid'].isnull() &
                                     df['uniqueVisitorId'].isnull(), 'ip']
          # 计算用户总数
          total_user = len(df['reallID'].drop_duplicates())
          print('用户的总数: ', total_user)

Out[2]:   用户的总数: 10404
```

由代码 7-2 可知，构建唯一标识 reallID 作为识别用户的特征，该特征为用户的真正标签。统计 reallID 后发现，在 2021 年的 1 月中共有 30124 个用户访问了竞赛网站。

数据清洗

### 7.2.3　数据清洗

点击网页数可以反映用户对网站的兴趣度。一般情况下，点击网页数越高，说明用户对网站的兴趣度越高；点击网页数越低，说明用户对网站的兴趣度越低。根据用户的唯一标识得到用户点击网页数，并绘制用户点击网页数柱形图如图 7-3 所示。

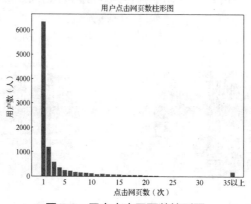

**图 7-3　用户点击网页数柱形图**

由图 7-3 可知，大部分的用户点击网页数为 1。经过统计，点击网页数在 35 以上的共有 160 人。对点击网页数为 1 的用户点击的网页进行统计，得到点击次数排名前 7 的网址如表 7-4 所示。注：由于在 7.1.1 小节中已经说明该网站为泰迪杯竞赛网站，本章收集到的部分数据网址为域名后面的目录，所以表 7-4 中所显示的网址均为域名后的目录网址。

表 7-4　点击次数排名前 7 的网址

| 网址 | 次数 |
| --- | --- |
| / | 3133 |
| /tj/1615.jhtml | 309 |
| /tzjingsai/1628.jhtml | 148 |
| /ts/661.jhtml | 143 |
| /tj/index.jhtml | 113 |
| /tj/1590.jhtml | 72 |
| /tj/1266.jhtml | 65 |

由表 7-4 可知，访问记录中有超过 3000 条的记录为"/"，这种记录可能与分析目标不符。对其余网址进行还原以及访问发现，含有"tj"的网址对应的网页内容为图书的配套资源。

由于网站是提供数据挖掘知识的网站，在只访问一个网页的情况下用户很难获得所需的全部知识，同时只根据一个网页确定用户的喜好有较高的局限性，因此这部分用户不参与分析。此外，对于点击网页数在 35 次以内的用户，不同点击网页数的用户的平均点击间隔如图 7-4 所示，点击网页数为 21 的某用户的部分用户访问表如表 7-5 所示。

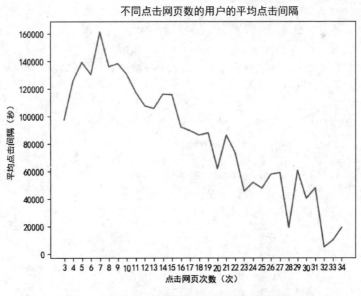

图 7-4　不同点击网页数的用户的平均点击间隔

表 7-5　点击网页数为 21 的某用户的部分用户访问表

| date_time | realIID | date_time | realIID |
| --- | --- | --- | --- |
| 2021-01-08 15:35:43 | 109664.0 | 2021-01-08 15:35:48 | 109664.0 |
| 2021-01-08 15:35:45 | 109664.0 | 2021-01-08 15:35:51 | 109664.0 |

续表

| date_time | reallID | date_time | reallID |
|---|---|---|---|
| 2021-01-08 15:35:54 | 109664.0 | 2021-01-08 15:36:16 | 109664.0 |
| 2021-01-08 15:35:56 | 109664.0 | 2021-01-08 15:36:19 | 109664.0 |
| 2021-01-08 15:35:58 | 109664.0 | 2021-01-08 15:36:23 | 109664.0 |
| 2021-01-08 15:36:01 | 109664.0 | 2021-01-08 15:36:26 | 109664.0 |
| 2021-01-08 15:36:03 | 109664.0 | 2021-01-08 15:36:28 | 109664.0 |
| 2021-01-08 15:36:05 | 109664.0 | 2021-01-08 15:36:30 | 109664.0 |
| 2021-01-08 15:36:08 | 109664.0 | 2021-01-08 15:36:32 | 109664.0 |
| 2021-01-08 15:36:11 | 109664.0 | 2021-01-08 15:36:34 | 109664.0 |
| 2021-01-08 15:36:13 | 109664.0 | | |

　　由图 7-4、表 7-5 可知，点击网页数越高的用户的平均点击间隔越短，然后对点击网页数为 21 的某用户进行分析后发现，该用户在短时间内对网站进行了大量的访问且访问时间间隔较短，有可能为爬虫用户。点击网页数超过 20 的用户极少，经统计此类用户约占总用户的 1.5%，因此这种用户的数据同样不参与分析。因此，需要删除点击网页数为 1 和超过 20 的用户数据，如代码 7-3 所示。

代码 7-3　删除点击网页数为 1 和超过 20 的用户数据

```
In[3]:    # 寻找 reallID、sessionid 的全部组合
          reallid_sessionid = con_data[['reallID', 'sessionid']].drop_
          duplicates()

          # 对 reallID 进行统计
          reallid_count = pd.DataFrame(reallid_sessionid.groupby('reallID')
          ['reallID'].count())
          reallid_count.columns = ['count']
          reallid_count['reallID'] = reallid_count.index.tolist()

          # 提取只登录一次的用户
          click_con_user = reallid_count['reallID'][reallid_count['count'] ==
          1].tolist()

          # 提取只登录一次的用户的原始点击数据
          index = []
          for x in click_con_user:
              index_1 = con_data[con_data['reallID'] == x].index.tolist()
              for y in index_1:
                  index.append(y)
          click_one_data = con_data.iloc[index]

          # 对 click_one_data 的 reallID 进行统计
          reallid_count_1 = pd.DataFrame(click_one_data.groupby('reallID')
          ['reallID'].count())
          reallid_count_1.columns = ['count']
          reallid_count_1['reallID'] = reallid_count_1.index.tolist()

          # 提取只登录了一次且只点击了一个网页的用户
          one_click_user = reallid_count_1['reallID'][reallid_count_1['count']
          == 1].tolist()

          # 提取用户编号
```

```
user = con data['reallID'].drop_duplicates()

# 提取点击网页数不为 1 的用户编号
user1 = []
for x in user:
        if x not in one click user:
                user1.append(x)

# 提取点击网页数不为 1 的用户的原始数据
new index = []
for x in user1:
        new index 1 = con data[con data['reallID'] == x].index. tolist()
        for y in new index 1:
                new_index.append(y)

new data = con data.iloc[new index]

# 对 reallID 进行统计，统计结果即为每位用户的点击网页数
total click = pd.DataFrame(new data.groupby('reallID')['reallID'].
count())
total click.columns = ['count']
total click['reallID'] = total click.index.tolist()

# 对 total click 进行排序
total click = total_click.sort_values(by='count', ascending=True)

# 提取点击网页数大于 20 的用户的编号
more20 user = total click[total click.iloc[:, 0] > 20]

more20 list = more20 user['reallID'].tolist()
ind = pd.Series([i not in more20 list for i in new data['reallID']])

new data1 = new data[ind.values]
print('清洗前数据形状为：', con data.shape)
print('清洗后数据形状为：', new data1.shape)
mode data = new data1[['reallID', 'page path']]
```

Out[3]:　清洗前数据形状为：(200196, 8)
　　　清洗后数据形状为：(28345, 8)

　　由代码 7-3 可知，清洗后的数据只有 28345 行，相比于原始的数据，清洗后的数据量大幅度减少。数据中关于用户的处理基本完成，得到用于用户识别的 reallID 特征，后续需要对用户点击的网址，即 page_path 特征，进行处理。取清洗后数据的 reallID、page_path 特征作为新的数据。

## 7.2.4　网页分类

　　虽然数据中的 page_path 特征为用户点击的网址，但是无法直接从网址中获取用户的行为习惯。因此，还需对 page_path 特征进行结构化处理。

　　通过对网址进行分析以及与网站技术人员交流可知，竞赛网站的网页大致可以划分为 6 个类别，包括主页、教学资源、竞赛、新闻动态、项目

网页分类

与合作、优秀作品。但由于主页主要起导航作用，不具有分析意义，所以本小节不介绍其网页信息。同时，在进行网页分类前，需要删除清洗后的 page_path 数据中的主页内容，即含有 "bdracem/" "bdrace/" 的数据。

网址的具体形式为"前缀/栏目符号/具体内容号.扩展名"。网址的栏目符号是对网页进行分类的主要依据，栏目符号的字段和所属类别已经整理在网页相关信息表中。部分网页相关信息表如表 7-6 所示。

表 7-6　部分网页相关信息表

| 字段 | 说明 | 分类 |
| --- | --- | --- |
| tj/ | 图书配套资料 | 教学资源 |
| zytj/ | 教学资源 | 教学资源 |
| jmgj/ | 建模工具 | 教学资源 |
| ganhuofenxiang/ | "干货"分享 | 教学资源 |
| information/ | 案例教程 | 教学资源 |
| rcfh/ | 人才孵化 | 项目与合作 |
| tzjingsai/ | 竞赛通知 | 竞赛 |
| jingsa/ | 竞赛 | 竞赛 |
| dwqbygajrsxjmjs | 粤港澳大湾区建模竞赛 | 竞赛 |
| youxiuzuopin/ | 优秀作品 | 优秀作品 |
| notices/ | 公告与通知 | 新闻动态 |
| stpj/ | 获奖名单 | 新闻动态 |
| rmpx/ | 培训信息 | 新闻动态 |
| news/ | 新闻与动态 | 新闻动态 |

对网页进行分类主要包括以下 4 个步骤。

（1）删除网址中网页前缀的字段。因为网页前缀无法用于网页分类，并会对网页分类造成一定的影响。

（2）删除主页的字段。删除含有"bdracem/""bdrace/"的字段。

（3）提取分类所需字段。在剩余的字段中，网页分类所需的栏目符号字段均在"/"前，使用正则表达式匹配所有"/"前的字段，即可提取出所需的栏目符号字段。

（4）获得分类。使用网页相关信息表与提取的栏目符号划分网页类别。

对网页进行分类如代码 7-4 所示。

代码 7-4　对网页进行分类

```
In[4]:    import re
          # 字符串替换
          mode_data['page_path'] = mode_data['page_path'].apply(
                           lambda x:  x.replace('https://www.*****.
          org/', ''))
          mode_data['page_path'] = mode_data['page_path'].apply(
                           lambda x:  x.replace('http://www.*****.
          org/', ''))
          mode_data['page_path'] = mode_data['page_path'].apply(
                           lambda x:  x.replace('https://*****.org/',
          ''))
```

```
# 删除关于主页的字段
mode_data['page_path'] = mode_data['page_path'].apply(
                        lambda x: x.replace('bdracem/', ''))
mode_data['page_path'] = mode_data['page_path'].apply(
                        lambda x: x.replace('bdrace/', ''))
# 删除 page_path 特征为 "/" 的记录
mode_data = mode_data[mode_data['page_path'] != '/']
# 提取字段
mode_data['page']    =    mode_data['page_path'].apply(lambda  x:
re.findall('[a-z]+/', x))
mode_data['len'] = mode_data['page'].apply(lambda x: len(x))
mode_data = mode_data[mode_data['len'] != 0]
# 读取网页相关信息表
zd = pd.read_csv('../data/网页相关信息.csv', encoding = 'gbk')
dict1 = dict(zip(zd['字段'], zd['分类']))
# 自定义分类函数
def rep(rawstr, dict_rep):
    for i in dict_rep:
        rawstr = rawstr.replace(i, dict_rep[i])
    return rawstr
# 替换字符串
mode_data['type']  =  mode_data['page'].apply(lambda  x:  rep(x[0],
dict1))
print('网页分类示例数据: \n', mode_data[['reallID', 'page', 'type']].
head(5))
```

```
Out[4]:   网页分类示例数据:
             reallID          page          type
    0        3408.0    [dwqbygajrsxjmjs/]      竞赛
    1        3408.0    [dwqbygajrsxjmjs/]      竞赛
    2        3408.0    [dwqbygajrsxjmjs/]      竞赛
    3        3408.0    [dwqbygajrsxjmjs/]      竞赛
    9664     3408.0    [dwqbygajrsxjmjs/]      竞赛
```

由代码 7-4 可知，page 特征为用于网页分类的栏目符号，type 特征为该次点击网址的类别。

## 7.2.5　构造特征

在构造特征时，要结合业务知识和数据情况对特征进行构造。构造特征后的数据常为建模数据。

本案例主要挖掘的目标是对网站用户分群，从实际情况可知，可以根据用户关注各个类型网页的兴趣度将用户分群，而用户点击网页数可以体现用户对网页的兴趣度。

对每位用户按访问的各类别网页进行计数，使用访问计数作为建模特征，最终得到建模所需的数据。构造特征如代码 7-5 所示。

**代码 7-5　构造特征**

```
In[5]:    # 匹配中文字符串
mode_data['type']  =  mode_data['type'].apply(lambda  x:  re.findall
('[\u4e00-\u9fa5]+', x))
mode_data['len'] = mode_data['type'].apply(lambda x: len(x))
# 删除空值
```

```
mode data = mode data[mode data['len'] != 0]
mode data['type'] = mode_data['type'].apply(lambda x: x[0])
# 获取用户唯一标识
inde = list(set(mode data['reallID']))
col = ['新闻动态', '教学资源', '项目与合作', '竞赛', '优秀作品']

mode data1 = pd.DataFrame(index= inde, columns = col)
# 点击网页数统计与匹配
for i in inde:
        ens = mode data[mode data['reallID'] == i]['type'].value_
counts()
        for j in range(len(ens)):
                mode data1.loc[i, ens.index[j]] = ens[j]

mode data1.fillna(0, inplace=True)
mode data1.to csv('../tmp/mode data1.csv')
print('建模数据: \n', mode data1.head(2))
```

Out[5]:  建模数据:

| | 新闻动态 | 教学资源 | 项目与合作 | 竞赛 | 优秀作品 |
| --- | --- | --- | --- | --- | --- |
| 131075.0 | 0 | 0 | 0 | 4 | 0 |
| 131077.5 | 0 | 0 | 0 | 2 | 0 |

由代码 7-5 可知，建模数据为每个用户对各类别网页的访问次数，可以初步看出用户的喜好，根据建模数据可以将用户按喜好分成不同群体。

 对竞赛网站用户进行分群

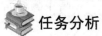

## 任务描述

　　基于 K-Means 聚类算法优秀的聚类能力，对新的数据进行聚类，得到每个类的聚类中心，并使用雷达图画出每个类的图像，最后结合网站的实际运营情况提出相对应的运营建议。

## 任务分析

　　（1）使用 sklearn 库的 KMeans 类，将全部的用户分成 5 个类，使用自定义的函数画出 5 个类的雷达图。

　　（2）分析雷达图中 5 种用户的特点，根据用户特点提出建议。

### 7.3.1　了解 K-Means 聚类算法

　　因为形成的建模所需样本中只有用户点击各类网页的计数，所以为了将用户分为不同的群体，本案例选用较为简单的 K-Means 聚类算法。

#### 1．基本原理

　　K-Means 聚类算法是一种迭代求解的聚类分析算法。K-Means 聚类算法的步骤如下。

　　（1）首先确定一个 $K$ 值，即需要将数据集经过聚类得到 $K$ 个集合。

　　（2）从数据集中随机选择 $K$ 个数据点作为聚类中心。

　　（3）对数据集中每一个点，计算其与每一个聚类中心的距离（如欧氏距离），划分该点到距离最近的聚类中心所属的集合。

（4）划分集合完毕后重新计算每个集合的聚类中心。

（5）如果新计算出来的聚类中心和原来的聚类中心之间的距离小于某一个设置的阈值，那么可以认为聚类已经达到期望的结果，算法终止。否则迭代步骤（2）～（5）。

### 2．适用场景

K-Means 聚类算法通常可以应用于维数、数据都很小且数据连续的数据集，在随机分布的事物集合中对相同事物进行分组。在没有类别标签的情况下，K-Means 聚类算法不仅可以用于得到数据可能存在的类别数以及每条记录的所属类别，还可以用于在数据预处理中发现异常值。异常值常是相对于整体数据对象而言的少数数据对象，这些对象的行为特征与一般的数据对象不一致，通过 K-Means 聚类算法可以快速将其识别出来。

### 3．优缺点

相较于其他算法，K-Means 聚类算法的优点在于原理较为简单，可以轻松实现。对算法进行调参时只需调整 K 的大小。算法的计算速度较快，聚类效果优良，聚类结果的可解释性强。K-Means 聚类算法的缺点在于难以确定 K 的值，采用迭代的方式容易导致模型陷入局部最优解，而且对于噪声和异常值十分敏感。

### 4．KMeans 类的主要参数介绍

sklearn 库的 KMeans 类实现了 K-Means 聚类算法，KMeans 类的基本使用格式如下。

```
class sklearn.cluster.KMeans(n_clusters=8, *, init='k-means++', n_init=10,
max_iter=300, tol=0.0001, precompute_distances= 'deprecated', verbose=0,
random_state=None, copy_x=True, n_jobs= 'deprecated', algorithm='auto')
```

KMeans 类的常用参数及其说明如表 7-7 所示。

表 7-7　KMeans 类的常用参数及其说明

| 参数名称 | 参数说明 |
| --- | --- |
| n_clusters | 接收 int。表示聚类数。默认为 8 |
| init | 接收 "k-means++" "random" 和 ndarray。表示产生初始聚类中心的方法。默认为 k-means++ |
| n_init | 接收 int。表示用不同的初始聚类中心运行算法的次数。默认为 10 |
| max_iter | 接收 int。表示最大迭代次数。默认为 300 |
| tol | 接收 float。表示容忍的最小误差。当误差小于 tol 时算法将会退出迭代。默认为 0.0001 |
| verbose | 接收 int。表示是否输出详细信息。默认为 0 |
| random_state | 接收 int、numpy.RandomState。表示用于初始化聚类中心的生成器。若值为一个整数，则确定一个种子。默认为 None |
| copy_x | 接收 bool。表示是否提前计算距离。默认为 True |
| algorithm | 接收 "auto" "full" "elkan"。表示优化算法的选择。默认为 auto |

## 7.3.2　使用 K-Means 聚类算法进行用户分群

对构建特征后的数据进行标准化，采用 K-Means 聚类算法对数据进行用户分群。根据

网页的分类和聚类中心数值，使用自定义函数绘制雷达图。用户分群与绘制雷达图如代码 7-6 所示。

代码 7-6    用户分群与绘制雷达图

```
In[1]:    import numpy as np
          from sklearn.preprocessing import scale, MaxAbsScaler
          from sklearn.cluster import KMeans
          import matplotlib.pyplot as plt
          import pandas as pd

          mode_data1 = pd.read_csv('../tmp/mode_data1.csv', index_col=0)
          # 对数据做中心标准化
          scale_data = scale(mode_data1)
          # 使用 K-Means 聚类算法建模
          result = KMeans(n_clusters=5, random_state=1234).fit(scale_data)
          # 查看聚类结果
          label = result.labels_  # 获取聚类标签
          # 获取聚类中心
          center = pd.DataFrame(result.cluster_centers_,
                                columns=['新闻动态', '教学资源', '项目与合作', '竞
          赛', '优秀作品'])
          # 改变字号
          plt.rcParams.update({'font.size': 10})
          # 自定义画雷达图函数
          def plot(model_center=None,label=None):
              plt.rcParams['axes.unicode_minus'] = False  # 用于正常显示负号
              plt.rcParams['font.sans-serif'] = 'SimHei'  # 正常显示中文
              n = len(label)  # 特征个数
              angles = np.linspace(0, 2 * np.pi, n, endpoint=False)  # 间隔采样
              angles = np.concatenate((angles, [angles[0]]))
              fig = plt.figure(figsize=(5, 5))  # 创建一个空白的画布
              ax = fig.add_subplot(1, 1, 1, polar=True)  # 创建子图
              ax.set_thetagrids(angles[: -1] * 180 / np.pi, label)
              # 设置网格线标签
              # ax.set_ylim(model_center.min(),5)  # 设置 y 轴的范围
              ax.grid(True)  # 是否显示网格
              sam = ['b-.', 'k-', 'o--', ':', 'p:']  # 定义折线样式列表
              labels = []
              # 绘制雷达图
              for i in range(5):
                  values = np.concatenate((model_center[i], [model_center[i]
          [0]]))
                  ax.plot(angles, values, sam[i])
                  labels.append('用户群' + str(i + 1),)
              # 添加图例
              plt.legend(labels,bbox_to_anchor=(0.85, 0.85), loc=3)

          plot(scale(result.cluster_centers_), center.columns)
```

```
Out[1]:
```

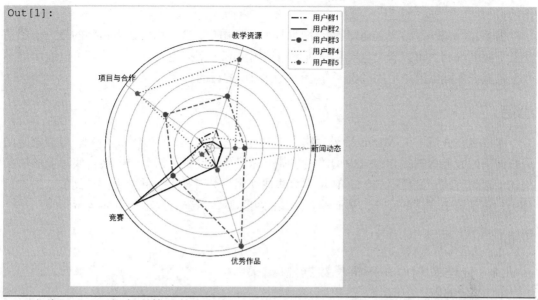

由代码 7-6 可知各群体的特点如下。

（1）用户群 1 在各个分类上的取值都很小，关注度较高的是优秀作品，这个群体可能是观望群体。

（2）用户群 2 在竞赛上有最大取值，对其他方面的关注度极低，这类用户可能为网站竞赛参赛者。

（3）用户群 3 在优秀作品上有最大取值，对项目与合作和教学资源的关注量也不低，这类用户可能为正处于学习阶段的数据挖掘学习者。

（4）用户群 4 在新闻动态上有最大取值，对竞赛的关注量也不低，这群体的用户可能是参加竞赛学生的辅导老师。

（5）用户群 5 在项目与合作和教学资源上有最大取值，这类用户对合作和资源的关注度极高，可能为有合作意向的教师或企业。

### 7.3.3　模型应用

在使用 K-Means 聚类算法分出的群体中，根据不同群体用户对不同类别网页的关注，大致认为用户群 2、3、5 的用户是竞赛网站的主要发展对象。对用户群 2、3、5 的分析如下。

（1）用户群 2 表示次重要用户，虽然该用户群重点关注竞赛，但是对于其他类型网页的关注度极低，说明公司资源网页和竞赛网页的耦合性过低。公司可以适当地在竞赛网页中提供其他类型网页的链接。

（2）用户群 3 表示次重要用户，该用户群重点关注网站的优秀作品，说明用户对公司提供的学习资源有较高的兴趣。公司可以与这一群体的用户保持沟通，及时了解用户需要何种培训服务以及用户目前对数据挖掘知识的掌握情况，根据用户的需求制订更加个性化的培训计划。

（3）用户群 5 表示重要用户，该用户群重点关注网站的项目、资源等方面，突显合作意向。公司可以主动与这一群体的用户进行沟通，并且向用户展示公司的优点，以达到合作的目的。

由 7.2.3 小节可知，存在很多点击网页数为 1 的用户，这类用户大多访问的是关于图书配套资源的内容，可以看出这类用户对数据挖掘也有一定兴趣，网站运营商可以展示更多数据挖掘在实际生活中应用的例子，达到吸引用户的目的。

## 小结

本章主要介绍了 K-Means 聚类算法在用户行为分析及用户分群中的应用，根据竞赛网用户访问的原始数据，在数据中构建用户唯一标识并对网页进行分类，结合实际业务情况构建了聚类特征，最后用 K-Means 聚类算法建立用户分群模型，并对聚类得到的结果进行分析，得到各个群体的特点，从而结合网站的实际运营情况，提出相应的运营建议。

## 实训

### 实训 1　处理某 App 用户信息数据集

#### 1. 训练要点

（1）掌握 pandas 数据读取的操作。

（2）掌握异常值的处理方法。

（3）掌握缺失值的识别与处理方法。

#### 2. 需求说明

在 App 上架前需要收集测试用户或人员的体验数据，分析反馈的数据，从而对 App 进行相应的调整。某研发团队为调查所设计的 App 是否可以上架，统计了 13 万左右测试用户的 App 使用数据，并存储于"某 App 用户信息数据.csv"数据集中，部分某 App 用户信息数据如表 7-8 所示。通过对数据进行聚类，以区分不同的用户群体，从而对不同的群体确定是否分享 App，进而创造流量价值用户，同时将聚类结果与"是否点击分享"特征数据进行对比，评价聚类分析结果。

表 7-8　部分某 App 用户信息数据

| 用户名 | 在线时长（分钟） | 时间所占比例 | 不愿分享概率 | 愿意分享概率 | 是否点击分享 |
|---|---|---|---|---|---|
| George | 1495736 | 0.004093442 | NA | 0.02 | T |
| Ruth | 832959 | 0.002279593 | 0 | 0.85 | F |
| Jack | 1124354 | 0.003532150 | −0.50 | 0.40 | F |
| Joy | 342119 | 0.000233500 | 1.50 | −1.50 | T |
| Jessica | 1173979 | 0.003212876 | 0.32 | 1.00 | F |

通过对表 7-8 的观察可发现该数据存在一定的缺失值与异常值。正常情况下概率的范围为 0~1 之间，某 App 用户信息数据中与分享意愿相关的概率有负数与大于 1 的数值，可将这部分数值视为异常值。

#### 3. 实现思路及步骤

（1）使用 pandas 库读取"某 App 用户信息数据.csv"数据集。

（2）将不愿分享概率与愿意分享概率特征中的缺失值用 0.0 替换。

（3）将不愿分享概率与愿意分享概率特征中负值赋值为 0，并将大于 1 的值改为 1。

（4）将是否点击分享特征中的 T 重新赋值为 1，将 F 重新赋值为 0。

### 实训 2　构建与用户使用信息相关的特征

#### 1. 训练要点

（1）掌握 pandas 中 apply()方法的使用。

（2）掌握构建自定义函数。

（3）构建适用于聚类模型的特征。

#### 2. 需求说明

由于适用于 sklearn 中的 K-Means 聚类模型的数据为数值型数据，因此需要基于实训 1 中预处理后的数据，通过字符串数据类型的用户名特征构建新的数值型特征，即对用户名的首字母进行编码。在线时长等特征中的数据过于离散，增加了聚类算法的计算压力，可对离散数据进行分段或分等级来降低计算压力。

#### 3. 实现思路及步骤

（1）自定义 to_code 函数，用于对用户名特征首字母进行编码。

（2）对在线时长特征进行分段处理后生成分段在线时长新特征。

（3）使用 apply()方法构建首字母编码新特征。

### 实训 3　构建 K-Means 聚类模型

#### 1. 训练要点

（1）掌握 K-Means 聚类算法的应用。

（2）掌握聚类模型评价方法。

#### 2. 需求说明

基于实训 2 构建新特征后的数据，构建 K-Means 聚类模型，通过聚类分析区分使用 App 且分享意愿不同的用户群体，并同用户的点击分享操作进行对比来检验和评价聚类分析结果。使用 FMI 评价法对模型的聚类效果进行评价。

#### 3. 实现思路及步骤

（1）读取实训 2 构建新特征后的数据集，区分标签和数据。

（2）构建 K Means 模型，且聚类数为 2。

（3）使用 FMI 评价法评价聚类模型性能。

## 课后习题

### 操作题

某部电影的宣传部门为了确定电影首映的影院，现对所在地区的影院的电影票售卖情况和影院容纳量等信息进行调查，调查结果存储于"电影票数据.csv"中。"电影票数据.csv"主要包含不同电影在不同影院的销售情况与放映历史，其特征说明如表 7-9 所示。

表 7-9　"电影票数据.csv"特征说明

| 特征名称 | 特征说明 | 示例 |
| --- | --- | --- |
| film_code | 电影 ID | 1492 |
| cinema_code | 影院 ID | 304 |
| total_sales | 每段放映时间总销售额（单位：元） | 390000 |
| tickets_sold | 售出电影票数量 | 26 |
| tickets_out | 取消电影票数量 | 0 |
| show_time | 放映次数 | 4 |
| ticket_price | 总计票价 | 150000.0 |
| occu_perc | 影院可用容量占比 | 4.26 |
| capacity | 影院容纳量 | 610.32 |
| ticket_use | 购买用户数 | 26 |

　　通过构建 K-Means 模型对数据进行聚类，并对模型进行评价，以确定满足要求的首映影院，以及划分的各个影院类别情况，具体操作步骤如下。

　　（1）读取"电影票数据.csv"数据集。

　　（2）筛选出与影院有关的特征，并处理缺失值，将处理后的数据赋值给新建的"cinema"数据框。

　　（3）使用 K-Means 模型对"cinema"数据进行聚类。

　　（4）使用轮廓系数评价法对模型进行评价，并绘制轮廓系数走势图。

# 第 8 章 企业所得税预测分析

　　随着信息化的发展和科学技术的进步，数据分析开始得到广泛应用。人们面对着海量的数据，在这些海量数据中隐藏着人们需要的具有决策意义的信息。数据分析技术可以帮助人们利用数据，从中发现有用的、隐藏的信息。

　　税制改革关系着现代财政制度建立、国家长治久安和共同富裕等目标的实现。企业所得税在组织财政收入、调控经济、监督管理、维护国家税收权益等方面具有重要的作用。本章主要运用数据分析技术对企业所得税进行分析，挖掘其中隐藏的运行模式，并对未来两年的企业所得税进行预测，辅助政府制订各项工作计划，以及检验已实施计划取得的成果。

## 学习目标

（1）熟悉企业所得税预测的步骤和流程。
（2）掌握相关性分析方法与应用。
（3）掌握使用 Lasso 模型选取特征的方法。
（4）掌握使用灰色预测算法和 SVR 算法预测企业所得税的方法。

## 思维导图

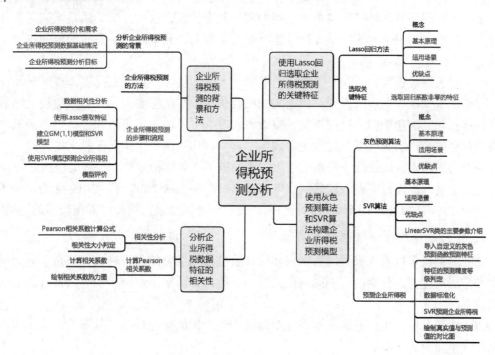

# 任务 8.1　了解企业所得税预测的背景与方法

了解企业所得税预测
的背景与方法

### 任务描述

　　某市在实现经济快速发展、企业所得税不断增加的同时，其他各项税收也在不断增加。企业所得税作为税收的重要组成部分，在一定程度上影响了地方财政收入。基于历史的企业所得税数据，分析影响税收的影响因素，预测未来两年有效的企业所得税，对政府实施市场经济调节有重大意义。

### 任务分析

　　（1）分析企业所得税预测背景，明确预测分析目标。
　　（2）了解企业所得税预测的方法。
　　（3）熟悉企业所得税预测的步骤和流程。

## 8.1.1　分析企业所得税预测背景

　　企业所得税在财政收入和宏观调控等方面起着重要作用。结合企业所得税预测的目标以及数据的基础情况，对企业所得税预测进行初步的了解。

### 1. 企业所得税简介和需求

　　企业所得税是国家对境内的企业和其他取得收入的组织的生产经营所得和其他所得征收的一种所得税。《中华人民共和国企业所得税法》于 2007 年 3 月 16 日由第十届全国人民代表大会第五次会议通过，并于 2018 年 12 月 29 日第二次修正。

　　企业所得税在组织财政收入、促进社会经济发展、实施宏观调控等方面起着重要的作用。企业所得税调节的是国家与企业之间的利润分配关系，这种分配关系是国家经济分配制度中非常重要的一个方面，是处理其他分配关系的前提和基础。企业所得税的作用主要体现在以下两个方面。

　　（1）组织财政收入。企业所得税是国家第二大主体税种，对国家税收非常重要。
　　（2）宏观调控。企业所得税是国家实施税收优惠政策的主要税种，有减免税、降低税率、加计扣除、加速折旧、投资抵免、减计收入等众多的税收优惠措施，是贯彻国家产业政策和社会政策，实施宏观调控的主要政策工具。在作为国家组织财政收入的同时，企业所得税作为国家宏观调控的一种重要手段，也促进了产业结构调整和经济的快速发展。

　　为了帮助政府进行宏观调控并制定各项政策，需要根据 2005 年—2019 年的企业所得税预测 2020 年、2021 年的企业所得税，同时需对预测模型进行检验以确保模型的可信度。

### 2. 企业所得税预测数据基础情况

　　企业所得税采取收入来源地管辖权和居民管辖权相结合的双管辖权，将企业分为居民企业和非居民企业，分别确定不同纳税义务。一般而言影响企业所得税的因素有以下两个方面。

　　（1）生产总值。生产总值是指在一个地区中生产出的全部最终产品和劳务的价值，常根据三大产业分为 3 类。

（2）民生。这里的民生主要是指反映民众生活水平的因素，主要包括人均可支配收入、全市总人口等。

本案例仅对 2005 年—2019 年的数据进行分析( 本章所用数据均来自《中国统计年鉴》)。数据的各项特征及其说明如表 8-1 所示。

表 8-1　数据的各项特征及其说明

| 特征名称 | 特征含义 |
| --- | --- |
| x1（人均可支配收入） | 居民收入越高，消费能力越强，同时意味着其工作积极性越高，创造出的财富越多，从而能带动企业的发展 |
| x2（全市总人口数） | 在地方经济发展水平既定的条件下，人均地方企业所得税与地方人口数呈反比例变化 |
| x3（全社会从业人员数） | 就业人数的上升伴随着企业生产力的提高，从而直接影响企业所得税的增加 |
| X4（固定资产投资额） | 固定资产投资额是以货币表现的建造和购置固定资产的工作量以及与此有关的费用的总称。主要通过投资来促进经济增长，扩大税源 |
| x5（全市用电量） | 用电量是电力消费过程中一个非常重要的特征，是一项重要的能源消费指标，用电量也反映了企业的生产水平 |
| x6（城市居民消费价格指数） | 该特征反映居民家庭购买的消费品及服务价格水平的变动情况，影响城镇居民的生活支出和各大服务企业的收入 |
| x7（第一产业生产总值） | 取消农业税，实施"三农"政策，第一产业对企业所得税的影响更小 |
| x8（第二产业生产总值） | 第二产业主要为采矿业、制造业、建筑业。企业所得税相当大的一部分由第二产业企业提供，第二产业的繁荣与否影响经济发展水平的高低 |
| x9（第三产业生产总值） | 第三产业即各类服务或商品，城市的消费水平越高，第三产业生产总值越高，侧面反映了企业的发展程度 |
| x10（地方财政收入） | 财政收入是衡量政府财力的重要特征。政府在社会经济活动中提供公共物品和服务的范围和数量，在很大程度上取决于财政收入的状况 |
| x11（进出口总值） | 进出货物总金额。进出口总额用以观察对外贸易方面的总规模，在一定程度上反映了城市的规模 |
| x12（非私营单位从业人员工资总额） | 该指标反映的是社会分配情况，主要影响个人的潜在消费能力，增加服务类型的企业的收入，从而间接影响企业所得税 |
| x13（人均地区生产总值） | 人均地区生产总值代表国民经济水平，同时也是衡量人民生活水平的一个标准 |

### 3. 企业所得税预测分析日标

结合企业所得税预测的需求分析，本次数据分析建模目标主要有以下 2 个。

（1）分析、识别影响地方企业所得税的关键特征。

（2）预测 2020 年和 2021 年的企业所得税。

## 8.1.2　了解企业所得税预测的方法

众多学者已经对企业所得税的影响因素进行了研究，但是他们大多先建立企业所得税与各待定的影响因素之间的多元线性回归模型，再运用最小二乘估计方法来估计回归模型的系数，通过系数来检验它们之间的关系，模型的结果对数据的依赖程度很大，并且使用普通最小二乘估计方法求得的解往往是局部最优解，后续步骤的检验可能会失去应有的意义。

本章在已有研究的基础上运用 Lasso 特征选择方法来研究影响地方企业所得税的因素。在 Lasso 特征选择的基础上，鉴于灰色预测对少量数据进行预测时的优良性能，对单个选定的特征建立灰色预测模型，得到这个特征在 2020 年和 2021 年的预测值。由于 SVR 具有较强的适用性和容错能力，所以使用该回归方法对历史数据建立训练模型，将灰色预测的数据结果代入训练完成的模型中，充分考虑历史数据信息，可以得到较为准确的预测结果，即 2020 年和 2021 年的企业所得税。

### 8.1.3 熟悉企业所得税预测的步骤与流程

本章的总体流程如图 8-1 所示，主要包括以下步骤。

（1）对原始数据进行探索性分析，了解原始特征之间的相关性。

（2）利用 Lasso 特征选择模型进行特征提取。

（3）建立单个特征的灰色预测模型（GM(1,1)模型）和支持向量回归预测模型（SVR 模型）。

（4）使用 SVR 预测模型得出 2020 年、2021 年企业所得税的预测值。

（5）对建立的企业所得税预测模型进行评价。

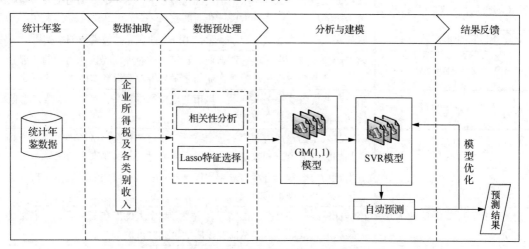

图 8-1　企业所得税预测的总体流程

## 任务 8.2　分析企业所得税数据特征的相关性

### 任务描述

根据企业所得税来源，可以发现其众多的影响因素，需要计算各影响因素与目标特征之间的相关系数，通过相关系数的大小间接判断企业所得税与选取的特征之间的相关性。

### 任务分析

（1）了解相关性分析以及 Pearson 相关系数的计算方法。

（2）运用相关函数计算各特征之间的相关系数，对原始数据进行相关性分析。

## 8.2.1　了解相关性分析

相关性分析是指对两个或多个具备相关性的特征进行分析，从而衡量两个或多个特征的相关密切程度。在统计学中，常用 Pearson 相关系数进行相关性分析。Pearson 相关系数可用于量度两个特征 $X$ 和 $Y$ 之间的相互关系（线性相关的强弱），是较为简单的一种相关系数，通常用 $r$ 或 $\rho$ 表示，取值范围为[-1,1]。

若两个向量 $X=(x_1,x_2,\cdots,x_n)$、$Y=(y_1,y_2,\cdots,y_n)$，则它们之间的 Pearson 相关系数如式（8-1）所示。

$$r=\frac{n\sum_{i=1}^{n}x_iy_i-\sum_{i=1}^{n}x_i\sum_{i=1}^{n}y_i}{\sqrt{n\sum_{i=1}^{n}x_i^2-(\sum_{i=1}^{n}x_i)^2}\sqrt{n\sum_{i=1}^{n}y_i^2-(\sum_{i=1}^{n}y_i)^2}} \qquad （8-1）$$

当 $0<r<1$ 时，表示 $X$ 和 $Y$ 呈现正相关关系；当 $-1<r<0$ 时，表示 $X$ 和 $Y$ 呈现负相关关系。若 $r=0$，则表示 $X$ 和 $Y$ 不相关；若 $r=1$，则表示 $X$ 和 $Y$ 完全正相关；若 $r=-1$，则表示 $X$ 和 $Y$ 完全负相关。$|r|$ 越接近 1，说明 $X$ 和 $Y$ 相关性越大。

Pearson 相关系数的一个关键特性是，它不会随着特征的位置或大小的变化而变化。例如，将 $X$ 变为 $a+bx$，将 $Y$ 变为 $c+dy$，其中 $a$、$b$、$c$、$d$ 都是常数，不会改变相互之间的相关性。

## 8.2.2　计算 Pearson 相关系数

在 pandas 库中，可以使用 corr()方法计算 Pearson 相关系数，corr()方法的基本使用格式如下。

```
DataFrame.corr(method='pearson', min_periods=1)
```

corr()方法的参数及其说明如表 8-2 所示。

表 8-2　corr()方法的参数及其说明

| 参数名称 | 参数说明 |
| --- | --- |
| method | 接收 pearson、kendall、spearman。表示计算相关系数的方法。默认为 pearson |
| min_periods | 接收 int。表示样本最少的数据量。默认为 1 |

通过计算各特征之间的 Pearson 相关系数，得到特征之间的相关性关系，相关系数保留两位小数，并使用热力图进行可视化展示，如代码 8-1 所示。

代码 8-1　计算并展示 Pearson 相关系数

```
In[1]:    import numpy as np
          import pandas as pd
          from pyecharts import options as opts
          from pyecharts.charts import HeatMap

          # 读取数据
          income_data = pd.read_csv('../data/income_tax.csv', index_col=0)
          # 保留两位小数
          data_cor = np.round(income_data.corr(method='pearson'), 2)
```

```
y_data = list(data_cor.columns)  # 获取 y 轴标签
x_data = list(data_cor.index)  # 获取 x 轴标签
# 将相关系数矩阵转为列表
values = data_cor.values.tolist()
# 对应相关系数的位置
value = [[i, j, values[i][j]] for i in range(len(x_data))
        for j in range(len(y_data))]
heatmap = (
    # 导入热力图
    HeatMap()
    # 设置 x 轴
    .add_xaxis(x_data)
    # 设置 y 轴
    .add_yaxis(
        '', y_data,
        value,
        label_opts=opts.LabelOpts(
            is_show=True, position='inside'),
    )
    .set_global_opts(
        # 设置标题
        title_opts=opts.TitleOpts(title='相关系数热力图'),
        # 设置图例
        visualmap_opts=opts.VisualMapOpts(
            is_show=False, pos_bottom='center',
            max_=1, min_=0.9
        )
    )
)
heatmap.render('../tmp/相关系数热力图.html')
```

Out[1]:    相关系数热力图

由代码 8-1 可知，特征之间的相关系数以热力图的形式展示。热力图的数值表示了数值所在行特征和列特征的相关性，数值越大相关性越大。当数值为 1 时特征之间完全相关，当数值为 0 时特征之间完全不相关，相关系数越接近1，热力图对应位置的颜色越接近红色。

数据中的全部特征与企业所得税（y）之间都存在高度的正相关关系，按相关性大小排列，依次是 x3、x1、x2、x5、x6、x9、x10、x4、x7、x12、x13、x8 和 x11。同时，各特征之间存在着严重的多重共线性。例如，x1（人均可支配收入）与其他全部特征的相关性都超过了 0.94。其中 x8（第二产业生产总值）和 x11（进出口总值）与其他特征的共线性较低，可以考虑在后续的特征筛选中保留这两个特征。除此之外，x1 与 x2、x2 与 x3、x1 与 x3 等多对特征之间存在完全的共线性。

综上，数据的全部特征都可以用于企业所得税预测分析，但特征之间存在着信息的重复，需要对特征进行进一步筛选。

## 任务 8.3　使用 Lasso 回归选取企业所得税预测的关键特征

### 任务描述

在数据探索性分析中引入的特征太多，需要对原始特征进行进一步筛选，只保留重要的特征。考虑到传统的特征选择方法存在一定的局限性，故在本章中采用 Lasso 特征选择方法对特征进行进一步筛选。

使用 Lasso 回归选取企业所得税预测的关键特征

### 任务分析

（1）了解 Lasso 回归方法的概念、基本原理、适用场景、优缺点。

（2）分析 Lasso 回归结果，选取回归系数不为零的特征构成新的数据。

### 8.3.1　了解 Lasso 回归方法

数据降维是处理多重共线性数据的主要方法之一，常见的数据降维方式有直接筛选特征和构建新特征两种方式。本案例使用的 Lasso 回归方法属于直接筛选特征。

#### 1. 概念

Lasso 回归方法是正则化方法的一种，是压缩估计方法。它通过构造一个惩罚函数得到一个较为精练的模型。使用 Lasso 回归方法压缩一些系数，同时设定一些系数为零，保留子集收缩的优点，此过程是一种处理具有多重共线性数据的有偏估计方法。

#### 2. 基本原理

Lasso 回归方法可以对特征的系数进行压缩并使某些回归系数变为 0，进而达到特征选择的目的，可以广泛地应用于模型改进与选择。同时，也可以通过选择惩罚函数，借用 Lasso 方法实现特征选择。模型选择本质上是寻求模型稀疏表达的过程，而这种过程可以通过优化一个"损失"＋"惩罚"的函数来完成。

Lasso 参数估计定义如式（8-2）所示。

$$\hat{\beta}(\text{lasso}) = \arg\min_{\beta} \left\| y - \sum_{i=1}^{p} x_i \beta_i \right\|^2 + \lambda \sum_{i=1}^{p} |\beta_i| \qquad （8\text{-}2）$$

其中，$\lambda$ 为非负正则参数，控制着模型的复杂程度。$\lambda$ 越大，对特征较多的线性模型的惩罚力度就越大，从而最终获得一个特征较少的模型，$\lambda \sum_{i=1}^{p} |\beta_i|$ 称为惩罚项。参数 $\lambda$ 的确

定可以采用交叉验证法，选取交叉验证误差最小的 $\lambda$ 值。最后，按照得到的 $\lambda$ 值，用全部数据重新拟合模型即可。

### 3．适用场景

当原始特征中存在多重共线性时，Lasso 回归不失为一种很好的处理共线性的方法，它可以有效地对存在多重共线性的特征进行筛选。在面对海量的数据时，一般首先要做的是降维，争取用尽可能少的数据解决问题，从这层意义上说，使用 Lasso 模型进行特征选择也是一种有效的降维方法。从理论上说，Lasso 对数据类型没有太多限制，可以接收大部分类型的数据。

### 4．优缺点

Lasso 回归方法的优点是可以弥补最小二乘估计法和逐步回归局部最优估计的不足，可以很好地进行特征的选择，有效地解决各特征之间存在多重共线性的问题。缺点是当存在一组高度相关的特征时，Lasso 回归方法倾向于选择其中的一个特征，而忽视其他所有的特征，这种情况会导致结果的不稳定性。虽然 Lasso 回归方法存在弊端，但是在合适的场景中还是可以发挥不错的效果。在企业所得税预测中，各原始特征存在着严重的多重共线性，多重共线性问题已成为主要问题，这里采用 Lasso 回归方法进行特征选取是恰当的。

## 8.3.2　选取关键特征

在 sklearn 库的 linear_model 模块中，可以使用 Lasso 类构建回归模型，从而对数据特征进行筛选。Lasso 类的基本使用格式如下。

```
class sklearn.linear_model.Lasso(alpha=1.0, *, fit_intercept=True, normalize=False,
precompute=False, copy_X=True, max_iter=1000, tol=0.0001, warm_start=False,
positive=False, random_state=None, selection='cyclic')
```

Lasso 类的常用参数及其说明如表 8-3 所示。

表 8-3　Lasso 类的常用参数及其说明

| 参数名称 | 参数说明 |
| --- | --- |
| alpha | 接收 float。表示乘 Lasso 回归的常数。默认为 1.0 |
| fit_intercept | 接收 bool。表示是否计算此模型的截距。默认为 True |
| copy_X | 接收 bool。表示 $X$ 是否会被覆盖。默认为 True |
| max_iter | 接收 int。表示最大迭代次数。默认为 1000 |
| random_state | 接收 int 或 RandomState 实例。表示伪随机数生成器的种子。默认为 None |

由于 2005 年—2019 年特征间的量纲差异较大，直接进行 Lasso 回归将会出现惩罚系数过小而导致回归系数中没有 0，所以需要对数据进行离差标准化。使用 Lasso 回归方法得到特征的回归系数，选取系数非零的特征作为新的特征，如代码 8-2 所示。

代码 8-2　使用 Lasso 回归方法进行特征选取

```
In[1]:   import pandas as pd
         import numpy as np
         from sklearn.linear_model import Lasso

         income_data = pd.read_csv('../data/income_tax.csv', index_col=0)
```

```
# 读取数据

data_train = income_data.iloc[: , 0:13].copy()
# 取 2005 年—2019 年的数据建模
data_mean = data_train.mean()
data_std = data_train.std()
data_train = (data_train - data_mean) / data_std   # 数据离差标准化

lasso = Lasso(alpha=1000, random_state=1234)   # 构建 Lasso 回归模型
lasso.fit(data_train, income_data['y'])
print('Lasso 回归系数为: ', np.round(lasso.coef_, 5))  # 输出结果, 保留 5 位小数
```

Out[1]: Lasso 回归相关系数为: [     -0.                0.          343181.77743        -0.
       214574.94891        0.               -0.           -72773.7411         0.
       17986.06223
       67701.02085  -3546.55993       -0.     ]

In[2]:
```
# 计算系数非零的特征个数
print('系数非零特征个数为: ', np.sum(lasso.coef_ != 0))
```

Out[2]: 系数非零特征个数为: 6

In[3]:
```
mask = lasso.coef_ != 0   # 返回系数非零特征
print('系数非零特征: ', income_data.columns[:-1][mask])
```

Out[3]: 系数非零特征: Index(['x3', 'x5', 'x8', 'x10', 'x11', 'x12'], dtype='object')

In[4]:
```
# 返回系数非零的数据
new_reg_data = income_data.iloc[:, 0: 13].iloc[:, mask]
new_reg_data.to_csv('../tmp/new_reg_data.csv')   # 存储数据
print('输出数据的形状为: ', new_reg_data.shape)   # 查看输出数据的形状
```

Out[4]: 输出数据的形状为: (15, 6)

由代码 8-2 可知, 经过 Lasso 回归后 x3 (全社会从业人员数)、x5 (全市用电量)、x8 (第二产业生产总值)、x10 (地方财政收入)、x11 (进出口总值) 和 x12 (非私营单位从业人员工资总额) 的系数非零, 即需选取的关键特征。

## 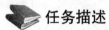 使用灰色预测算法和 SVR 算法构建企业所得税预测模型

### 📖 任务描述

基于灰色预测对小样本数据集的优良性能, 首先对单个特征建立灰色预测模型, 得到各特征 2020 年和 2021 年的预测值。然后对 2005 年—2019 年的训练集建立 SVR 预测模型, 将建立好的模型与灰色预测模型相结合, 对 2020 年和 2021 年的企业所得税进行预测。最后采用相应的回归预测评价指标对模型进行整体评价。

使用灰色预测算法和 SVR 算法构建企业所得税预测模型

### 📚 任务分析

(1) 加载 GM(1,1) 源文件, 构建灰色预测模型, 得到各特征值。

(2) 使用 LinearSVR 类, 构建 SVR 模型, 得到 2020 年和 2021 年企业所得税预测值。

### 8.4.1　了解灰色预测算法

因为数据中关于 2020 年和 2021 年的数据完全未知，所以需预测出 2020 年和 2021 年的特征值。对于这种时间序列短、统计数据少的计算，灰色预测具有独特的功效。

#### 1. 概念

灰色预测算法是一种对含有不确定因素的系统进行预测的方法。在建立灰色预测模型之前，需先对原始时间序列进行数据处理，经过数据处理后的时间序列称为生成列。灰色预测常用的数据处理方式有累加和累减两种。

#### 2. 基本原理

灰色预测是以灰色模型为基础的，在众多的灰色模型中，GM(1,1)模型较为常用。

假设特征 $X^{(0)} = \{X^{(0)}(i), i=1,2,\cdots,n\}$ 为一非负单调原始数据序列，建立灰色预测模型的步骤如下。

（1）首先对 $X^{(0)}$ 进行一次累加，得到一次累加序列 $X^{(1)} = \{X^{(1)}(k), k=1,2,\cdots,n\}$。

（2）对 $X^{(1)}$ 可建立下述一阶线性微分方程，如式（8-3）所示，即 GM(1,1)模型。其中，$t$ 表示数据序数，$\alpha$ 表示发展系数，$\mu$ 表示灰色作用量。

$$\frac{\mathrm{d}X^{(1)}}{\mathrm{d}t} + \alpha X^{(1)} = \mu \tag{8-3}$$

（3）求解微分方程，得到预测模型如式（8-4）所示。

$$\hat{X}^{(1)}(k+1) = \left[\hat{X}^{(0)}(1) - \frac{\hat{\mu}}{\hat{\alpha}}\right]\mathrm{e}^{-\hat{\alpha}k} + \frac{\hat{\mu}}{\hat{\alpha}} \tag{8-4}$$

（4）由于 GM(1,1)模型得到的是一次累加量，所以将 GM(1,1)模型所得数据 $\hat{X}^{(1)}(k+1)$ 经过累减还原为 $\hat{X}^{(0)}(k+1)$，即 $X^{(0)}$ 的灰色预测模型如式（8-5）所示。

$$\hat{X}^{(0)}(k+1) = (1-\mathrm{e}^{\hat{\alpha}})\left[X^{(0)}(1) - \frac{\hat{\mu}}{\hat{\alpha}}\right]\mathrm{e}^{-\hat{\alpha}k} \tag{8-5}$$

后验差检验精度判别参照如表 8-4 所示，其中，$P$ 为小误差概率，计算公式如式（8-6）所示；$C$ 为后验差比，计算公式如式（8-7）所示。

$$P = P\{|e(k) - \overline{e}| < 0.6745S_1\} \tag{8-6}$$

$$C = \frac{S_2}{S_1} \tag{8-7}$$

其中，$e(k)$ 为残差，$\overline{e}$ 为残差的均值，$S_1$ 为原始数据标准差，$S_2$ 为残差数据标准差。

表 8-4　后验差检验精度判别参照

| $P$ | $C$ | 模型精度 |
| --- | --- | --- |
| >0.95 | <0.35 | 好 |
| >0.80 | <0.50 | 合格 |
| >0.70 | <0.65 | 勉强合格 |
| <0.70 | >0.65 | 不合格 |

### 3. 适用场景

灰色预测的通用性较强，在一般的时间序列场合都可以使用，尤其适合那些规律性差且不清楚数据产生机理的情况。

### 4. 优缺点

灰色预测模型的优点是预测精度高，模型可检验，参数估计方法简单，对小数据集有很好的预测效果。缺点是对原始数据序列的光滑度要求很高，在原始数据序列光滑度较差的情况下，灰色预测模型的预测精度不高甚至将无法通过检验，结果只能放弃使用灰色预测模型进行预测。

## 8.4.2 了解 SVR 算法

在本案例中，基于自变量与因变量的类型、数据的维数、数据的基本特征，选择 SVR 算法计算得到 2020 年和 2021 年的企业所得税。

### 1. 基本原理

SVR 在做拟合时采用了支持向量机的思想来对数据进行回归分析。给定训练集 $T = \{(\boldsymbol{x}_1, y_1), (\boldsymbol{x}_2, y_2), \cdots, (\boldsymbol{x}_n y_n)\}$，其中，$\boldsymbol{x}_i = (x_i^{(1)}, x_i^{(2)}, \cdots, x_i^{(n)})^{\mathrm{T}} \in \mathbf{R}^n$，$y_i \in \mathbf{R}$，$i = 1, 2, \cdots, n$。对于样本 $(\boldsymbol{x}_i, y_i)$，通常根据模型输出 $f(\boldsymbol{x}_i)$ 与真实值 $y_i$ 之间的差来计算损失，当且仅当 $f(\boldsymbol{x}_i) = y_i$ 时，损失才为零。

SVR 的基本原理为：允许 $f(\boldsymbol{x}_i)$ 与 $y_i$ 之间最多有 $\varepsilon$ 的偏差。仅当 $|f(\boldsymbol{x}_i) - y_i| > \varepsilon$ 时才计算损失。当 $|f(\boldsymbol{x}_i) - y_i| \leqslant \varepsilon$ 时，认为预测准确。用数学语言描述 SVR 问题如式（8-8）所示。

$$\min_{w, b} \frac{1}{2} \|\boldsymbol{W}\|^2 + C \sum_{i=1}^n L_\varepsilon (f(\boldsymbol{x}_i) - y_i) \qquad (8\text{-}8)$$

其中，$W$ 和 $b$ 表示回归因子，$C \geqslant 0$，$C$ 为罚项系数，$L_\varepsilon$ 为损失函数。

### 2. 适用场景

由于支持向量机拥有完善的理论基础和良好的特性，所以人们对其进行了广泛的研究和应用，涉及分类、回归、聚类、时间序列分析、异常点检测等诸多方面，具体的研究内容包括统计学理论基础、各种模型的建立、相应优化算法的改进和实际应用等。SVR 算法也在这些研究中得到了发展和逐步完善，已有许多研究成果。

### 3. 优缺点

相较于其他方法，SVR 算法的优点是不仅适用于线性模型，而且对于数据和特征之间的非线性关系也能很好地处理；让用户不需要担心多重共线性问题，可以避免局部极小化问题，提高泛化性能，解决高维问题；虽然不会在过程中直接排除异常点，但是会使得由异常点引起的偏差更小。缺点是计算复杂度高，当面临大量数据时，计算耗时长。

### 4. LinearSVR 类的主要参数介绍

sklearn 库的 LinearSVR 类实现了 SVR 算法，LinearSVR 类的基本使用格式如下。

```
class          sklearn.svm.LinearSVR(epsilon=0.0,          tol=0.0001,          C=1.0,
loss='epsilon_insensitive', fit_intercept=True, intercept_scaling=1.0, dual=True,
verbose=0, random_state=None, max_iter=1000)
```

LinearSVR 类的常用参数及其说明如表 8-5 所示。

表 8-5　LinearSVR 类的常用参数及其说明

| 参数名称 | 参数说明 |
| --- | --- |
| epsilon | 接收 float。表示 loss 参数中的$\varepsilon$参数。默认为 0.0 |
| tol | 接收 float。表示终止迭代的阈值。默认为 0.0001 |
| C | 接收 float。表示罚项系数。默认为 1.0 |
| loss | 接收 epsilon_insensitive、squared_epsilon_insensitive。表示损失函数。默认为 epsilon_insensitive |
| fit_intercept | 接收 bool。表示是否计算模型的截距。默认为 True |
| intercept_scaling | 接收 float。表示在实例向量 $X$ 上附加常数值。默认为 1.0 |
| dual | 接收 bool。当接收值为 True 时解决对偶问题；当接收值为 False 时解决原始问题。默认为 True |
| verbose | 接收 int。表示是否开启详细输出。默认为 0 |
| random_state | 接收 int、RandomState 实例、None。表示使用的随机数生成器的种子。默认为 None |
| max_iter | 接收 int。指定最大迭代次数。默认为 1000 |

使用 sklearn 构建的 SVR 模型属性及其说明如表 8-6 所示。

表 8-6　SVR 模型属性及其说明

| 属性名称 | 属性说明 |
| --- | --- |
| coef_ | 返回 array。给出各个特征的权重 |
| intercept_ | 返回 array。给出截距，即决策函数（用于计算样本点到分割平面距离的函数）中的常数项 |

### 8.4.3　预测企业所得税

导入自定义的灰色预测函数，构建灰色预测模型，预测特征在 2020 年和 2021 年的数值，如代码 8-3 所示。

代码 8-3　特征的灰色预测模型

```
In[1]:  import numpy as np
        import pandas as pd
        from gm11 import gm11  # 导入自定义的灰色预测函数

        # 读取经过特征选择后的数据
        new_reg_data = pd.read_csv('../tmp/new_reg_data.csv', index_col=0)
        # 读取数据
        income_data = pd.read_csv('../data/income_tax.csv', index_col=0)
        new_reg_data.index = range(2005, 2020)
        new_reg_data.loc[2020] = None
        new_reg_data.loc[2021] = None

        c = []
        p = []
        # 进行灰色预测
        for i in list(new_reg_data.columns):
            f = gm11(np.array(new_reg_data.loc[range(2005, 2020), i]))[0]
```

```
        c.append(gm11(np.array(new_reg_data.loc[range(2005,        2020),
i]))[4])
        p.append(gm11(np.array(new_reg_data.loc[range(2005,        2020),
i]))[5])
    new_reg_data.loc[2020, i] = f(len(new_reg_data) - 1)
    new_reg_data.loc[2021, i] = f(len(new_reg_data))
    new_reg_data[i] = new_reg_data[i].round(2)  # 保留两位小数

new_reg_data = pd.concat([new_reg_data, income_data['y']], axis=1)
new_reg_data.to_csv('../tmp/new_reg_data_GM11.csv')  # 结果输出
print('预测结果为: \n', new_reg_data.iloc[-2:, :6])  # 预测结果展示
```

```
Out[1]:   预测结果为:
                  x3          x5          x8          x10        x11       x12
          2020  11980347.49  10500423.18  73394636.98  40107127.41  1678.48  50843506.23
          2021  12605948.59  11086891.59  78019751.81  44828110.37  1774.25  57905229.08
```

由代码 8-3 可知，使用灰色预测模型成功预测出所筛选特征的 2020 年、2021 年的值。

根据表 8-4 并使用灰色预测函数返回的 $P$ 值和 $C$ 值对所筛选特征的预测精度等级进行判定，如表 8-7 所示。

表 8-7　特征的预测精度等级

|  | $P$ | $C$ | 预测精度等级 |
| --- | --- | --- | --- |
| x3 | 1.0 | 0.031 | 好 |
| x5 | 1.0 | 0.053 | 好 |
| x8 | 1.0 | 0.148 | 好 |
| x10 | 1.0 | 0.129 | 好 |
| x11 | 1.0 | 0.167 | 好 |
| x12 | 1.0 | 0.068 | 好 |

从表 8-7 可以看出 x3、x5、x8、x10、x11、x12 这 6 个特征的预测精度等级都是"好"，可以用于构建 SVR 算法预测模型。

读取灰色预测得到的数据，对数据进行标准化，使用 SVR 算法预测 2020 年和 2021 年的企业所得税，并对预测模型进行评价。SVR 算法预测企业所得税及模型评价如代码 8-4 所示。

代码 8-4　SVR 算法预测企业所得税及模型评价

```
In[2]:  from sklearn.svm import LinearSVR
        from sklearn.metrics import explained_variance_score,\
        mean_absolute_error, median_absolute_error, r2_score

        gm11_data = pd.read_csv('../tmp/new_reg_data_GM11.csv', index_col=0)
        feature = gm11_data.columns[: -1]
        # 取 2005 年—2019 年的数据建模
        data_train = gm11_data.loc[range(2005, 2020)].copy()
        data_mean = data_train.mean()
        data_std = data_train.std()
        data_train = (data_train - data_mean) / data_std  # 数据标准化
```

```
x_train = np.array(data_train[feature])   # 特征数据
y_train = np.array(data_train['y'])   # 标签数据
linearsvr = LinearSVR(random_state=1234)   # 调用 LinearSVR 类
linearsvr.fit(x_train, y_train)
# 预测，并还原结果
x   =   np.array(((gm11_data[feature]   -   data_mean[feature])   /
data_std[feature]))
gm11_data['y_pred']   =   linearsvr.predict(x)   *   data_std['y']   +
data_mean['y']
# SVR 预测后保存的结果
gm11_data.to_csv('../tmp/new_reg_data_GM11_revenue.csv')
print('真实值与预测值分别为: \n', gm11_data[['y', 'y_pred']])
```

Out[2]:    真实值与预测值分别为:
                     y          y_pred
      2005    373397.0    3.689704e+05
      2006    455820.0    4.758044e+05
      2007    596693.0    6.133869e+05
      2008    756412.0    6.810359e+05
      2009    732282.0    7.322820e+05
      2010    935248.0    9.276290e+05
      2011   1061594.0    1.061598e+06
      2012   1075045.0    1.140668e+06
      2013   1155923.0    1.199499e+06
      2014   1385753.0    1.385748e+06
      2015   1493552.0    1.501377e+06
      2016   1615390.0    1.615409e+06
      2017   1909983.0    1.899129e+06
      2018   2064211.0    2.064417e+06
      2019   2126665.0    2.126639e+06
      2020        NaN     2.350197e+06
      2021        NaN     2.539184e+06

In[3]:
```
print('可解释方差: ',
      explained_variance_score(gm11_data['y'][:-2], gm11_data['y_
pred'][:-2]))
print('平均绝对误差: ',
      mean_absolute_error(gm11_data['y'][:-2],        gm11_data['y_
pred'][:-2]))
print('中值绝对误差: ',
      median_absolute_error(gm11_data['y'][:-2],      gm11_data['y_
pred'][:-2]))
print('R²值: ',
      r2_score(gm11_data['y'][:-2], gm11_data['y_pred'][:-2]))
```

Out[3]:    可解释方差: 0.9972189991696142
          平均绝对误差: 16817.458099145635
          中值绝对误差: 7616.535104931332
          R² 值: 0.9971722418505075

　　真实值与预测值在 2005 年—2019 年的对比说明建立的 SVR 模型拟合效果优良，模型得到 2020 年、2021 年的企业所得税预测值分别为 2350197 万元和 2539184 万元（注：预测结果已转换常用形式），并且模型的平均绝对误差与中值绝对误差相对较小，可解释方差与 $R^2$ 值都十分接近 1，这也表明模型的可信度较高。

　　为了更直观地观察企业所得税真实值与预测值的变化趋势，绘制真实值与预测值的对比图，如代码 8-5 所示。

代码 8-5　绘制真实值与预测值的对比图

```
In[4]:    from pyecharts.charts import Grid
          from pyecharts.charts import Scatter, Line
          from pyecharts import options as opts

          # 设置 x 轴的值
          x_data = ['2005', '2006', '2007', '2008', '2009', '2010',
                    '2011', '2012', '2013', '2014', '2015', '2016',
                    '2017', '2018', '2019', '2020', '2021']
          # 绘制线
          line = (Line(init_opts=opts.InitOpts(width='800px', height='310px'))
              # 设置 x 轴
              .add_xaxis(x_data)
              # 真实值的线
              .add_yaxis('真实值', gm11_data['y'].tolist(),
                      label_opts=opts.LabelOpts(is_show=False))
              # 预测值的线
              .add_yaxis('预测值', gm11_data['y_pred'].tolist(),
                      label_opts=opts.LabelOpts(is_show=False))
          )
          # 绘制点
          scatter = (
              Scatter(init_opts=opts.InitOpts(width='800px', height='310px'))
              .add_xaxis(x_data)
              # 真实值的点
              .add_yaxis('真实值', gm11_data['y'].tolist(),
                      label_opts=opts.LabelOpts(is_show=False),
                      symbol_size=10, symbol='diamond')
              # 预测值的点
              .add_yaxis('预测值', gm11_data['y_pred'].tolist(),
                      label_opts=opts.LabelOpts(is_show=False),
                      symbol_size=10, symbol='pin')
              # 标题
              .set_global_opts(
                  title_opts=opts.TitleOpts(title='真实值与预测值对比'),
                  yaxis_opts=opts.AxisOpts(name='企业所得税（万元）',
                                          name_location='middle',
                                          name_gap=70),
                  xaxis_opts=opts.AxisOpts(name='年份（年）',
                                  name_location='middle',
                                  name_gap=30),
              )
          )
          # 叠加图
          scatter.overlap(line)
          grid=Grid()
          # 修改相对位置
          grid.add(scatter, grid_opts=opts.GridOpts(pos_top='10%', pos_left='12%',
                                                  pos_bottom='35%'))
          grid.render('../tmp/真实值与预测值对比.html')
```

Out[4]:

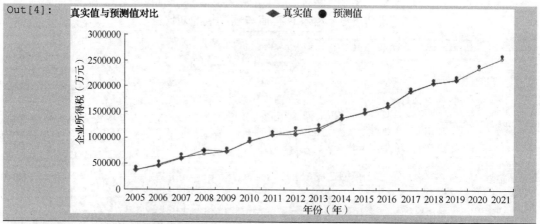

由代码 8-5 可知，企业所得税呈平稳的上升趋势。真实值与预测值存在的差距较小，因此，预测值可以为政府进行宏观调控和各项政策的制定提供一定的参考。

## 小结

本章主要介绍了使用灰色预测模型和 SVR 模型对企业所得税进行预测。其中包括采用 Pearson 相关系数对收集的数据进行分析；运用 Lasso 回归模型进一步筛选数据的特征；构建灰色预测模型预测 2020 年与 2021 年的特征值；根据特征值使用 SVR 算法预测 2020 年与 2021 年企业所得税。

## 实训

### 实训 1　处理英雄联盟游戏数据集

#### 1. 训练要点

（1）掌握重复值的检测与删除方法。

（2）掌握异常值的删除方法。

#### 2. 需求说明

英雄联盟游戏数据集（lol.csv）记录了大约 5 万场英雄联盟钻石段位比赛前 20 分钟的游戏数据，包括场次 ID、蓝方经济、红方经济等 17 个输入特征和 1 个类别标签。数据集的特征说明如表 8-8 所示。在正常游戏对局的前 20 分钟内，大龙不会刷新，小龙最多刷新 3 次。经过数据探查发现，在原始数据中有击杀大龙数特征多余、双方击杀小龙数部分值为 4、红方击杀野怪数小于 20 等异常情况，以及部分重复数据，因此需要利用 pandas 库对重复值和异常值等进行处理。

表 8-8　英雄联盟游戏数据集的特征说明

| 特征名称 | 特征含义 | 示例 |
| --- | --- | --- |
| 场次 ID | 场次 ID，数据集中记录的唯一标识符 | 3493250918 |
| 蓝方经济 | 蓝方获得的金币总数量 | 32931 |
| 红方经济 | 红方获得的金币总数量 | 3647 |

| 特征名称 | 特征含义 | 示例 |
|---|---|---|
| 蓝方击杀小兵数 | 蓝方击杀的小兵总数量 | 468 |
| 红方击杀小兵数 | 红方击杀的小兵总数量 | 464 |
| 蓝方击杀野怪数 | 蓝方击杀的野怪总数量 | 119 |
| 红方击杀野怪数 | 红方击杀的野怪总数量 | 107 |
| 蓝方平均等级 | 蓝方英雄的平均等级 | 11.5 |
| 红方平均等级 | 红方英雄的平均等级 | 12.3 |
| 蓝方击杀英雄数 | 蓝方击杀敌方英雄的总数量 | 6 |
| 红方击杀英雄数 | 红方击杀敌方英雄的总数量 | 9 |
| 蓝方击杀小龙数 | 蓝方击杀的小龙数量 | 1 |
| 红方击杀小龙数 | 红方击杀的小龙数量 | 2 |
| 蓝方被推塔数 | 蓝方防御塔被摧毁数量 | 2 |
| 红方被推塔数 | 红方防御塔被摧毁数量 | 3 |
| 蓝方击杀大龙数 | 蓝方击杀的大龙数量 | 0 |
| 红方击杀大龙数 | 红方击杀的大龙数量 | 0 |
| 蓝方获胜情况 | 类别标签，0 表示蓝方本局负，1 表示蓝方本局胜 | 0 |

### 3．实现思路及步骤

（1）读取英雄联盟游戏数据集。

（2）检测并处理重复数据。

（3）删除蓝方击杀大龙数和红方击杀大龙数特征。

（4）删除双方击杀小龙数为 4 的行数据。

（5）删除红方击杀野怪数小于 20 的行数据。

（6）对全部数据进行重新索引。

## 实训 2　构建游戏胜负预测关键特征

### 1．训练要点

掌握特征的构建方法。

### 2．需求说明

为了更好地预测出游戏的胜负，需要基于实训 1 处理后的英雄联盟游戏数据集，构造双方各项数据差值（蓝方数据减去红方数据）的特征，包括经济差、等级差、击杀小兵数量差、击杀野怪数量差、击杀英雄数量差、击杀小龙数量差、被推塔数量差。删除难以预测游戏最终胜负情况的数据，并整理全部数据。

### 3．实现思路及步骤

（1）构建经济差、等级差、击杀小兵数量差、击杀野怪数量差、击杀英雄数量差、击杀小龙数量差、被推塔数量差共 7 个新特征。

（2）正常对局中，当双方经济差在 2000 以内时，难以预测游戏最终胜负情况，需丢弃经济差在 2000 以内的数据。

（3）对全部数据进行重新索引。

### 实训 3　构建 SVR 模型

#### 1．训练要点

（1）掌握特征数据和标签数据的拆分方法。

（2）掌握训练集、测试集的划分方法。

（3）掌握数据标准化方法。

（4）掌握支持 SVR 的构建方法。

（5）掌握回归模型评价方法。

#### 2．需求说明

将实训 2 中新构建的 7 个特征作为输入特征，选取蓝方获胜情况作为标签，进行训练集和测试集的划分，构建 SVR 模型对游戏胜负结果进行预测，并通过回归模型评价指标查看模型效果。为了提高模型的性能，需要在构建模型前分别对训练集和测试集进行标准差标准化。

#### 3．实现思路及步骤

（1）拆分输入特征与标签。

（2）划分训练集与测试集。

（3）对训练集和验证集分别进行标准差标准化。

（4）构建 SVR 模型，并进行模型的训练和预测。

（5）输出回归模型评价指标，查看模型效果。

## 课后习题

### 操作题

某珠宝店新增钻石回收业务，为了对客户提供的钻石更好地进行估价，该店铺收集了行业内近期所售钻石的 4C 等级、尺寸和相应价格等数据，存为钻石价格数据集（diamond_price.csv），包括克拉、切工等级、色泽、净度等 9 个特征。钻石价格数据集的特征说明如表 8-9 所示。

表 8-9　钻石价格数据集的特征说明

| 特征名称 | 特征含义 | 示例 |
|---|---|---|
| 克拉 | 钻石的重量 | 0.23 |
| 切工等级 | 包括 5 个等级，其中 1 表示完美；2 表示十分珍贵；3 表示很好；4 表示好；5 表示一般 | 1 |
| 色泽 | 钻石色泽从 D 到 J 分为 7 个级别，其中 1 表示 D 级，完全无色；2 表示 E 级，无色；3 表示 F 级，几乎无色；4 表示 G 级，接近无色；5 表示 H 级，接近无色；6 表示 I 级，肉眼可见少量黄色；7 表示 J 级，肉眼可见少量黄色 | 2 |

续表

| 特征名称 | 特征含义 | 示例 |
|---|---|---|
| 净度 | 钻石净度由高到低分为 8 个级别，其中 1 表示 IF，内无瑕级；2 表示 VVS1，极轻微内含级 1；3 表示 VVS2，极轻微内含级 2；4 表示 VS1，轻微内含级 1；5 表示 VS2，轻微内含级 2；6 表示 SI1，微含级 1；7 表示 SI2，微含级 2；8 表示 I1，内含级 | 7 |
| 台宽比 | 钻石桌面的宽度占其平均直径的百分比 | 55 |
| 长度 | 钻石的长度 | 3.96 |
| 宽度 | 钻石的宽度 | 3.98 |
| 高度 | 钻石的高度 | 2.43 |
| 价格（美元） | 钻石的价格 | 326 |

使用钻石价格数据集，构建回归模型预测回收的钻石价格，具体步骤如下。

（1）读取钻石价格数据集。

（2）经过观察数据发现，长度、宽度、高度特征存在 0 值，删除该 3 个特征中所有出现 0 值的行数据，并对其他数据进行重新索引。

（3）新增价格（人民币）特征，假定 1 美元等于 6.50 人民币。

（4）拆分特征数据和标签数据，特征数据为克拉、切工等级、色泽、净度、台宽比、长度、宽度、高度，标签数据为价格（人民币）特征。

（5）划分训练集和测试集，并对训练集和测试集进行标准差标准化。

（6）构建 SVR 模型，并输出回归模型评价指标，查看模型效果。

# 第❾章 餐饮企业客户流失预测

在"互联网+"的背景下，数字经济是未来经济发展的重要引擎，数字信息技术的广泛使用，可以弥补人们在数据存储、信息处理分析等方面的不足。随着数字经济和实体经济的深度融合，餐饮企业的经营方式发生了很大的变革。例如，团购和O2O拓宽了销售渠道，微博、微信等社交网络加强了企业与消费者、消费者与消费者之间的沟通，电子点餐、店内Wi-Fi等信息技术提升了服务水平，大数据、私人定制等更好地满足了细分市场的需求。同时，餐饮企业也面临了更多的问题，如如何提高服务水平、留住客户、提高利润等。

本章依据客户基本信息和消费产生的订单信息，构建客户流失特征，并结合分类算法中的决策树算法和支持向量机算法预测客户流失，为餐饮企业针对不同类型的客户调整销售策略提供依据。

## 学习目标

（1）了解餐饮企业客户流失预测的步骤和流程。
（2）掌握餐饮企业数据的预处理方法。
（3）掌握构建决策树算法和支持向量机算法的方法。
（4）对比分析决策树算法和支持向量机算法的预测结果。

## 思维导图

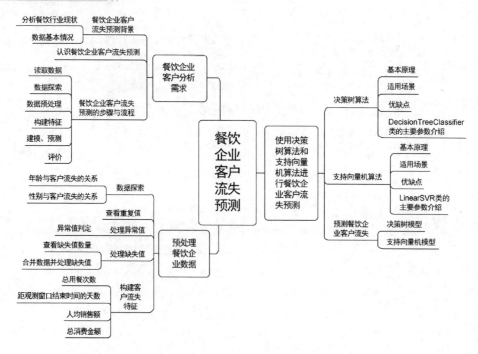

## 任务 9.1　了解餐饮企业客户分析需求

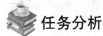

### 任务描述

某餐饮企业的增长陷入迟滞，同时不同菜品口味和不同经营模式的餐馆更是层出不穷。在面临内忧外患的情况下，该餐饮企业希望结合餐饮行业现状，分析客户和订单的数据，挖掘数据中的信息，通过对客户流失进行预测寻找到相应的对策，从而提高利润。

了解餐饮企业客户
分析需求

### 任务分析

（1）分析餐饮行业现状。

（2）了解餐饮企业数据的基本情况。

（3）了解对餐饮企业客户流失进行预测的步骤与流程。

### 9.1.1　了解餐饮企业客户流失预测背景

根据某餐饮企业面对的问题，结合餐饮企业提供的客户信息数据和订单数据，掌握餐饮企业的基本情况，以便展开后续工作。

#### 1．分析餐饮行业现状

餐饮行业作为我国第三产业中的一个传统服务性行业，始终保持着一定的增长势头。同时，餐饮行业的收入在一定程度上反映了经济的发展。根据国家统计局数据显示，餐饮行业餐费收入在 2010 年—2019 年期间都处于增长的趋势，但是同比增长率基本低于 20%，如图 9-1 所示。

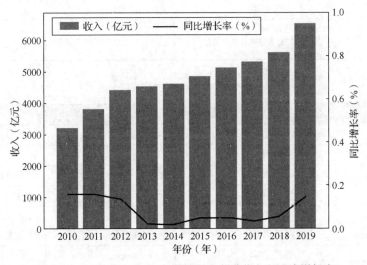

图 9-1　2010 年—2019 年餐饮行业餐费收入和同比增长率

餐饮企业正面临着房租价格高、人工费用高、服务工作效率低等问题。企业经营的目的为盈利，而餐饮企业盈利的核心是其菜品和客户，也就是其提供的产品和服务对象。如何在保证产品质量的同时提高企业利润，成为某餐饮企业急需解决的问题。

### 2. 了解餐饮企业数据的基本情况

本案例将使用某餐饮企业的系统数据库中积累的大量与客户用餐相关的数据，其中包括客户信息表（user_loss.csv）和订单详情表（info_new.csv）。客户信息表中主要记录了 2431 位客户的基本信息，包括客户 ID、姓名、年龄、性别等，其特征说明如表 9-1 所示。订单详情表记录了客户共 6611 条的消费记录，包含 21 个特征，其特征说明如表 9-2 所示。

表 9-1　客户信息表特征说明

| 特征名称 | 特征说明 | 特征名称 | 特征说明 |
| --- | --- | --- | --- |
| USER_ID | 客户 ID | IP | IP 地址 |
| MYID | 客户自编码 | DESCRIPTION | 备注 |
| NAME | 姓名 | QUESTION_ID | 问题代码 |
| ORGANIZE_ID | 组织代码 | ANSWER | 回复 |
| ORGANIZE_NAME | 组织名称 | ISONLINE | 是否在线 |
| DUTY_ID | 职位代码 | CREATED | 创建日期 |
| TITLE_ID | 职位等级代码 | LASTMOD | 修改日期 |
| PASSWORD | 密码 | CREATER | 创建人 |
| EMAIL | 电子邮箱 | MODIFYER | 修改人 |
| LANG | 语言 | TEL | 电话 |
| THEME | 样式 | QQ | 客户的 QQ |
| FIRST_VISIT | 第一次登录 | WEIXIN | 客户的微信号 |
| PREVIOUS_VISIT | 上一次登录 | SEX | 性别 |
| LAST_VISITS | 最后一次登录 | POO | 籍贯 |
| LOGIN_COUNT | 登录次数 | ADDRESS | 地址 |
| ISEMPLOYEE | 是否为职工 | AGE | 年龄 |
| STATUS | 状态 | TYPE | 客户状态 |

表 9-2　订单详情表特征说明

| 特征名称 | 特征说明 | 特征名称 | 特征说明 |
| --- | --- | --- | --- |
| info_id | 订单 ID | lock_time | 锁单时间 |
| emp_id | 客户 ID | cashier_id | 收银员 ID |
| number_consumers | 消费人数 | pc_id | 终端 ID |
| mode | 消费方式 | order_number | 订单号 |
| dining_table_id | 桌子 ID | org_id | 门店 ID |
| dining_table_name | 桌子名称 | print_doc_bill_num | 打印账单的编码 |
| expenditure | 消费金额 | lock_table_info | 桌子关闭信息 |
| dishes_count | 总菜品数 | order_status | 订单状态 |
| accounts_payable | 付费金额 | phone | 电话 |
| use_start_time | 开始时间 | name | 客户名，即客户的名字 |
| check_closed | 支付结束 | | |

## 9.1.2　认识餐饮企业客户流失预测

客户流失指客户出于某种原因转向其他企业产品或服务的现象。企业进行餐饮企业客户流失预测的根本目的是希望提高盈利，而提高盈利的方法有降低成本、增加宣传等。降低成本是最直接提高盈利的方式，增加宣传则可以带来更多的客户和使客户产生消费习惯。例如，在提及快餐和蒸饺时，部分客户的第一反映为隆江猪脚饭和沙县小吃，产生这种效果的部分原因就是它们的宣传效果相对较好。

面对日益激烈的市场竞争，大多数企业越来越重视客户保留工作，通过不断地投入来做好客户保留工作，最大可能地留住客户，如消费积分与积分兑换、满减活动、优惠套餐等。

在餐饮行业中，维护一个老客户的成本低于开发一个新用户的成本，并且老用户在复购的同时无意间对企业进行了宣传，带动了新客户的产生，也减少了宣传的成本。可见一旦老客户流失，将对企业带来不小的损失，因此减少客户流失尤为重要。预测有可能流失的客户，在客户流失前制定相应的策略，分析客户流失的原因，寻找提高客户留存率的方法，完善各项服务，从而实现挽留客户。

## 9.1.3　熟悉餐饮企业客户流失预测的步骤与流程

通过对某餐饮企业的数据进行分析，构建客户流失预测模型，对客户的流失进行预测，以便企业及时做出应对措施。餐饮企业客户流失预测流程如图 9-2 所示，主要包括以下步骤。

（1）读取本案例所需的客户信息表和订单详情表。

（2）探索客户信息表中年龄、性别与客户流失的关系。

（3）查看数据中的重复值情况，并对异常值、缺失值进行处理。

（4）构建总用餐次数、距观测窗口（即以 2016 年 7 月 31 日为结束时间，宽度为两年的时间段）结束时间的天数、人均销售额、总消费金额 4 个客户流失特征。

（5）将数据划分为训练集和测试集，并使用决策树和支持向量机构建客户流失预测模型，对客户流失进行预测。

（6）使用精确率、召回率、F1 值评价使用决策树和支持向量机构建的模型的效果。

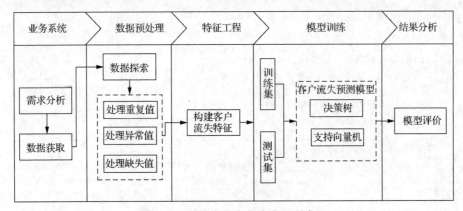

图 9-2　餐饮企业客户流失预测流程

## 任务 9.2  预处理餐饮企业数据

预处理餐饮企业
数据

### 任务描述

由于原始数据含有大量特征，因此需要初步探索数据，了解数据的基本情况，并构建客户流失特征。同时数据中可能存在的重复值、缺失值、异常值会对后续的建模产生不利的影响，因此建模前需对数据进行预处理。

### 任务分析

（1）在客户信息表中探索客户年龄和性别与客户流失的关系。

（2）查看客户信息表和订单详情表中的重复值。

（3）处理订单详情表中的异常值。

（4）处理客户信息表和订单详情表中的缺失值。

（5）构建客户流失特征。

### 9.2.1  数据探索

在客户信息表和订单详情表中都包含大量的特征，无法将全部特征用于数据建模，因此需对特征进行筛选。在对客户信息表的特征进行筛选前，选择客户的年龄、性别进行探索，了解它们与客户流失的关系。

针对客户的年龄提出猜测，随着客户年龄的升高，客户流失数量由大变小。例如，年龄为 20 岁的客户可能会喜欢尝试更多新事物，经常更换就餐餐馆，于是造成了客户流失，随着年龄升高，客户与餐馆之间形成较为稳固的关系，因此客户流失数量将会减小。

探索客户流失与年龄的关系，如代码 9-1 所示。

代码 9-1  探索客户流失与年龄的关系

```
In[1]:    import pandas as pd
          import matplotlib.pyplot as plt
          import seaborn as sns

          # 读取数据
          users = pd.read_csv('../data/user_loss.csv', encoding='gbk')
          info = pd.read_csv('../data/info_new.csv', encoding='utf-8')
          print('客户信息表的形状: ', users.shape)
          print('订单详情表的形状: ', info.shape)

Out[1]:   客户信息表的形状:  (2431, 36)
          订单详情表的形状:  (6611, 21)

In[2]:    # 将时间转为时间格式
          users['CREATED'] = pd.to_datetime(users['CREATED'])
          info['use_start_time'] = pd.to_datetime(info['use_start_time'])
          info['lock_time'] = pd.to_datetime(info['lock_time'])

          # 客户流失与年龄的关系
```

```
In[2]:   a = users.loc[users['TYPE'] == '已流失', ['AGE', 'TYPE']]['AGE'].
         value_counts().sort_index()
         b = users.loc[users['TYPE'] == '非流失', ['AGE', 'TYPE']]['AGE'].
         value_counts().sort_index()
         c = users.loc[users['TYPE'] == '准流失', ['AGE', 'TYPE']]['AGE'].
         value_counts().sort_index()

         df = pd.DataFrame({'已流失': a.values,
                            '非流失': b.values,
                            '准流失': c.values},
                            index=range(20, 61, 1))
         plt.rcParams['font.sans-serif']='SimHei'          #设置中文显示
         plt.rcParams['axes.unicode_minus']=False
         plt.figure(figsize=(8, 4))
         sns.lineplot(data=df)
         plt.xlabel('年龄（岁）')
         plt.ylabel('客户流失数量（人）')
         plt.title('客户流失数量与年龄的关系')
```

Out[2]:

由代码 9-1 可知，客户流失与年龄的关系如下。

（1）3 种流失状态（已流失、非流失、准流失）的客户数量变化趋势存在一定相似性，说明年龄对客户流失的影响不大。

（2）3 种流失状态（已流失、非流失、准流失）的客户数量在整体上基本呈现下降趋势。

对于性别不同的客户，较多的男性客户会挑选用餐方便、上菜快速、性价比较高的餐馆，而女性客户则可能会偏重于选择口味合适、环境较好的餐馆。因为一个餐饮企业的经营模式不会轻易发生改变，所以在吸引一种性别的客户时可能会导致另一种性别客户的流失。探索客户流失与性别的关系，如代码 9-2 所示。

**代码 9-2　探索客户流失与性别的关系**

```
In[3]:   count1=pd.DataFrame(users[users['SEX']=='男']['TYPE'].value_counts())
         count1.columns=['数量（人）']
         count2=pd.DataFrame(users[users['SEX']=='女']['TYPE'].value_counts())
         count2.columns=['数量（人）']
         index1 = count1.index
```

```
index2 = count2.index
fig,axes=plt.subplots(1, 2, figsize=(8, 4))
sns.barplot(x=index1, y=count1['数量（人）'], ax=axes[0])
axes[0].set_title('男性客户各流失状态数量')
sns.barplot(x=index2, y=count2['数量（人）'], ax=axes[1])
axes[1].set_title('女性客户各流失状态数量')
```

Out[3]:

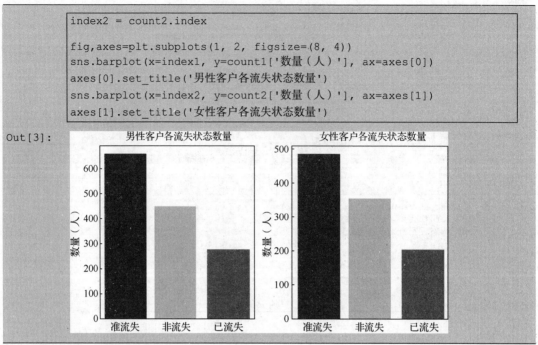

由代码 9-2 可知，客户流失与性别的关系如下。

（1）男性客户和女性客户各流失状态的数量比较相似，说明性别对客户流失的影响不大。

（2）男性客户的总数量比女性客户的总数量高，说明本案例分析的餐饮企业可能更受男性欢迎。

根据对客户信息表的探索可知，客户的年龄、性别不是影响客户流失的主要因素。

## 9.2.2　查看重复值

在预测分析中，如果数据存在一定的重复值，将会影响特征值的计算，导致模型的预测出错，因此在构建特征前需要去除数据的重复值。

订单详情表中客户名和开始时间的组合是唯一的，如果存在不唯一的值，那么该值将会被视为重复值。查看订单详情表的重复值数量，如代码 9-3 所示。

代码 9-3　查看客户信息表和订单详情表的重复值数量

In[4]:
```
print('订单详情表重复值数量: ',
    info.duplicated(subset=['name', 'use_start_time']).sum())
```

Out[4]:　订单详情表重复值数量：0

由代码 9-3 可知，在订单详情表中不存在重复值，因此不需要对数据进行去除重复值的处理。

## 9.2.3　处理异常值

因为构建客户流失特征时主要使用订单详情表的数据，所以本小节主要对订单详情表进行异常值处理。经观察发现，数据中存在一张桌子同时被不同用户使用的情况，这属于异常情况。因此，判定订单详情表的异常值的条件为：

两个订单的桌子 ID（dining_table_id）和开始时间（use_start_time）相同。

当异常值数据的数量远小于总数据的数量时，即可直接删除。处理订单详情表的异常值，如代码 9-4 所示。

代码 9-4　处理订单详情表的异常值

```
In[5]:    ind = info[info.duplicated(['dining_table_id', 'use_start_time'])].
          index
          print('同一时间同一张桌子被不同人使用的订单: \n',
                  info[(info['dining_table_id']   ==   info.iloc[ind[1],   :]
          ['dining_table_id']) &
                  (info['use_start_time']   ==   info.iloc[ind[1],   :]['use_
          start_time'])]
                  [['info_id', 'dining_table_id','use_start_time']])

Out[5]:   同一时间同一张桌子被不同人使用的订单:
                  info_id dining_table_id       use_start_time
          2052     3392            1484 2016-03-26 21:55:00
          2140     3480            1484 2016-03-26 21:55:00

In[6]:    info.drop(index=ind, inplace=True)
          info = info.reset_index(drop=True)
          print('异常值个数: ', len(ind))
          print('去除异常值后订单详情表形状: ', info.shape)

Out[6]:   异常值个数:  17
          去除异常值后订单详情表形状:  (6594, 21)
```

由代码 9-4 可知，数据中共有 17 个异常值，数量较少，可以直接去除。去除异常值后的订单详情表形状为 6594 行 21 列。

## 9.2.4　处理缺失值

在客户信息表中，存在大量全为缺失值的特征，可能是因为客户在填写资料时存在一定程度的遗漏。虽然订单详情表是由系统记录的，数据相对完整，但是同样存在一定数量的缺失值。

对于缺失值可以采取的方法有很多，如删除法、替换法、插值法等。虽然删除法是较为常用的处理缺失值的方法之一，但是当缺失值过多时，直接删除带有缺失值的行或列将会导致大量数据减少。因此，在进行缺失值处理前需要先检测缺失值的数量。

查看客户信息表和订单详情表的缺失值数量，如代码 9-5 所示。

代码 9-5　查看客户信息表和订单详情表的缺失值数量

```
In[7]:    print('客户信息表缺失值数量: ', info.isnull().sum().sum())
          print('订单详情表缺失值数量: ', users.isnull().sum().sum())

Out[7]:   客户信息表缺失值数量:  46158
          订单详情表缺失值数量:  50842
```

由代码 9-5 可知，在原始的客户信息表和订单详情表中存在大量的缺失值。由于存在全为缺失值的特征，所以如果直接对缺失值按行进行删除，将会造成大量信息的流失。因此需对两个表进行初步的整理。

提取客户信息表的 USER_ID、LAST_VISITS、TYPE 特征和订单详情表的 emp_id、number_consumers、expenditure 特征的数据。将提取的数据按 USER_ID（作为合并主键）进行合并，观察缺失值数量并对缺失值进行处理，如代码 9-6 所示

**代码 9-6　合并数据并处理缺失值**

| In[8]: | ```python
# 获取最后一次用餐时间
for i in range(len(users)):
    info1 = info.iloc[info[info['name'] == users.iloc[i, 2]].index.tolist(), :]
    if sum(info['name'] == users.iloc[i, 2]) != 0:
        users.iloc[i, 14] = max(info1['use_start_time'])
# 获取订单状态为 1 的订单
info = info.loc[info['order_status'] == 1, ['emp_id', 'number_consumers', 'expenditure']]
info = info.rename(columns={'emp_id': 'USER_ID'})  # 修改列名
user = users[['USER_ID', 'LAST_VISITS', 'TYPE']]

# 合并两个表
info_user = pd.merge(user, info, left_on='USER_ID', right_on='USER_ID', how='left')
print('合并表缺失值个数：\n', info_user.isnull().sum())
info_user.dropna(inplace=True)  # 处理缺失值

info_user.to_csv('../tmp/info_user.csv', index=False, encoding='utf-8')
``` |
|---|---|
| Out[8]: | 合并表缺失值个数：<br>USER_ID            0<br>LAST_VISITS      155<br>TYPE               0<br>number_consumers   7<br>expenditure        7<br>dtype:int64 |
| In[9]: | ```python
print('处理缺失值后数据形状：\n', info_user.shape)
``` |
| Out[9]: | 处理缺失值后数据形状：<br>　(6443, 5) |

由代码 9-6 可知，将客户信息表和订单详情表合并后查看数据中的缺失值，发现合并表的缺失值数量相对较少，只在最后一次登录（LAST_VISITS）、消费人数（number_consumers）、消费金额（expenditure）中存在一定数量的缺失值，于是使用删除法对所有存在缺失值的记录进行了处理。

## 9.2.5　构建客户流失特征

在餐饮企业中，客户流失主要体现在以下 4 个方面。

（1）用餐次数越来越少。

（2）长时间未到店进行消费。

（3）人均消费处于较低水平。

（4）总消费金额越来越少。

基于这 4 个方面，本案例将构造如下 4 个关于客户流失的特征。

（1）总用餐次数（frequence）。观测时间内每个客户的总用餐次数。

（2）距观测窗口结束时间的天数（recently）。客户最近一次用餐的时间距离观测窗口结束时间的天数。

（3）人均销售额（average）。客户在观测时间内的总消费金额除以用餐总人数。

（4）总消费金额（amount）。客户在观测时间内消费金额的总和。

基于缺失值处理后的数据，使用分组聚合的方法构建客户流失特征，如代码 9-7 所示。

**代码 9-7　构建客户流失特征**

| In[10]: | ```
# 提取数据
info_user = pd.read_csv('../tmp/info_user.csv', encoding= 'utf-8')
# 统计每个人的用餐次数
info_user1 = info_user['USER_ID'].value_counts()
info_user1 = info_user1.reset_index()
info_user1.columns = ['USER_ID', 'frequence']  # 修改列名

# 求出每个客户的总消费金额
# 分组求和
info_user2 = info_user[['number_consumers',
                        'expenditure']].groupby(info_user
['USER_ID']).sum()
info_user2 = info_user2.reset_index()
info_user2.columns = ['USER_ID', 'numbers', 'amount']
# 合并客户的用餐次数和消费总金额
data_new = pd.merge(info_user1, info_user2,
                    left_on='USER_ID',   right_on='USER_ID',
how= 'left')

# 提取数据
info_user = info_user.iloc[:, :4]
info_user = info_user.groupby(['USER_ID']).last()
info_user = info_user.reset_index()
# 合并数据
info_user_new = pd.merge(data_new, info_user,
                    left_on='USER_ID',   right_on='USER_ID',
how='left')
print(info_user_new.head())
``` |
| --- | --- |
| Out[10]: | ```
  USER_ID frequence numbers amount LAST_VISITS     TYPE     number_consumers
0    2361      41      237.0  34784.0 2016-07-30 13:29:00  非流失    7.0
1    3478      37      231.0  33570.0 2016-07-27 11:14:00  非流失    5.0
2    3430      34      224.0  31903.0 2016-07-26 13:38:00  非流失    5.0
3    3762      33      208.0  30394.0 2016-07-27 13:41:00  非流失   10.0
4    2797      33      198.0  30849.0 2016-07-23 13:28:00  非流失    2.0
``` |
| In[11]: | ```
# 求人均销售额，并保留 2 位小数
info_user_new['average'] = info_user_new['amount'] / info_user_
new['numbers']
info_user_new['average'] = info_user_new['average'].apply(lambda
x: '%.2f' % x)

# 计算每个客户最近一次点餐的时间距离观测窗口结束时间的天数
# 修改时间列，改为日期
info_user_new['LAST_VISITS'] = pd.to_datetime(info_user_new
``` |
```

```
['LAST_VISITS'])
datefinally = pd.to_datetime('2016-7-31')  # 观测窗口结束时间
time = datefinally - info_user_new['LAST_VISITS']
info_user_new['recently'] = time.apply(lambda x: x.days)  # 计算时
间差
# 特征选取
info_user_new = info_user_new.loc[:, ['USER_ID', 'frequence',
                              'amount', 'average', 'recently',
'TYPE']]
info_user_new.to_csv('../tmp/info_user_clear.csv',  index=False,
encoding='gbk')
print(info_user_new.head())
```

```
Out[11]:       USER_ID   frequence    amount average  recently TYPE
          0     2361          41     34784.0 146.77        0  非流失
          1     3478          37     33570.0 145.32        3  非流失
          2     3430          34     31903.0 142.42        4  非流失
          3     3762          33     30394.0 146.12        3  非流失
          4     2797          33     30849.0 155.80        7  非流失
```

由代码 9-7 可知，构建客户流失特征的数据包含 6 个特征。第 1 个特征为客户的 ID，将不参与建模。第 2～5 个特征为建模用到的特征数据，第 6 个特征为客户流失标签。

 使用决策树算法和支持向量机算法进行餐饮企业客户流失预测

### 任务描述

使用决策树算法和支持向量机算法进行餐饮企业客户流失预测

客户流失是指客户因某种原因转向其他企业产品或服务。在激烈的市场竞争环境中，客户拥有更多的选择空间和消费渠道，因此客户容易流失。通过客户流失特征，构建决策树和支持向量机模型，对客户的流失情况进行预测，以便于为企业制定策略提供一定的参考。

### 任务分析

（1）了解决策树和支持向量机的原理、适用场景、优缺点。
（2）构建与训练决策树和支持向量机模型，并评价模型的预测效果。

#### 9.3.1 了解决策树算法

使用决策树算法不仅可以预测出客户的流失状态，而且可以发现客户流失的规律。

#### 1. 基本原理

决策树基本结构如图 9-3 所示。决策树是一个树状结构，包含一个根节点、若干内部节点和若干叶节点。根节点包含样本全集，叶节点对应决策结果，内部节点对应特征或属性测试。从根节点到每个叶节点的路径对应了一个判定测试序列，决策树的学习目的是为了产生一颗泛化能力强（处理未知样本能力强）的决策树。决策树基本流程遵循简单而直观的分而治之策略，决策树的生成是一个递归过程。

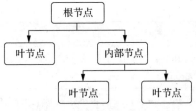

图 9-3　决策树基本结构

构造决策树的核心问题在于如何选择适当的特征对样本做拆分，主要算法有 CART、ID3、C4.5。CART 使用基尼指数作为选择特征的准则；ID3 使用信息增益作为选择特征的准则；C4.5 使用信息增益比作为选择特征的准则。决策树的剪枝用于防止树的过拟合，增强其泛化能力，包括预剪枝和后剪枝。

### 2．适用场景

在某种程度上很多分类算法的能力都超过了决策树算法，但是其可以轻松地可视化分类规则的能力让决策树无可替代，可视化分类规则在各个行业上都有相对广泛的用途。决策树常被用于分析对某种响应影响最大的因素，如判断具有什么特征的客户的流失概率更高。

### 3．优缺点

决策树的优点表现在结果易于理解和解释，能做可视化分析，容易提取出规则。决策树可同时处理类别型和数值型数据，并且决策树能很好地扩展到大型数据库中，模型大小独立于数据库大小。

决策树的缺点表现在特征太多而样本较少的情况下容易出现过拟合，其次，忽略数据集中特征的关联。在选择 ID3 算法计算信息增益时结果会偏向数值比较多的特征。

### 4．DecisionTreeClassifier 类的主要参数介绍

sklearn 库的 tree 模块提供了 DecisionTreeClassifier 类用于构建决策树分类模型，DecisionTreeClassifier 类的基本使用格式如下。

```
class    sklearn.tree.DecisionTreeClassifier(criterion='gini',    splitter='best',
max_depth=None,    min_samples_split=2,    min_samples_leaf=1,    min_weight_
fraction_leaf=0.0,  max_features=None,  random_state=None,  max_leaf_nodes=None,
min_impurity_decrease=0.0,  min_impurity_split=None,  class_weight=None,  ccp_
alpha=0.0)
```

DecisionTreeClassifier 类的常用参数及其说明如表 9-3 所示。

表 9-3　DecisionTreeClassifier 类的常用参数及其说明

| 参数名称 | 参数说明 |
| --- | --- |
| criterion | 接收 "gini" "entropy"。表示节点（特征）选择的准则。默认为 gini |
| splitter | 接收 "best" "random"。表示特征划分点选择标准。默认为 best |
| max_depth | 接收 int。表示决策树的最大深度。默认为 None |
| min_samples_split | 接收 int、float。表示子数据集再切分需要的最小样本量。默认为 2 |
| min_samples_leaf | 接收 int、float。表示叶节点所需的最小样本数。默认为 1 |

| 参数名称 | 参数说明 |
| --- | --- |
| min_weight_fraction_leaf | 接收 float。表示在叶节点处的所有输入样本权重总和的最小加权分数。默认为 0.0 |
| max_features | 接收 int、float、str。表示按特征切分时考虑的最大特征数量。默认 None |
| random_state | 接收 int、RandomState 实例。表示用于初始化聚类中心的生成器，若值为整数，则确定一个种子。默认为 None |
| max_leaf_nodes | 接收 int。表示最大叶节点数。默认为 None |
| min_impurity_decrease | 接收 float。表示切分点不纯度最小减少程度。默认为 0.0 |
| min_impurity_split | 接收 float。表示切分点最小不纯度。默认为 None |
| class_weight | 接收 dict、dict 型 list、"balanced"。表示分类模型中各种类别的权重。默认为 None |
| ccp_alpha | 接收 float。表示用于最小成本复杂度修剪的复杂度参数。默认为 0.0 |

### 9.3.2 了解支持向量机算法

使用决策树算法虽然可以发现客户流失规律，但是它在分类能力上略显不足。本章将使用被广泛运用的支持向量机算法进行预测并与决策树算法预测结果比较。

#### 1. 基本原理

支持向量机是定义在特征空间中间隔最大的线性分类器；支持向量机还包括核函数，这也使得支持向量机成为实质上的非线性分类器。支持向量机的学习策略是间隔最大化，可将最大化形式化为一个求解凸二次规划的问题，也等价于正则化的合页损失函数的最小化问题。支持向量机的学习算法是求解凸二次规划的较好方法。

#### 2. 适用场景

支持向量机算法是有监督的数据挖掘算法，是一种二分类算法，经过改造后也可以用于多分类。支持向量机在非线性分类方面有明显优势，通常用于二元分类问题，而对于多元分类问题，通常将其分解为多个二元分类问题，再进行分类。

在机器学习领域，支持向量机算法可以用于模式识别、分类、异常值检测和回归分析，SVR 为支持向量机算法在回归方面的运用。支持向量机算法还可以运用于字符识别、面部识别、行人检测、文本分类等领域。

#### 3. 优缺点

支持向量机能对非线性决策边界进行建模，它有许多可选的核函数。在面对过拟合时，支持向量机有着很强的鲁棒性，尤其在高维空间中。支持向量机的最终决策函数只由少数的支持向量确定，计算的复杂性取决于支持向量的数目，而不是样本空间的维数，在某种意义上避免了维数灾难。

不过，支持向量机是内存密集型算法，选择正确的核函数需要技巧。支持向量机借助二次规划来求解支持向量，而求解二次规划涉及 $m$ 阶矩阵的计算（$m$ 为样本的个数），当 $m$

很大时，对矩阵的存储和计算将耗费大量的机器内存和运算时间，支持向量机不太适用于较大的数据集。

### 4. LinearSVC 类的主要参数介绍

sklearn 库的 LinearSVC 类实现了支持向量机算法，LinearSVC 类的基本使用格式如下。

```
class sklearn.svm.LinearSVC(penalty='l2', loss='squared_hinge', *, dual=True,
tol=0.0001, C=1.0, multi_class='ovr', fit_intercept=True, intercept_scaling=1.0,
class_weight=None, verbose=0, random_state=None, max_iter=1000)
```

LinearSVC 类的常用参数及其说明如表 9-4 所示。

表 9-4　LinearSVC 类的常用参数及其说明

| 参数名称 | 参数说明 |
| --- | --- |
| penalty | 接收 "l1" "l2"。表示惩罚中使用的规范。默认为 l2 |
| loss | 接收 "hinge" "squared_hinge"。表示损失函数。默认为 squared_hinge |
| dual | 接收 bool。表示是否选择算法以解决双优化或原始优化问题。默认为 True |
| tol | 接收 float。表示迭代停止的容忍度，即精度要求。默认为 0.0001 |
| C | 接收 float。表示惩罚系数。默认为 1.0 |
| multi_class | 接收 "ovr" "crammer_singer"。表示类别包含两个以上类时确定的多类策略。默认为 ovr |
| fit_intercept | 接收 bool。表示是否计算此模型的截距。默认为 True |
| intercept_scaling | 接收 float。表示在实例向量 $X$ 上附加的常数位，默认为 1.0 |
| class_weight | 接收 dict、"balanced"。表示分类模型中各种类别的权重。默认为 None |
| verbose | 接收 int。表示多少次迭代时输出评估信息。默认为 0 |
| random_state | 接收 int、RandomState 实例。表示用于初始化聚类中心的生成器，若值为一个整数，则确定一个种子。默认为 None |
| max_iter | 接收 int。表示最大迭代次数。默认为 1000 |

## 9.3.3　预测餐饮企业客户流失

为了对比决策树模型和支持向量机模型的分类能力，需保证用于训练和测试的数据一致，并且使用相同的模型评价方式。

基于构建特征得到的数据，删除已流失的客户的数据，将非流失和准流失的数据按 4:1 的比例划分为训练集和测试集，使用 sklearn 库构建决策树模型并对其进行训练，同时自定义评价函数，使用评价函数计算模型的混淆矩阵、精确率、召回率、F1 值，对训练完毕的模型进行评价并预测客户流失。

评价决策树模型与预测客户流失，如代码 9-8 所示。

代码 9-8　评价决策树模型与预测客户流失

```
In[1]:      import pandas as pd
            from sklearn.metrics import confusion_matrix
```

```
# 自定义评价函数
def test_pre(pred):
    # 混淆矩阵
    hx = confusion_matrix(y_te, pred, labels=['非流失', '准流失'])
    print('混淆矩阵: \n', hx)
    # 精确率
    P = hx[1, 1] / (hx[0, 1] + hx[1, 1])
    print('精确率: ', round(P, 3))
    # 召回率
    R = hx[1, 1] / (hx[1, 0] + hx[1, 1])
    print('召回率: ', round(R, 3))
    # F1 值
    F1 = 2 * P * R / (P + R)
    print('F1值: ', round(F1, 3))

# 读取数据
info_user = pd.read_csv('../tmp/info_user_clear.csv', encoding=
'gbk')
# 删除已流失客户
info_user = info_user[info_user['TYPE'] != '已流失']
model_data = info_user.iloc[:, [1, 2, 3, 4, 5]]
# 划分测试集、训练集
from sklearn.model_selection import train_test_split
x_tr, x_te, y_tr, y_te = train_test_split(model_data.iloc[:, :-1],
                                          model_data['TYPE'],
                                          test_size=0.2, random_
                                          state=12345)
# 构建模型
from sklearn.tree import DecisionTreeClassifier as DTC
dtc = DTC(random_state=12345)
dtc.fit(x_tr, y_tr)  # 训练模型
pre = dtc.predict(x_te)
# 评价模型
test_pre(pre)
```

Out[1]:　混淆矩阵:
　　　[[147  20]
　　　 [  6 209]]
　　　精确率: 0.913
　　　召回率: 0.972
　　　F1 值: 0.941

In[2]:
```
print('真实值: \n', y_te[:10].to_list())
print('预测结果: \n', pre[:10])
```

Out[2]:　真实值:
　　　['准流失', '非流失', '准流失', '非流失', '非流失', '准流失', '非流失', '
　　　准流失', '准流失', '准流失']
　　　预测结果:
　　　['准流失' '非流失' '非流失' '准流失' '准流失' '准流失' '准流失' '准流失' '
　　　准流失' '准流失']

由代码 9-8 可知，从预测结果的混淆矩阵可以看出决策树模型的精确率、召回率、F1值的值都很高，并处于相对平均的水平，说明此决策树模型的预测效果很好，而且该模型对非流失和准流失的分类能力相对均衡。

使用决策树模型预测出测试集客户的流失状态，由于预测结果过长，代码仅展示前 10个预测结果。

使用 sklearn 库构建支持向量机模型并进行训练。对模型效果进行评价，然后预测客户流失，如代码 9-9 所示。

**代码 9-9 评价支持向量机模型与预测客户流失**

```
In[3]:     from sklearn.svm import LinearSVC
           svc = LinearSVC(random_state=123)
           svc.fit(x_tr, y_tr)
           pre = svc.predict(x_te)
           test_pre(pre)

Out[3]:    混淆矩阵:
           [[157  10]
            [ 20 195]]
           精确率: 0.951
           召回率: 0.907
           F1 值: 0.929

In[4]:     print('真实值: \n', y_te[:10].to_list())
           print('预测结果: \n', pre[:10])

Out[4]:    真实值:
           ['准流失', '非流失', '准流失', '非流失', '非流失', '准流失', '非流失', '准流失', '准流失', '准流失']
           预测结果:
           ['准流失' '非流失' '准流失' '非流失' '非流失' '非流失' '非流失' '准流失' '准流失' '准流失']
```

由代码 9-9 可知，支持向量机模型的精确率、召回率、F1 值的值都很高，并处于相对平均的水平。

根据餐饮企业对客户流失预测的需求，将准流失客户预测出来会比较重要，因为对于未流失客户只需保持现状，而对于准流失客户则要求企业及时做出应对策略，所以可以认为决策树模型是较为适用于客户的流失预测的。

## 小结

本章主要介绍了使用决策树算法和支持向量机算法预测餐饮企业客户流失。首先探索年龄、性别与客户流失的关系，然后对数据进行预处理，构建客户流失特征。此外，使用决策树和支持向量机模型进行预测，对比分析两种模型在非流失客户和准流失客户上的分类能力。

# 实训

## 实训 1　预处理尺码信息数据

### 1. 训练要点

（1）掌握异常值处理的方法。

（2）掌握缺失值处理的方法。

### 2. 需求说明

某淘宝成年女装店铺为了能够给客户推荐合适的成年女装尺寸，构建了相应的尺寸预测模型。目前店铺利用已购买服装客户的数据集（size_data.csv）进行模型的训练，其中部分尺寸信息数据如表 9-5 所示。

表 9-5　部分尺寸信息数据

| 体重（kg） | 年龄（岁） | 身高（cm） | 尺寸 |
|---|---|---|---|
| 70 | 28 | 172.72 | XL |
| 65 | 36 | 167.64 | L |
| 61 | 34 | 165.1 | M |
| 71 | 27 | 175.26 | L |
| 62 | 45 | 160.02 | M |

由于存在少部分顾客未填写或随意填写年龄、身高等信息，导致尺寸信息数据中出现了部分异常值和缺失值，因此需对数据集中的异常值和缺失值进行处理。数据中的异常值可根据女子标准体重对照表（见附件 womens standard body weight.xlsx），将体重低于 30kg 的数据视为异常值，并对异常值进行处理。

### 3. 实现思路及步骤

（1）利用 read_csv 函数读取 size_data.csv。

（2）查看数据集大小。

（3）利用 dropna()方法删除缺失值。

（4）删除年龄、体重异常值（年龄小于 18 岁，体重低于 30kg）。

（5）查看数据异常值和缺失值是否删除成功。

## 实训 2　构建支持向量机分类模型预测客户服装尺寸

### 1. 训练要点

（1）掌握特征构建的方法。

（2）掌握支持向量机算法的应用。

（3）掌握对分类算法结果的分析方法。

### 2. 需求说明

为改善模型预测效果，根据原有特征构建新特征。使用实训 1 中预处理后的数据，计算 BMI 值并构建 BMI_range 特征。BMI 计算公式如式（9-1）所示。

$$BMI = \frac{体重（kg）}{身高^2（m^2）} \tag{9-1}$$

BMI_range 特征的构建规则如下。

（1）当 BMI<18.5 时，BMI_range 值为 0。

（2）当 18.5≤BMI<24 时，BMI_range 值为 1。

（3）当 24≤BMI<28 时，BMI_range 值为 2。

（4）当 BMI≥28 时，BMI_range 值为 3。

为了提高客户满意度，需要基于客户基本信息为客户推荐合适的服装尺寸。因此需要使用处理后的数据构建支持向量机分类模型，预测客户服装尺寸。

**3．实现思路及步骤**

（1）构建 BMI_range 特征。

（2）构建支持向量机分类模型预测服装尺寸。

（3）评估支持向量机分类模型效果。

## 课后习题

### 操作题

某回收二手手机的公司为了在公司的交易软件中显示预测的二手手机价格，使用用户在交易软件上的交易数据（phone.csv），预测回收二手手机的价格。交易数据的特征说明如表 9-6 所示。

表 9-6　交易数据的特征说明

| 特征 | 说明 | 示例 |
| --- | --- | --- |
| id | 用户编码 | 1 |
| battery_power | 电池容量（单位：mA） | 1520 |
| blue_tooth | 蓝牙是否正常。其中 0 表示否，1 表示是 | 0 |
| clock_speed | 开机时间（单位：min） | 0.5 |
| dual_sim | 是否双卡双待。其中 0 表示否，1 表示是 | 0 |
| fc | 前置摄像头像素（单位：px） | 14 |
| four_g | 是否支持 4G。其中 0 表示否，1 表示是 | 1 |
| int_memory | 内存剩余大小（单位：GB） | 5 |
| m_dep | 手机厚度（单位：cm） | 0.5 |
| mobile_wt | 手机重量（单位：g） | 192 |
| n_cores | 处理器内核数 | 4 |
| pc | 主摄像头像素（单位：px） | 16 |
| px_height | 像素分辨率高度（单位：px） | 1270 |
| px_width | 像素分辨率宽度（单位：px） | 1366 |
| ram | 运行内存（单位：MB） | 3506 |

续表

| 特征 | 说明 | 示例 |
|---|---|---|
| sc_h | 手机屏幕高度（单位：cm） | 12 |
| sc_w | 手机屏幕宽度（单位：cm） | 7 |
| talk_time | 充满电耗时（单位：h） | 2 |
| three_g | 是否支持 3G。其中 0 表示否，1 表示是 | 0 |
| touch_screen | 触摸屏是否正常。其中 0 表示否，1 表示是 | 1 |
| wifi | Wi-Fi 连接是否正常。其中 0 表示否，1 表示是 | 1 |
| price_range | 手机价格等级，其中 0 表示低，1 表示中，2 表示较高，3 表示高 | 0 |

现需利用交易数据建立分类模型对二手手机价格进行预测，步骤如下。

（1）删除有异常值的行（手机厚度小于等于 0cm）。

（2）建立随机森林分类模型对数据进行训练。

（3）计算模型准确率，评价分类模型效果。

# 第❿章 基于 TipDM 大数据挖掘建模平台实现客户流失预测

在第 9 章中介绍了客户流失预测分析，本章将介绍使用 TipDM 大数据挖掘建模平台实现客户流失预测。相较于传统 Python 解释器，TipDM 大数据挖掘建模平台具有流程化、去编程化等特点，满足不了解编程的用户需要使用数据分析技术的需求。

## 学习目标

（1）了解 TipDM 大数据挖掘建模平台的相关概念和特点。

（2）熟悉使用 TipDM 大数据挖掘建模平台配置客户流失预测任务的总体流程。

（3）掌握使用 TipDM 大数据挖掘建模平台获取数据的方法。

（4）掌握使用 TipDM 大数据挖掘建模平台进行数据探索、查看重复值、处理异常值、处理缺失值、构建特征等操作。

（5）掌握使用 TipDM 大数据挖掘建模平台构建决策树和支持向量机模型的操作。

## 思维导图

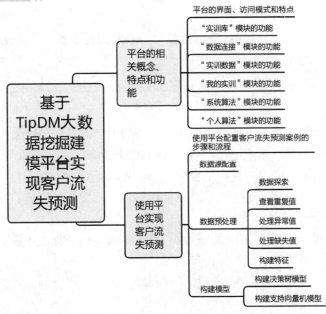

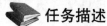 了解平台的相关概念、特点和功能

了解平台的相关概念、特点和功能

### 任务描述

TipDM 大数据挖掘建模平台是由广东泰迪智能科技股份有限公司自主研发的面向大数据挖掘项目的工具。通过了解该平台的相关概念、特点和功能有助于读者快速掌握数据挖掘的方法。

### 任务分析

（1）了解 TipDM 大数据挖掘建模平台的界面、访问方式和特点。

（2）了解 TipDM 大数据挖掘建模平台"实训库""数据连接""实训数据""我的实训""系统算法"和"个人算法"6 个模块的具体功能。

### 10.1.1 了解平台的界面、访问方式和特点

平台使用 Java 语言开发，采用浏览器/服务器（Browser/Server，B/S）结构。用户不需要下载客户端，通过浏览器即可对平台进行访问。平台提供了基于 Python、R 和 Hadoop/Spark 分布式引擎的大数据分析功能。平台支持工作流，用户可在没有 Python、R、Scala 等编程语言基础的情况下，通过拖曳的方式进行操作，以流程化的方式对数据的输入输出、统计分析、数据预处理、分析与建模等环节进行连接，从而达成大数据分析的目的。平台界面如图 10-1 所示。

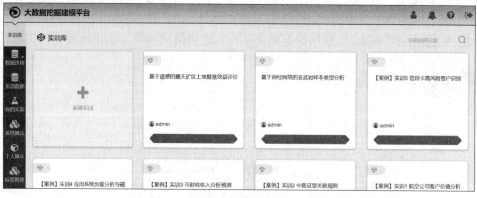

图 10-1　平台界面

用户可通过访问平台查看具体的界面情况，访问平台的具体步骤如下。

（1）微信搜索公众号"泰迪学社"或"TipDataMining"，关注公众号。

（2）关注公众号后，回复"建模平台"，获取平台访问方式。

本章将以客户流失预测案例为例，介绍使用平台实现案例的流程。在介绍之前，需要引入平台的以下几个概念。

（1）算法：对建模过程涉及的输入输出、数据探索及预处理、建模、模型评估等分别进行封装，将每一个封装好的模块称为算法。

（2）实训：为实现某一数据分析目标，对各算法通过流程化的方式进行连接，整个数据分析流程称为一个实训。

（3）模板：用户可以将配置好的实训，通过模板的方式，分享给其他用户，其他用户可以使用该模板创建一个无需配置算法便可运行的实训。

TipDM 大数据挖掘建模平台主要有以下几个特点。

（1）平台算法基于 Python、R 和 Hadoop/Spark 分布式引擎，用于数据分析。Python、R 和 Hadoop/Spark 是目前较为流行的用于数据分析的工具，高度契合行业需求。

（2）用户可在没有 Python、R 或 Hadoop/Spark 编程基础的情况下，使用直观的拖曳式图形界面构建数据分析流程，无须再自己编写代码。

（3）提供公开可用的数据分析示例实训，一键创建，快速运行。支持数据挖掘流程每个节点结果的在线预览。

（4）平台有多种算法包。Python 算法包可分为 10 大类：统计分析、预处理、脚本、分类、聚类、回归、时间序列、关联规则、文本分析、绘图。Spark 算法包可分为 6 大类：预处理、统计分析、分类、聚类、回归、协同过滤。R 语言算法包可分为 8 大类：统计分析、预处理、脚本、分类、聚类、回归、时间序列、关联规则。

## 10.1.2　了解"实训库"模块的功能

登录平台后，用户即可看到"实训库"模块提供的示例实训（模板），如图 10-2 所示。

图 10-2　示例实训

"实训库"模块主要用于标准大数据分析案例的快速创建和展示。通过"实训库"模块，用户可以创建一个无须导入数据及配置参数就能够快速运行的实训。同时，每一个模板的创建者都具有模板的所有权，能够对模板进行管理。用户可将自己搭建的数据分析实训生成为模板，显示在"实训库"模块，供其他用户使用。

## 10.1.3　了解"数据连接"模块的功能

"数据连接"模块支持从 DB2、SQL Server、MySQL、Oracle、PostgreSQL 等常用关系型数据库导入数据，如图 10-3 所示。

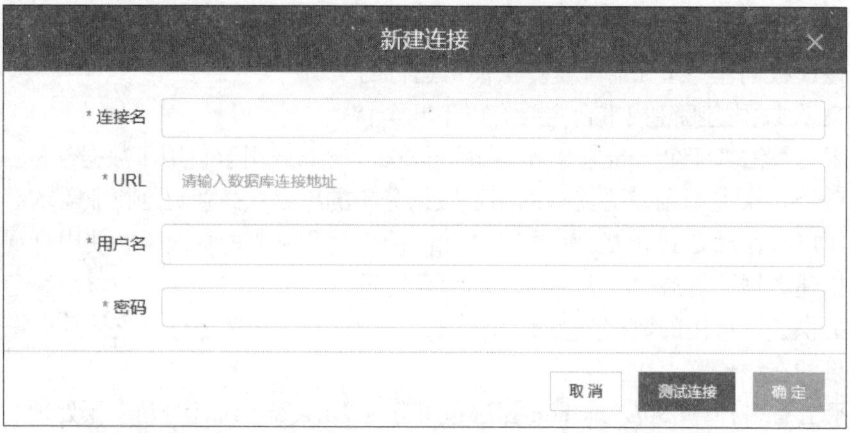

图 10-3　连接数据库

## 10.1.4　了解"实训数据"模块的功能

"实训数据"模块主要用于数据分析实训的数据导入与管理，支持从本地导入任意类型的数据，如图 10-4 所示。

图 10-4　导入数据

## 10.1.5　了解"我的实训"模块的功能

"我的实训"模块主要用于数据分析流程的创建与管理，如图 10-5 所示。通过"我的实训"模块，用户可以创建空白实训，进行数据分析实训的配置，将数据输入输出、数据预处理、建模、模型评估等环节通过流程化的方式进行连接，从而达到数据分析的目的。对于完成的优秀的实训，可将其保存为模板，供其他用户学习和借鉴。

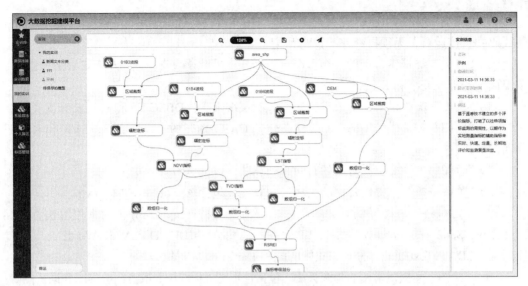

图 10-5　平台提供的示例实训

## 10.1.6　了解"系统算法"模块的功能

"系统算法"模块主要用于平台内置常用算法的管理，提供 Python、Spark、R 语言 3 种算法包，如图 10-6 所示。

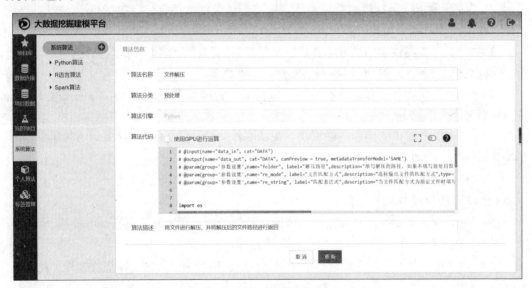

图 10-6　平台提供的系统算法

Python 算法包可分为 10 大类，具体如下。

（1）"统计分析"类提供对数据整体情况进行统计的常用算法，包括因子分析、全表统计、正态性检验、相关性分析、卡方检验、PCA 和频数统计等。

（2）"预处理"类提供对数据进行清洗的算法，包括数据标准化、缺失值处理、表堆叠、数据筛选、行列转置、修改列名、衍生变量、数据拆分、主键合并、新增序列、数据排序、记录去重和分组聚合等。

（3）"脚本"类提供 Python 代码编辑框。用户可以在代码编辑框中粘贴已经写好的程序代码并直接运行，无须再额外配置成算法。

（4）"分类"类提供常用的分类算法，包括朴素贝叶斯、支持向量机、CART 分类树、逻辑回归、神经网络和 K 最近邻等。

（5）"聚类"类提供常用的聚类算法，包括层次聚类、DBSCAN 和 K-Means 聚类。

（6）"回归"类提供常用的回归算法，包括 CART 回归树、线性回归、SVR 和 K 最近邻回归等。

（7）"时间序列"类提供常用的时间序列算法，包括 ARIMA 等。

（8）"关联分析"类提供常用的关联规则算法，包括 Apriori 和 FP-Growth 等。

（9）"文本分析"类提供对文本数据进行清洗、特征提取与分析的常用算法，包括 TextCNN、Seq2Seq、jieba 分词、HanLP 分词与词性、TF-IDF、Doc2Vec、Word2Vec、过滤停用词、LDA、TextRank、分句、正则匹配和 HanLP 实体提取等。

（10）"绘图"类提供常用的画图算法，包括柱形图、折线图、散点图、饼图和词云图等。

Spark 算法包可分为 6 大类，具体如下。

（1）"预处理"类提供对数据进行清洗的算法，包括数据去重、数据过滤、数据映射、数据反映射、数据拆分、数据排序、缺失值处理、数据标准化、衍生变量、表连接、表堆叠、哑变量处理和数据离散化等。

（2）"统计分析"类提供对数据整体情况进行统计的常用算法，包括行/列统计、全表统计、相关性分析和卡方检验等。

（3）"分类"类提供常用的分类算法，包括逻辑回归、决策树、梯度提升树、朴素贝叶斯、随机森林、线性支持向量机和多层感知神经网络等。

（4）"聚类"类提供常用的聚类算法，包括 K-Means 聚类、二分 K-Means 聚类和混合高斯模型等。

（5）"回归"类提供常用的回归算法，包括线性回归、广义线性回归、决策树回归、梯度提升树回归、随机森林回归和保序回归等。

（6）"协同过滤"类提供常用的智能推荐算法，包括 ALS 算法等。

R 语言算法包可分为 8 大类，具体如下。

（1）"统计分析"类提供对数据整体情况进行统计的常用算法，包括卡方检验、因子分析、PCA、相关性分析、正态性检验和全表统计等。

（2）"预处理"类提供对数据进行清洗的算法，包括缺失值处理、异常值处理、表连接、表堆叠、数据标准化、记录去重、数据离散化、排序、数据拆分、频数统计、新增序列、字符串拆分、字符串拼接、修改列名和衍生变量等。

（3）"脚本"类提供 R 语言代码编辑框。用户可以在代码编辑框中粘贴已经写好的程序代码并直接运行，无须再额外配置成算法。

（4）"分类"类提供常用的分类算法，包括朴素贝叶斯、CART 分类树、C4.5 分类树、BP 神经网络、KNN、支持向量机和逻辑回归等。

（5）"聚类"类提供常用的聚类算法，包括 K-Means 聚类、DBSCAN 和系统聚类等。

（6）"回归"类提供常用的回归算法，包括 CART 回归树、C4.5 回归树、线性回归、岭回归和 KNN 回归等。

（7）"时间序列"类提供常用的时间序列算法，包括 ARIMA、GM(1,1)和指数平滑等。

（8）"关联规则"类提供常用的关联规则算法，包括 Apriori 等。

## 10.1.7 了解"个人算法"模块的功能

"个人算法"模块主要用于满足用户的个性化需求。用户在使用过程中，可根据自己的需求定制算法，便于使用。目前平台支持通过 Python 和 R 语言进行个人算法的定制，如图 10-7 所示。

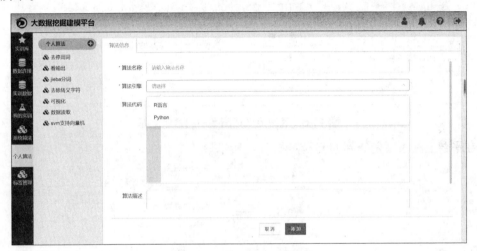

图 10-7　定制个人算法

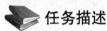 ## 任务 10.2　使用平台实现客户流失预测

使用平台实现客户流失预测

### 任务描述

以客户流失预测案例为例，在 TipDM 大数据挖掘建模平台上配置对应实训，展示流程的配置过程。流程的具体配置和参数可通过访问平台进行查看。

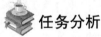 ### 任务分析

（1）掌握使用平台实现客户流失预测的步骤和流程。

（2）在平台上按照步骤使用系统算法和个人算法实现数据源配置、数据预处理、构建模型。

### 10.2.1　掌握使用平台配置客户流失预测案例的步骤和流程

在 TipDM 大数据挖掘建模平台上配置客户流失预测案例的总体流程如图 10-8 所示，主要包括以下 4 个步骤。

（1）数据源配置。在 TipDM 大数据挖掘建模平台配置客户信息表、订单详情表的输入源算法。

（2）数据预处理。探索相关数据后，对数据进行查看缺失值、处理异常值、处理缺失

值、构建特征等处理。

（3）模型构建与训练。训练决策树和支持向量机模型。

（4）模型评价。使用混淆矩阵对训练好的模型进行评价（注：平台已设定在构建与训练模型的同时进行模型评价操作）。

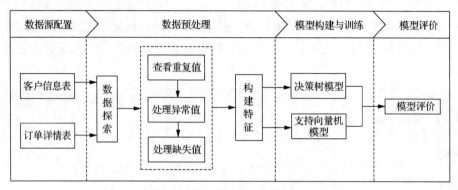

图 10-8　客户流失预测案例的总体流程

在平台上配置案例得到的流程如图 10-9 所示。

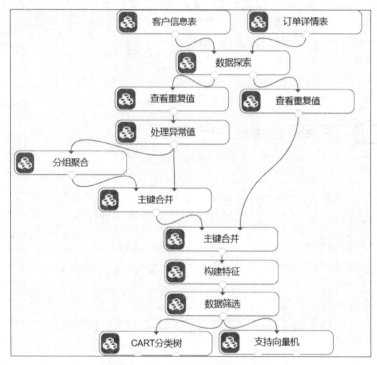

图 10-9　平台中的案例流程

## 10.2.2　数据源配置

本案例的数据为两份 CSV 文件，一份为客户信息表，一份为订单详情表。使用 TipDM 大数据挖掘建模平台导入数据，具体步骤如下。

（1）新增数据集。单击"实训数据"模块，在"我的数据集"中单击"新增数据集"，如图 10-10 所示。

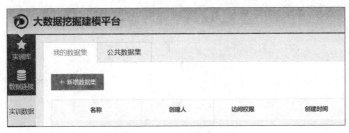

图 10-10　新增数据集

（2）设置新增数据集参数。随意选择一张封面图片，在"名称"中填入"餐饮企业"，在"有效期（天）"中选择"永久"，在"描述"中填入对数据集的简短描述，单击"点击上传"选择需要上传的文件。等待显示成功后，单击"确定"按钮，即可上传，如图 10-11 所示。

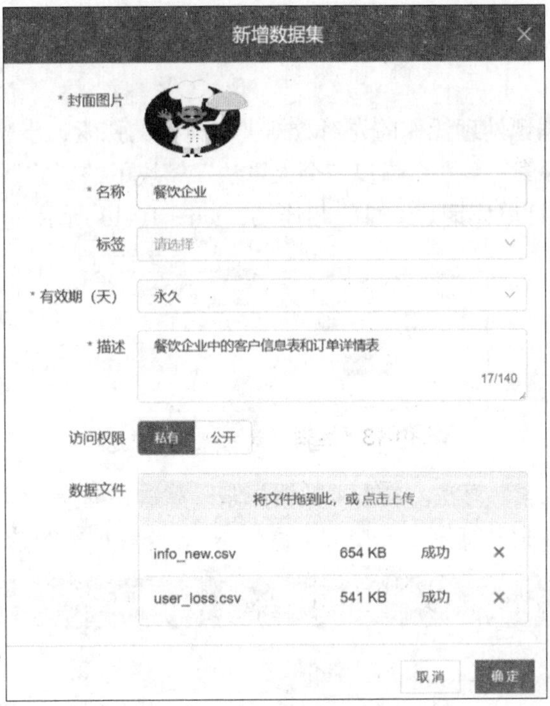

图 10-11　设置新增数据集参数

数据上传完成后，新建名为"客户流失预测"的空白实训，配置"输入源"算法，具体步骤如下。

（1）拖曳"输入源"算法。在"实训"栏下方的"算法"栏中，找到"系统算法"模块中"内置算法"下的"输入/输出"类。拖曳"输入/输出"类中的"输入源"算法至画布中。

（2）配置"输入源"算法。单击画布中的"输入源"算法，然后单击画布右侧"参数配置"栏中的"数据集"，输入"餐饮企业"，在弹出的下拉列表中选择"餐饮企业"，在"名称"列表中勾选"user_loss.csv"。右击画布中的"输入源"算法，选择"重命名"并输入"客户信息表"，单击"确定"按钮，配置完成，如图 10-12 所示。

图 10-12　配置"输入源"算法

使用相同的方式配置订单详情表的"输入源"算法。

### 10.2.3　数据预处理

本案例先对读取的数据进行探索，再对数据进行查看重复值、处理异常值、处理缺失值、构建特征等操作。

#### 1. 数据探索

在开始正式的数据预处理操作前先对数据进行初步的探索，步骤如下。

（1）连接"数据探索"算法。拖曳"个人算法"模块下的"数据探索"算法至画布中，并与"客户信息表""订单详情表"算法相连接，如图 10-13 所示。

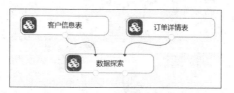

图 10-13　连接"数据探索"算法

（2）运行"数据探索"算法。右击"数据探索"算法，选择"运行该节点"。运行成功后，再次右击"数据探索"算法，选择"查看日志"。查看日志的结果如图 10-14 所示。

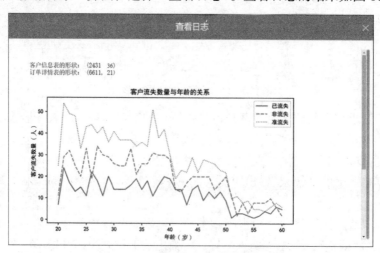

图 10-14　运行"数据探索"算法结果

注：结果未完整显示。

**2. 查看重复值**

由于重复记录会对模型的精度造成影响，因此需要对数据进行处理重复值操作，查看客户信息表重复值步骤如下。

（1）连接"记录去重"算法。拖曳"系统算法"模块下"预处理"类的"记录去重"算法至画布中，并与"数据探索"算法相连接。重命名"记录去重"算法为"查看重复值"。

（2）配置"查看重复值"算法。在"字段设置"栏中，选择"特征"的全部字段，选择"去重主键"的"use_start_time"（由于数据字段较多，且通过滚动条进行选择，所以该字段在图 10-15 中不显示）和"name"字段，如图 10-15 所示。

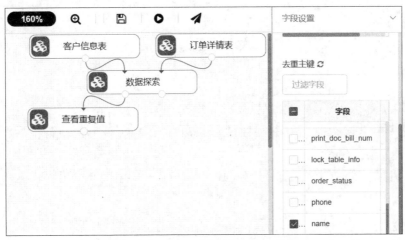

图 10-15　配置"查看重复值"算法

（3）运行"查看重复值"算法。右击"查看重复值"算法，选择"运行该节点"。运行成功后，再次右击"查看重复值"算法，选择"查看日志"。查看日志的结果如图 10-16 所示。

图 10-16　运行"查看重复值"算法结果

以相同的方式配置订单详情表的"查看重复值"算法，选择"去重主键"的字段为"USER_ID"。运行成功后，查看日志的结果如图 10-17 所示。

图 10-17　运行订单详情表的"查看重复值"算法结果

### 3．处理异常值

数据中往往存在一些不合常理的数据，这些数据需在建模之前进行去除，处理异常值的步骤如下。

（1）连接"记录去重"算法。拖曳"系统算法"模块下"预处理"类的"记录去重"算法至画布中，并与"查看重复值"算法相连接。重命名"记录去重"算法为"处理异常值"。

（2）配置"处理异常值"算法。在"字段设置"栏中，选择"特征"的全部字段，选择"去重主键"的"dining_table_id"和"use_start_time"字段，如图 10-18 所示。

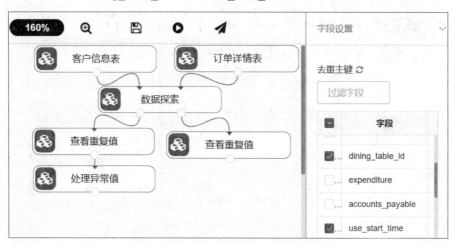

图 10-18　配置"处理异常值"算法

（3）运行"处理异常值"算法。右击"处理异常值"算法，选择"运行该节点"。运行成功后，再次右击"处理异常值"算法，选择"查看日志"。查看日志的结果如图 10-19 所示。

```
                                查看日志                                    ×
   3  2016-01-19 12:02:00  ...  2016-01-19 12:14:00      NaN     NaN
   4  2016-07-18 12:35:00  ...  2016-07-18 12:45:00      NaN     NaN

      order_number  org_id  print_doc_bill_num  lock_table_info  order_status  \
   0          NaN     330                 NaN              NaN             1
   1          NaN     330                 NaN              NaN             1
   2          NaN     330                 NaN              NaN             1
   3          NaN     330                 NaN              NaN             1
   4          NaN     330                 NaN              NaN             1

          phone    name
   0  18688882708   麻庶汐
   1  18688881026   濮明智
   2  18688882636   姜萌萌
   3  18688882791   封振翔
   4  18688882987   白子晨

   [5 rows x 21 columns]
   记录去重
   记录去重结果为:
   记录去重前数据维度为: (6611, 21)
   记录去重后数据维度为: (6594, 21)
   <report_utils.Report object at 0x7f808c36f5c0>
```

图 10-19　运行"处理异常值"算法结果

## 4．处理缺失值

由于建模数据不允许存在缺失值，因此需要对数据进行处理缺失值操作，步骤如下。

（1）连接"分组聚合"算法。拖曳"系统算法"模块下"预处理"类的"分组聚合"算法至画布中，并与"处理异常值"算法相连接。

（2）配置"分组聚合"算法。在"字段设置"栏中，选择"特征"的"emp_id"和"use_start_time"字段，选择"分组主键"的"emp_id"字段，如图 10-20 所示。

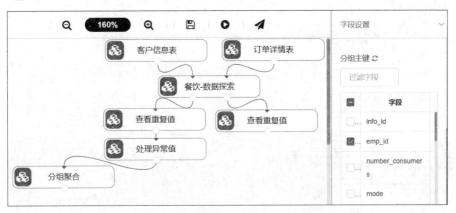

图 10-20　配置"分组聚合"算法

（3）运行"分组聚合"算法。右击"分组聚合"算法，选择"运行该节点"。

（4）连接"主键合并"算法。拖曳"系统算法"模块下"预处理"类的"主键合并"算法至画布中，并分别与"分组聚合""处理异常值"算法相连接。

（5）配置"主键合并"算法。在"字段设置"栏中选择"左表特征"的全部字段，以及"右表特征"的"info_id""emp_id""number_consumers""expenditure"字段。在"参数配置"栏中，选择"连接方式"为"左连接"，选择"left_on"的"emp_id"字段，以及"right_on"的"emp_id"字段，如图 10-21 所示。

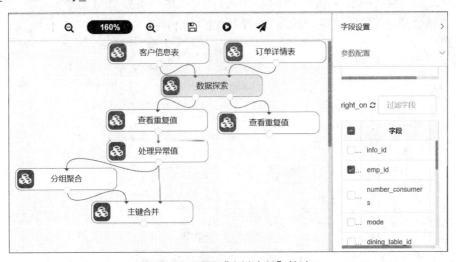

图 10-21　配置"主键合并"算法 1

（6）运行"主键合并"算法。右击"主键合并"算法，选择"运行该节点"。

（7）连接"主键合并"算法。拖曳"系统算法"模块下"预处理"类的"主键合并"算法至画布中，并分别与另一个"主键合并"算法和"查看重复值"算法相连接。

（8）配置"主键合并"算法。在"字段设置"栏中选择"左表特征"的全部字段，以及"右表特征"的"USER_ID""ACCOUNT""type"字段。在"参数配置"栏中，选择"连接方式"为"左连接"，选择"left_on"的"emp_id"字段，以及"right_on"的"USER_ID"字段，如图 10-22 所示。

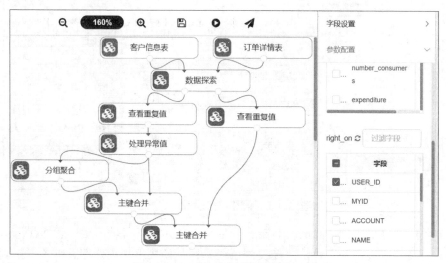

图 10-22　配置"主键合并"算法 2

（9）运行"主键合并"算法。右击"主键合并"算法，选择"运行该节点"。

### 5. 构建特征

构建客户流失特征，具体步骤如下。

（1）连接"构建特征"算法。拖曳"个人算法"模块下的"构建特征"算法至画布中，并与"主键合并"算法相连接，如图 10-23 所示。

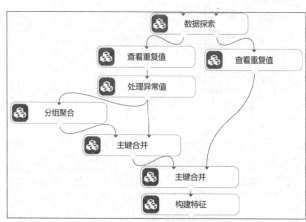

图 10-23　连接"构建特征"算法

（2）运行"构建特征"算法。右击"构建特征"算法，选择"运行该节点"。

### 10.2.4　构建模型

按照 8∶2 的比例将构建特征得到的数据划分为训练集和测试集。采用自定义的决策树模型和支持向量机模型对客户流失进行预测，并对模型效果进行分析。

#### 1. 构建决策树模型

去除客户状态为已流失的数据，具体步骤如下。

（1）连接"数据筛选"算法。拖曳"系统算法"模块下"预处理"类的"数据筛选"算法至画布中，并与"构建特征"算法相连接。

（2）配置"数据筛选"算法。在"字段设置"栏中，选择"特征"的全部字段。在"过滤条件 1"栏中，选择"过滤的列"为"type"字段，选择"表达式"为"不等于"，在"过滤条件的比较值"中填入"已流失"，如图 10-24 所示。

图 10-24　配置"数据筛选"算法

（3）运行"数据筛选"算法。右击"数据筛选"算法，选择"运行该节点"

构建并训练决策树模型，查看模型的分类结果，具体步骤如下。

（1）连接"CART 分类树"算法。拖曳"系统算法"模块下"分类"类的"CART 分类树"算法至画布中，并与"数据筛选"算法相连接。

（2）配置"CART 分类树"算法。在"字段设置"栏中，选择"特征"的"frequence""amount""average""recently"字段，选择"标签"为"type"，如图 10-25 所示。

图 10-25　配置"CART 分类树"算法

（3）运行"CART 分类树"算法。右击"CART 分类树"算法，选择"运行该节点"。运行成功后，再次右击"CART 分类树"算法，选择"查看日志"。查看日志的结果如图 10-26 所示。

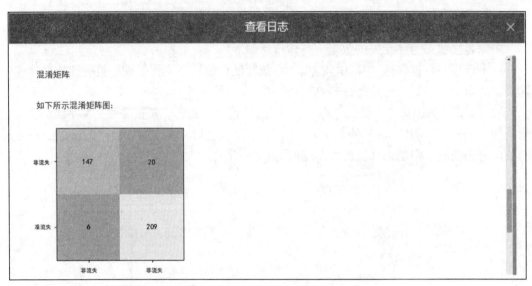

图 10-26　运行"CART 分类树"算法结果

注：结果未完整显示。

### 2. 构建支持向量机模型

构建并训练支持向量机模型，查看模型的分类结果，具体步骤如下。

（1）连接"支持向量机"算法。拖曳"系统算法"模块下"分类"类的"支持向量机"算法至画布中，并与"数据筛选"算法相连接。

（2）配置"支持向量机"算法。在"字段设置"栏中，选择"特征"的"frequence""amount""average""recently"字段，选择"标签"为"type"，如图 10-27 所示。

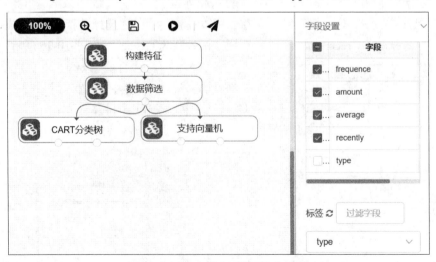

图 10-27　配置"支持向量机"算法

（3）运行"支持向量机"算法。右击"支持向量机"算法，选择"运行该节点"。运行成功后，再次右击"支持向量机"算法，选择"查看日志"。查看日志的结果如图 10-28 所示。

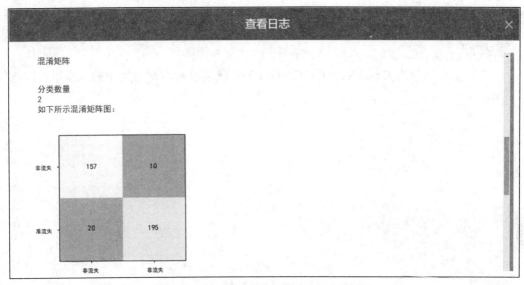

图 10-28　运行"支持向量机"算法结果

注：结果未完整显示。

## 小结

本章介绍了如何在 TipDM 大数据挖掘建模平台上配置客户流失预测案例的流程，从获取数据，再到数据预处理，最后进行数据建模与模型评价，向读者展示了平台的流程化思维，可使读者加深对数据分析流程的理解。同时，平台去编程、拖曳式的操作，方便没有 Python 编程基础的读者轻松构建数据分析流程，从而达到数据分析的目的。

## 实训

### 实训　预测客户服装尺寸

#### 1．训练要点

（1）熟悉预测客户服装尺寸的流程

（2）掌握在平台配置预测客户服装尺寸的实训的操作方法。

#### 2．需求说明

由于 TipDM 大数据挖掘建模平台可以轻松实现大部分数据挖掘案例，所以具有较高的科研价值。通过在平台实现第 9 章实训的预测客户服装尺寸案例，可以使用户初步掌握平台的使用方法。

#### 3．实现思路及步骤

（1）确定在平台实现预测客户服装尺寸的流程。

（2）配置实训的数据源。

（3）使用平台实现对数据集的预处理。

（4）用平台的支持向量机算法，实现对客户服装尺寸的预测。

## 课后习题

### 操作题

参考正文中客户流失预测的流程，在平台中实现第 9 章课后习题中的二手手机回收价格预测。